Development and Restructuring

Spatial Structure of Chinese Cities in the New Era

发展与重塑

新时代中国城市空间结构研究

孙铁山◎著

科 学 出 版 社

北 京

内 容 简 介

城市空间结构是城市空间发展方式的集中体现，是城市发展形式和质量的重要决定因素，对城市的可持续发展和竞争力提升具有重要意义。本书立足于城市经济学的分析方法，并融合对城市规划和城市治理的思考，讨论了城市空间结构的理论、方法与国际经验，中国城市增长与空间扩张，中国城市多中心空间发展，中国城市空间结构的类型与绩效，中国城市空间结构演变，中国城市地域功能组织与演化，中国城市空间重构与职住空间关系变迁，交通发展与中国城市空间结构，中国城市空间结构与环境质量，以及中国城市空间发展战略与转型等问题。

本书力图展示新时代中国城市空间发展的突出特点，揭示其形成规律及其影响，并对未来发展趋势进行展望，对构建中国城市空间结构和空间治理理论，以及指导中国城市空间规划和发展战略的制定等具有参考价值。本书可供城市规划、城市管理、城市经济学、城市地理学等领域的科研和管理人员参考使用。

图书在版编目（CIP）数据

发展与重塑：新时代中国城市空间结构研究 / 孙铁山著. —北京：科学出版社，2024.1

ISBN 978-7-03-076268-9

Ⅰ. ①发… Ⅱ. ①孙… Ⅲ. ①城市空间-空间结构-研究-中国 Ⅳ. ①TU984.11

中国国家版本馆CIP数据核字（2023）第165016号

责任编辑：石 卉 姚培培 / 责任校对：韩 杨
责任印制：师艳茹 / 封面设计：有道文化

科学出版社出版
北京东黄城根北街16号
邮政编码：100717
http://www.sciencep.com
北京建宏印刷有限公司印刷

科学出版社发行 各地新华书店经销

*

2024年1月第 一 版 开本：720×1000 1/16
2024年1月第一次印刷 印张：14 3/4
字数：298 000

定价：108.00 元

（如有印装质量问题，我社负责调换）

前　言

党的二十大报告强调，坚持“人民城市人民建、人民城市为人民”，提高城市规划、建设、治理水平，加快转变超大特大城市发展方式。这是党中央在全面建设社会主义现代化国家开局起步的关键时期作出的重大战略部署。推动城市空间发展由规模扩张向内涵提升转变，优化城市空间结构，是转变城市发展方式的关键。21 世纪以来，中国城市化发展取得了举世瞩目的成就，根据《第七次全国人口普查公报》，城镇化率从 2000 年的 36.2%提高到 2020 年的 63.9%。但随着城市化的快速推进，部分超大特大城市功能过度集中，中心城区人口过度集聚，交通拥堵、房价高涨、环境污染等“大城市病”日益凸显，成为制约城市高质量发展的瓶颈。“大城市病”是城市集聚负外部性的体现，其本质是城市空间结构不合理的产物，并不能简单通过城市规模总量调控来完全解决。城市发展的根本动力来自集聚经济，城市空间结构（而非城市规模）才是城市经济空间集聚的直接体现。因此优化城市空间结构，通过要素的合理空间配置实现城市效率提升，才是解决“大城市病”，推动城市高质量、可持续发展的核心途径。

当前，面对单中心空间结构带来的日益严峻的城市问题，多中心空间发展已成为超大特大城市空间规划普遍采用的策略。比如，北京、上海、广州、天津、南京、重庆、郑州等城市都提出了不同形式的多中心空间发展构想。随着“多中心”作为理论、分析和政策工具在城市研究和城市规划实践中的普遍应用，围绕城市空间结构对城市发展的影响的研究迅速兴起，也引发了对最优的城市空间发展模式的广泛讨论。通过优化城市空间结构，推动城市发展方式转变和实现城市品质提升，需要进一步厘清城市空间结构的科学内涵和本质特征，科学有效地评价城市空间结构的绩效和对城市发展的综合影响，以及加强对城市空间结构形成机制的理论和实践认识，尤其是对空间规划、政策与治理所能发挥的作用的认识。本书主要基于新时代中国城市空间发展的经验和实践，丰富对这些问题的理解和讨论。

优化城市空间结构，需要统筹兼顾城市经济、生活、生态、安全等多元需要。一方面要疏解超大特大城市中心城区过度集中的功能和人口；另一方面要建设产城融合、职住平衡、交通便利的城市次中心，通过重塑城市内部空间结构，实现多中心、网络化的空间发展，来破解“大城市病”和推动城市高质量发展。在此背景下，本书回顾了城市空间结构的理论认识和实践规律，研究了新时代中国城市空间结构的演化特征、综合绩效与发展趋势，分析了中国城市空间结构与城市交通发展、环境质量的复杂关系和相互影响，探讨了中国城市空间发展的战略转型和面向高质量发展的中国城市空间发展理念及战略等。本书力图发展新时代中国城市空间结构和空间治理理论，并为加快转变超大特大城市发展方式、提高中国城市核心竞争力、推进新型城镇化和经济高质量发展等提供决策参考。

本书得到国家自然科学基金项目“多重异质性下交通发展与城市空间重构的互动响应研究”（41971156）、“中国特大城市多中心空间发展的模式、效应及动力机制——多城市比较和实证”（41371005）、“中国特大城市人口-就业空间演化与互动机制研究”（41001069），以及国家社会科学基金重大项目“优化资源配置提高中心城市和城市群综合承载能力研究”（20ZDA040）的资助，是相关项目研究成果的集成。本书写作过程中得到周文通、吕永强、张洪鸣、刘禹圻、丁瑞、王祎凡等的协助，他们参与了本书的部分研究工作，特此致谢。本书涉及公式较多，且各章相对独立，故不同章可能出现同一字母代表不同变量的情况，公式变量含义以各章说明为准。本书观点仅代表著者的个人观点，限于著者的理论水平与实践经验，书中难免存在不足之处，恳请得到广大读者的批评指正。

孙铁山

2023 年 6 月

目　　录

第一章　城市空间结构：理论、方法与国际经验

21 世纪以来，中国城市化（又称城镇化）发展取得了重大进展，城镇化率从 2000 年的 36.2%提高到 2020 年的 63.9%。随着城市数量的快速增长和城市规模的快速扩张，中心城区人口过度集聚、交通拥堵、房价高涨、环境污染等“大城市病”日益凸显，制约了城市化发展质量的进一步提升。党的二十大报告强调，要加快转变超大特大城市发展方式，而推动城市空间发展由规模扩张向内涵提升转变，优化城市空间结构，是破解“大城市病”、转变城市发展方式的关键。

城市空间结构是城市空间组织和过程的抽象，是城市空间发展方式的集中体现。微观上，城市空间结构由城市中经济主体（如家庭和企业）的区位选址决定。宏观上，城市空间结构体现了城市内资源、要素、功能等的空间配置和相互关系。因此，城市空间结构是城市发展形式和质量的重要决定因素，对城市的可持续发展和竞争力提升具有重要意义。同时，城市空间结构也是城市发展战略和规划中不可或缺的内容，优化城市空间结构可以破解“大城市病”，提高城市经济效率和竞争力，促进城市可持续发展，是重要的城市规划目标和发展策略。

城市空间结构是一个多尺度和多维度、内涵较为丰富的学术概念，本书主要从城市经济学的角度理解城市空间结构。本章介绍了城市经济学中城市空间结构的相关理论、分析方法，以及城市空间结构演化的国际经验和一般趋势。

第一节　城市空间结构的概念内涵及其经济解释

从城市经济学的角度来看，城市空间结构即指城市经济的空间结构。城市经

济本质上是集聚经济，城市经济的空间结构则是经济要素在城市内相互作用形成的集聚形态和地域结构。城市空间结构既是城市经济空间组织和发展形式的反映，也决定着城市经济效率和发展质量。合理的城市空间结构会促进经济要素的高效集聚和流动，以及城市功能在空间上的合理配置，从而降低交易成本、共享规模收益、促进技术创新，因而产生特定的经济效益。本节梳理了城市经济学中对城市空间结构的理论认识（即概念内涵）和经济解释。

一、城市空间结构的概念内涵

由于各学科的研究视角不同，城市空间结构作为跨学科的学术概念，较难形成统一的概念内涵。总体而言，城市空间结构的概念应该是多层面的，包括形式和过程两个方面。城市空间结构的形式是指城市要素的空间分布形式和安排，过程则指城市要素之间的相互作用和关系。Bourne（1982）在描述城市系统的核心概念时，区分了城市形态、城市要素的相互作用和城市空间结构三者的关系。他认为，城市形态是城市内个体要素的空间分布模式，比如城市内的人口分布或土地利用模式等；城市要素的相互作用则指城市内个体要素之间的互动或相互关系，从而使不同城市要素整合为城市功能子系统，比如城市内不同节点间的交通流；城市空间结构是指城市要素空间分布和相互作用的内在机制，用以解释城市系统或城市空间格局形成的底层逻辑，比如不同功能活动对城市内不同区位的竞租机制（唐子来，1997）。因此，从不同学科的关注点出发，地理学、城市规划学和社会学等学科更侧重于对实体空间、城市形态以及各类要素的相互作用，即人的行为、经济和社会活动的空间表现等的研究，而经济学则更注重对城市空间格局形成机制的解释，即研究城市空间结构的形成机理（冯健和周一星，2003）。因此，本书主要从经济学的角度解释城市空间结构。

从经济学的角度看，城市本身是集聚经济的体现，但城市的集聚经济在城市内部有不同的空间表现。受到集聚力和分散力的影响，城市内部存在不同的集聚中心，从而形成各种城市经济空间形态（Agarwal et al.，2012；Garcia-López & Muñiz，2012）。Anas 等（1998）指出，城市经济的空间结构主要关注城市人口和经济的空间集聚，包括两个维度，即在城市整体尺度上经济活动的向心化（centralization）和在城市内部局部尺度上经济活动的中心化［或次中心化、多中心化（sub-centering or polycentrification）]。两者结合则可反映城市人口和产业围绕城市主中心和次中心组织的结构形态。据此，城市经济的空间结构可以表现为单中心、多中心或一般分散化（无中心）等结构形式。

综上，本书中的城市空间结构主要指城市经济要素或城市集聚经济的空间结构形式，表现为城市中经济主体（如家庭和企业）的区位选址，以及城市区位对人口与经济分布等的影响。在测度与分析上，主要以城市内人口和就业的空间分布及其集聚形态与结构为表征。虽然也有很多研究将城市空间结构解读为城市土地利用类型和强度，但从城市经济角度出发，经济主体如居民（人口）和企业（就业）的分布及变动，能更直接地反映城市空间结构的经济本质。

城市空间结构作为重要的经济机制，与城市的经济效率和竞争力密切相关。从经济学的角度看，城市随着规模的扩大而出现拥堵所造成的各种“大城市病”是集聚负外部性（或集聚不经济）的体现，可能会抑制城市规模的持续增长，促使城市居民外迁，导致城市规模下降和城市的衰退。因此，规模越大的城市，“大城市病”应该越严重，也会率先停止增长。但从全球范围内城市发展的经验来看，那些规模最大的城市，比如美国的纽约和日本的东京，恰恰是最具竞争力的城市，其规模在不断地增长。所以，城市增长或衰退和城市规模本身并不一定有必然的联系，这是因为城市发展的动力来自集聚经济，而城市空间结构（并非城市规模）才是城市经济空间集聚的直接体现，因此是城市空间结构而非城市规模决定了城市的持续增长能力和竞争力。从城市经济的运行来看，城市空间结构可以直接或间接地影响城市生产效率、土地效率、资本效率和城市基础设施的利用效率等，进而影响城市的整体效率和竞争力（丁成日，2004）。比如，相对高密度的城市中心区增加了人与人面对面的交流机会，促进了思想、文化和技术等的交流和知识溢出，为创新提供了必要条件。而且，产业集聚提供了更有效的、整合的劳动力市场，形成了规模报酬递增，进而促进了城市生产效率的提升。此外，不协调的城市空间结构会降低城市基础设施的利用效率，比如城市的盲目扩张和蔓延发展会增加城市财政负担和交通成本，也会降低设施的使用率。因此，规划和促进多中心集聚的空间结构，基于市场机制合理配置土地和生产要素，协调城市发展与城市交通间的关系，都是通过城市空间结构的调整来促进城市效率和竞争力的提升。

二、城市空间结构的经济解释

城市经济理论认为，城市空间结构的形成和演化主要受到集聚和分散两种力量的影响。首先，集聚经济是城市兴起和持续增长的根本动力。一方面，大量的人口和企业集聚在城市中，可以通过价格机制降低企业的生产成本和居民的生活成本，产生金钱外部性（pecuniary externality）；另一方面，城市中人口和企业的高密度集聚，方便了知识的交流和技术的溢出与扩散，产生技术外部性（technology externality）。城市内整合和共享的劳动力市场、较大规模的本地市场需求和产业的前后向关联，以及集聚带来的知识溢出和技术扩散等，是集聚经济的核心，也是最根本的集聚力（梁琦和钱学锋，2007）。但空间集聚有其经济性，也有其不经济性。随着城市规模不断扩大，过度集中的人口和产业会产生拥挤效应，生活成本上涨、生活品质下降是空间集聚的负外部性。城市集聚的正负外部性，本质上是空间有限性和集聚经济之间的权衡，集聚和分散两种力量的平衡不仅影响城市规模的增长，也会驱动城市内部的空间重构。比如城市规模较小时，单中心集聚有利于城市获取集聚经济，推动城市的效率提升和规模增长。但当单中心过度集聚导致集聚负外部性超过了集聚经济带来的效率提升时，则会出现城市空间的分散化和空间集聚的重组，即空间结构的调整，以便城市能够在获取集聚经济的同时，避免集聚不经济。因此，城市空间结构的形成与演化主要取决于集聚力和分散力的平衡，在两种作用力的组合下，会衍生出不同的空间结构，或均衡或集中，或呈单中心或呈多中心的形态特征（Papageorgiou & Pines，1999）。

单中心城市是城市发展初期的基本形态，也是最典型的一种城市空间结构。城市经济学对城市空间结构的经济解释始于单中心城市模型。Alonso（1964）最早提出标准区位模型，把区位和地租理论结合在一起，研究城市内部土地价值与土地利用的关系。Mills（1967）在其基础上，将通勤成本引入效用函数，进一步完善和拓展了模型，并形成城市经济学中关于城市内部空间均衡分析最基础的阿隆索-穆思-米尔斯（Alonso-Muth-Mills，AMM）模型。在单中心城市模型中，假定城市所有的生产活动和就业集中在城市中心，外围由居住区所包围。城市中存在从居住地到城市中心的通勤成本，居民的通勤成本与距离成正比。居民有大致相同的固定收入，用以支付租金和通勤成本。居民是同质的，均衡时所有人的效用水平相同，所以居住在城市中心的居民将支付较高的租金，同时支付较低的通勤成本；而居住在离中心较远的居民将支付较低的租金，同时支付较高的通勤成本。该模型揭示了在租金和通勤成本的权衡下，单中心城市的空间组织，即租金和人口密度随到城市中心距离的增加而递减，也即城市内存在租金梯度和人口密度梯度。模型的比较静态分析发现，人口增长或者收入或通勤成本的变化会影响均衡的城市空间结构。模型得出了符合现实观察的单中心城市空间结构特征，也很好地解释了随着收入水平提高和通勤成本下降，城市空间发展普遍出现的郊区化（suburbanization）现象。

在 AMM 模型的基础上，城市经济理论主要从家庭异质性、通勤成本异质性和住房异质性三个方面对模型进行拓展，丰富了对单中心城市空间结构的理解（刘修岩等，2021）。在家庭异质性方面，主要进一步考虑了家庭收入、出行模式、禀赋偏好以及规模组成等方面的差异。在通勤成本异质性方面，通勤成本不仅考虑通勤距离，也会体现在通勤时间方面，比如考虑交通拥堵导致的成本效应，以及考虑公共交通或私家车等不同交通方式及其混合使用的影响。在住房异质性方面，主要考虑住房耐久性和开发时滞性，以及开发商的价格预期和面临的不确定性等对居民区位选择和城市土地利用模式的影响。

总体上，单中心城市模型讨论的核心是居民在收入、通勤成本和租金等约束条件下的空间一般均衡。企业被假设为不使用土地，也不进行区位选择，因此无法解释非单中心城市空间结构的形成，比如城市可能存在多个就业中心。之后，城市经济理论对城市空间结构的探讨，逐步拓展到对居民、生产者和城市开发者等多主体的空间均衡分析，这样城市空间结构会呈现多中心以及无中心等更多样的结构形式。同时，在现实中随着城市增长和郊区化进程的发展，大城市越来越多地表现出多中心的空间结构特征。脱离传统的城市中心在郊区出现的城市次中心（subcenter）是现代大城市多中心空间结构的重要表征。尽管传统的单中心城市模型对现实的城市空间结构仍有一定的解释能力，但其适用性开始受到质疑，解释多中心空间结构的城市模型得到快速发展。最早的多中心城市模型由 White（1976）提出，他认为城市除中央商务区（central business district，CBD）之外还存在次中心，交通枢纽被认为是城市的次中心，但该模型中的次中心仍然是外生给定的。Fujita 和 Ogawa（1982）的模型建立在多重均衡的基础上，通过不同的参数设置，城市可以呈现单中心、多中心以及无中心的空间结构，即单中心可以在特定的交易费用下维持，而交易费用超过一定水平，新的和比较小的城市中心将出现，这意味着空间交易费用对城市空间结构的影响将不再是单调的。Lucas和Rossi-Hansberg（2002）进一步证明了在外部性存在时，城市中心可以内生地形成。此外，相关理论研究显示，城市由单中心向多中心演化不仅将带来自身效率的提高，而且消费者的福利也会得到改善（Anas et al.，1998）。

总体而言，城市空间结构的经济解释需要引入集聚经济，并将居民（家庭）和生产者（企业）的区位选址内生化，空间结构则通过土地市场上家庭和企业的各种主体区位选择的相互作用而形成。基于空间不可能定理，Fujita（1986）提出的城市空间结构模型引入集聚经济的三种策略：一是考虑空间异质性，二是假定存在生产和（或）消费的外部性，三是存在不完全市场竞争。新古典城市经济理论主要通过假定存在外部经济，即企业之间可以通过彼此邻近获得非市场的外部性（比如技术溢出），且这种溢出效应随空间距离的增大而衰减，在此基础上形成了一系列可以解释城市集聚中心内生形成的城市空间结构模型。在这类模型中，当通勤成本较高时，会促进城市次中心的出现，并形成多中心乃至更为分散化的城市空间形态；而当集聚经济相较于通勤成本很强时，单中心结构是一种均衡结果。这类模型揭示了城市空间结构存在多重均衡，从而出现多种空间结构形式的可能性，符合现实中存在的各种城市空间经济形态。此外，就业区位也是租金和通勤成本的函数，就业往往比人口更加集聚，企业的区位选择取决于总的通勤成本，包括运输成本和通勤成本。如果运输成本相对通勤成本下降，则企业区位选址会更加分散化以接近人口分布。同时，均衡的城市空间结构取决于三个关键因素，即溢出效应的空间衰减、土地利用强度和通勤成本。如果集聚经济是本地化的，即随空间距离增大而迅速衰减，且生产土地利用强度较低，通勤成本不高，城市则形成单中心集聚的空间结构；而如果集聚经济的空间范围扩大，且生产土地利用强度较高，通勤成本较高，就业则开始分散化并形成就业次中心。

除了新古典城市经济学，在20世纪90年代发展起来的新经济地理学基于不完全市场竞争，构建了一般均衡的空间经济分析框架，也形成了一系列重要的城市空间结构模型。Fujita（1988）最早基于不完全市场竞争构建了城市模型，揭示了单纯的市场作用可以解释经济活动的空间集聚，集聚力主要产生于产品多样化消费偏好、通勤成本以及企业层面的规模报酬递增。在该模型中，均衡的城市空间结构可以是单中心或多中心的。此后，在新经济地理学中发展的城市模型具有两个重要特点，一是基于内生集聚空间结构的一般均衡分析框架，二是更多关注城市的空间分布问题，而非城市内部的空间结构。此外，在这类模型中，分散力除了考虑外生给定的消费者的离散分布，也考虑交通拥堵等城市成本的影响。

第二节　城市空间结构的测度与分析方法

对城市空间结构的实证研究大多是定量研究，涉及对城市人口或就业分布模式的刻画、对城市中心的识别，以及对城市多中心发展水平的测度等，往往需要使用多种统计和量化的分析方法。本节主要梳理了现有对城市空间结构的实证研究中的常用分析方法。

一、基于密度函数的城市空间结构分析[①]

对城市内人口或就业空间分布的分析，常使用人口或就业密度函数来拟合城市密度平面，分析城市空间结构的特征及其变化趋势。因此，城市密度函数是城市空间结构实证研究的经典分析方法。

以人口为例，人口密度函数刻画了人口密度随距离变化的变动情况。Clark（1951）指出，城市人口密度随到城市中心距离增加而衰减，这种衰减趋势可以很好地用负指数函数拟合，即

$$D_d = D_0\exp(bd) \text{ 或 } \ln D_d = \ln D_0 + bd \quad (D_0>0;\ b<0) \qquad (1\text{-}1)$$

其中，d 是到城市中心的距离，D_d 是距城市中心 d 处的人口密度，D_0 是城市中心的人口密度。因此，b 代表人口密度的对数 $\ln D_d$ 随距离 d 衰减的速率，其绝对值称为人口密度梯度。人口密度梯度越大，人口密度函数的拟合线越陡，说明人口密度随着到城市中心距离的增加而衰减得越快。人口密度梯度变大，意味着其拟合线变陡，代表城市人口向心（向着城市中心区）集聚的趋势，而梯度变小，则拟合线变平缓，反映城市人口由城市中心区向外扩散的趋势，即郊区化发展趋势。

早期的研究中，人口密度函数大多基于单中心假设，即城市存在单一的城市中心。但现代城市内部，多中心空间结构已成为普遍现象。因此，多中心密度函

① 部分内容发表于孙铁山等（2009a，2009b，2012）。

数（polycentric density function）开始较多地应用于对现代大城市空间结构的研究中。Heikkila 等（1989）认为，多中心密度函数在形式上可以看作是对多个单中心密度函数的加和。在此假设基础上，他们提出了三种基于不同加合机制的函数形式。

（1）如果每个中心对经济主体空间决策的影响是可以完全相互替代的，那么只有影响最大的那个中心重要，所以多中心密度函数的形式是

$$D_n = \max_{1 \leqslant m \leqslant M}\left[f_m\left(d_{nm}\right)\right] \tag{1-2}$$

其中，n 代表地区的数量，m 代表中心的数量（有 1 到 M 个），D_n 是第 n 个地区的人口密度，d_{nm} 是第 n 个地区到第 m 个中心的距离，而 $f_m()$ 是第 m 个中心的人口密度函数。

（2）如果每个中心对经济主体空间决策的影响是完全互补的，那么各个中心的影响会彼此相互叠加，所以多中心密度函数的形式是

$$D_n = \prod_{m=1}^{M} f_m\left(d_{nm}\right) \tag{1-3}$$

（3）如果每个中心的影响处于上述两种极端情况之间，即既有替代性又有互补性，则可以采用更为简单的算术加合的形式，即

$$D_n = \sum_{m=1}^{M} f_m\left(d_{nm}\right) \tag{1-4}$$

上述三种函数形式在文献中都有使用，但目前使用最多的是第三种形式。

城市密度函数一般采用参数建模的方法，但参数建模的方法因为需要预先设定密度函数的形式，通常需要假定城市的空间结构。如前所述，大多数密度函数假定城市具有单一的中心（且已知其空间位置）和对称的城市结构，因此无法解释在不同方向上城市密度的差异，或可能存在的次中心（即密度分布的局部变化）。这使得密度函数在应用于对更加分散和具有多中心空间结构的现代大城市的研究中，往往具有局限性。

近年来发展的非参数计量方法，可以有效地应用于对日益复杂的现代大城市空间结构的研究。McMillen 和 McDonald（1997）在建立多中心城市模型时，率先采用了一种局部回归的非参数计量方法。他们强调非参数计量方法的灵活性在建立现代分散化的大都市区的多中心空间结构模型时有明显的优势。使用密度函数的参数建模方法的问题主要由预先假定的函数形式的严格性引起。非参数计量

方法的优点在于，它不要求预先设定全局函数形式来拟合数据，这可以在很大程度上减少模型设定误差，并且与传统的建模方法相比，非参数计量方法允许更大的灵活性，因此能更好地拟合城市密度平面，更准确地反映城市空间结构特征和变化趋势。

局部回归最初由 Cleveland（1979）提出，这个方法近似于用一系列局部拟合平滑得到复杂的回归表面。局部回归以每一个数据点为中心确定一个邻近区域，用区域内的数据点进行局部回归。估计方法为加权最小二乘法，即区域内离该点越近，权重越大，进而得到该点的拟合值。邻近区域的大小取决于平滑系数的值，也决定了被估计表面的平滑度。平滑系数指的是参加局部回归的观测值的个数与所有观测值个数的比例。选取平滑系数的方法很多，大部分是通过最小化某一模型选择标准来选择系数值的。在选取的邻近区域范围内，观测值被给定随距离降低的权重。局部回归对每一个观测值在其邻近区域范围内进行加权线性回归，并通过逐点拟合的回归平滑得到复杂的回归表面，以保证模型形式的灵活性。这种灵活性有助于更准确地拟合城市密度平面，但其缺点是，局部回归不能形成一个以数学公式表达的函数形式。因此，非参数分析不依赖于特定的参数（如密度函数中的密度梯度），但可以通过画出平滑的曲线或表面来使回归结果可视化，因此为了特征化城市空间发展模式，需要比较拟合曲线或平面。

二、基于向心化与集中指数的城市空间结构分析

Anas 等（1998）将以人口或就业分布表征的城市空间结构特征划分为两个维度，即人口或就业分布的向心化水平和中心化水平。向心化水平反映的是人口或就业分布围绕城市主中心（即城市 CBD）的紧凑程度，代表城市空间结构的整体向心化程度，也可以代表城市的郊区化水平（向心化程度越低，即郊区化水平越高）。中心化水平反映的是人口或就业分布在城市内特定地区（可以是城市主中心，也可以是城市主中心以外的其他地区）的集中程度，代表城市空间结构的局部中心化（集聚）程度，可以由城市内人口或就业分布的空间集聚水平来反映。这两个维度相互关联又彼此存在区别，结合起来则可以反映出城市各种可能的空间结构特征。比如，城市内人口或就业分布的向心化程度和中心化（集聚）程度都高时，则城市表现为单中心空间结构；而城市内人口或就业分布的向心化程度

较低，但中心化（集聚）程度较高时，则说明在城市主中心以外地区存在人口或就业的集聚中心，城市表现为多中心空间结构。

因此，在现有的实证研究中，很多研究通过分别构建向心化指数（centralization index）和集中指数（index of concentration，用整体集聚水平反映中心化程度）来测度城市内人口或就业分布的向心化程度和中心化程度，再结合两个指标分析城市空间结构特征，一些常见的测度指标如表 1-1 所示。

表 1-1 常见的向心化指数和集中指数

分类	指数名称	公式
向心化指数	惠顿（Wheaton）指数	$\left(\sum_{i=1}^{n} e_{i-1} d_{\mathrm{CBD},i} - \sum_{i=1}^{n} e_i d_{\mathrm{CBD},i-1}\right) / d^*_{\mathrm{CBD}}$
	距 CBD 的加权平均距离（weighted average distance from the CBD）	$\sum_{i=1}^{n} e_i d_{\mathrm{CBD},i} / E$
集中指数	区位基尼系数（location Gini coefficient）	$\sum_{i=1}^{n} e_i a_{i-1} - \sum_{i=1}^{n} e_{i-1} a_i$
	德尔塔（Delta）指数	$\frac{1}{2}\sum_{i=1}^{n}\left\lvert\frac{e_i}{E}-\frac{a_i}{A}\right\rvert$
	区位系数（location coefficient）	$\frac{1}{2}\sum_{i=1}^{n}\left\lvert\frac{e_i}{E}-\frac{1}{n}\right\rvert$

注：e_i 为地区 i 的人口或就业数量，$d_{\mathrm{CBD},i}$ 是地区 i 到城市中心 CBD 的距离，d^*_{CBD} 是所有地区到城市中心 CBD 距离的最大值，a_i 为地区 i 的面积，E 为城市总人口或总就业，A 为城市面积，n 为地区数量。

三、城市中心的识别方法①

实证分析城市空间结构往往需要识别城市中心（包括城市的主中心和次中心）。传统的中小城市往往具有单一的城市中心，是城市功能与活动高度集聚的区域。现代大城市，随着人口和经济活动布局的分散化，在传统的城市中心外形成了新的集聚中心，又称城市次中心，从而呈现多中心空间结构。而现实中，单中心与多中心空间结构并非截然分开的。在很多大城市中，传统的城市中心仍占据主导地位，同时在城市中心以外形成了不同规模和功能的城市次中心。因此，现代大城市的空间结构可以表现为单中心与多中心结构的多种混合模式。但不管

① 部分内容发表于孙铁山等（2012）。

是何种类型的城市空间结构，研究其结构特征往往需要确定城市中心的数量、位置和规模等。

城市中心识别涉及三个技术问题：一是城市中心的概念界定，二是识别所使用的数据类型，三是识别方法。目前，学术界对城市中心或次中心并没有单一或普遍接受的概念界定，但对其总体特征有基本一致的认识。比如，城市中心具有比周边地区显著更高的经济密度，是高密度的连片区域；次中心与主中心有一定的距离，往往出现在城市边缘或郊区，且对周边地区及整个城市空间组织产生显著影响等。在城市中心的识别上，经常使用的数据类型包括就业数据、人口数据、房价数据、地价数据、卫星遥感覆被数据（包括夜间灯光数据）和土地利用数据等。在国际上的相关研究中，最广泛使用的是就业数据，因为就业分布能更好地反映城市空间结构的集聚经济本质。当然，城市内的就业数据相对不易获取，因此很多研究也使用人口数据进行研究。本书中也主要使用城市内部的就业和人口数据进行中心识别。

在识别方法上，目前文献中主要有三类识别方法，即基于图形或阈值的描述统计法、基于城市密度函数的参数或非参数计量法，以及基于局部空间统计量的统计识别法。由于中国城市地域面积较大（尤其从地级及以上城市行政地域来看）、城市内部地区间就业密度差异巨大，因此最适宜采用局部分析技术（包括基于城市密度函数的非参数计量法和基于局部空间统计量的统计识别法）来识别城市中心，这样能更好地兼顾城市中心区和外围郊区密度差异较大的不同区域的中心识别。本书中在不同章节对三类方法都有应用，下面重点介绍城市中心识别的局部分析方法。

在基于局部空间统计量识别城市中心时，往往使用局部空间自相关分析。常见的局部空间自相关统计量包括空间关联的局部指标（local indicator of spatial association，LISA）和局部 G 统计（又称热点分析）。以 LISA 分析为例，LISA 分析基于局部莫兰 I 统计量，具有以下形式：

$$I_i = \frac{x_i - \bar{x}}{h} \sum_j w_{ij} \left(x_j - \bar{x} \right) \tag{1-5}$$

$$h = \sum_i \left(x_i - \bar{x} \right)^2 / n \tag{1-6}$$

其中，I_i 为局部莫兰 I 统计量，x_i 和 x_j 为地区 i 和地区 j 的观测值，$\bar{x}$ 为所有地区观测值的平均值，n 为地区数量，w_{ij} 是空间权重矩阵 $\boldsymbol{W}$ 第 i 行第 j 列的元素，反映

地区 i 与地区 j 之间的空间关系。I_i 为正值表示相似的观测值在地区 i 的周边集聚，代表局部空间正相关；I_i 为负值则表示相异的观测值在地区 i 的周边集聚，代表局部空间负相关。基于局部莫兰 I 统计量，可以识别城市内人口或就业分布中具有统计显著性的高-高集聚区域，即具有显著正向空间自相关的高值区域，这类区域可以被视为城市中心。类似地，应用局部 G 统计，也可以识别显著正向空间自相关的高值集聚区域，常被称为热点区。

除了基于局部空间统计量，城市中心（尤其是次中心）的识别还可以基于城市密度函数来分析。从人口或就业分布的角度，城市次中心可以理解为城市中心以外人口或就业的高密度集聚区，即密度显著高于周边地区的区域，同时还应该集聚足够多的人口或就业，从而对城市空间结构产生显著影响。因此，城市密度函数可以有效识别这些密度中心，并检验这些中心对城市整体密度分布的影响。根据 McMillen（2001）的研究，基于城市密度函数的城市次中心的识别方法可以分为两步：第一步是确定城市密度平面上的显著高值区域作为可能的城市次中心，第二步是进一步检验这些次中心对城市空间结构影响的显著性，以最终确定城市次中心。为了确定城市密度平面上的显著高值区域，首先需要拟合人口或就业密度平面，这里仍然可以用局部回归的方法。人口或就业密度平面可以表示为

$$D = g\left(p, q\right) \tag{1-7}$$

其中，p 是纬度，q 是经度，$g(\,)$是拟合函数。为了降低计算的复杂程度，可以只对预测中具有代表性的样本点进行局部回归，然后用内插法把样本点上的密度内插成格网表面，将样本点的局部拟合曲面联结起来形成完整的回归平面。同样地，拟合的密度平面的平滑度由平滑系数决定。城市次中心应是那些实际密度值远大于拟合的密度平面上对应的平滑值的区域。因此，以局部回归得到的拟合密度平面为基准，可以选择残差值在 5%的显著水平下显著为正的空间单元作为备选的城市次中心。为了避免将相邻的空间单元作为不同的次中心，只选择相邻空间单元中拟合值最大且残差显著为正的单元作为备选次中心。

最终确定城市次中心还需要进一步检验备选次中心对城市空间结构（即人口或就业密度分布）影响的显著性。McMillen（2001）建议，可以使用一个半参数模型来评定备选次中心的显著性，模型具有如下形式：

$$D_i = g\left(d_{\text{CBD},i}\right) + \sum_{k=1}^{K}\left(\delta_{1k} d_{ik}^{-1} + \delta_{2k} d_{ik}\right) \tag{1-8}$$

其中，D_i表示地区 i 的人口或就业密度，$d_{CBD,i}$表示地区 i 到城市中心的距离，$g()$是拟合函数，d_{ik}表示地区 i 与备选次中心 k 之间的距离，K 是备选次中心的个数，δ_{1k}和 δ_{2k}是待估系数，反映备选次中心对人口或就业密度分布的影响。

为了确定备选次中心的显著性，要对 δ_{1k}和 δ_{2k}的估计值进行假设检验。回归方程中多个距离变量可能导致严重的多重共线性，因此可以采用倒逐步回归的方法选取次中心距离变量的个数。首先，将所有的次中心距离变量都放进回归方程，得到每个距离变量的系数估计值和 t 值，将 t 值最小的距离变量剔除，再进行回归，按照同样的步骤，直到所有的距离变量的系数估计值都显著。回归结果中，备选的次中心距离变量（d_{ik}，或者 d^{-1}_{ik}，或者两个变量）的系数具有与预期一致的符号，且统计上显著的，则对应的次中心 k 就是最终判别的、有效的城市次中心。

四、城市多中心性的测度

城市多中心性（polycentricity）是指城市空间结构的多中心化发展程度，是常用的对多中心城市空间结构的测度指标。近年来，对多中心城市空间结构及其经济、环境影响等的定量研究中，使用了很多方法去测度城市的多中心性。总体上，城市多中心性的测度需要建立在城市中心识别的基础上，主要是基于识别的城市中心计算各种多中心指数，常见的方法有以下几种。

首先，最直接和简单的测度指标就是使用城市中心（或次中心）的数量和重要性反映城市的多中心发展水平。识别的城市中心尤其是次中心的数量越多，可以认为城市的多中心程度越高。但若仅考虑中心的数量，就会忽略城市中心对城市人口或就业分布的整体影响，因此还需要考虑这些中心在集聚人口或就业方面的重要性。这种重要性一般以这些中心的人口或就业规模及其占全市的比例来反映，常见的指标包括城市主中心和次中心人口或就业占全市总人口或总就业的比例、城市主中心或次中心人口或就业占全部中心总人口或总就业的比例等。如果城市次中心集聚的人口或就业占全市或全部中心总人口或总就业的比例越高，则说明城市的多中心性越高。

其次，城市的多中心性还会体现为城市中心之间的平衡性，因此可以使用各个中心重要性的相对均衡程度来反映城市整体的多中心发展水平，即各个中心越均衡，城市的多中心程度越高。因此，可以计算城市中心规模的标准差或采用熵值法等来测度城市中心规模的差异程度。参照区域城镇体系规模分布的研究，也可以使用齐普夫（Zipf）系数或使用规模最大的城市中心的实际规模与位序-规模分布的预测规模的偏离程度来测度城市的多中心性。一些研究还将城市中心间的相对距离纳入计算，不仅考虑城市中心之间规模的平衡性，还考虑其空间分布的平衡性，比如 Li（2020）使用的多中心指数具有以下形式：

$$Poly = 1 - \frac{\sigma_{\text{obs}}}{\sigma_{\max}} = 1 - \frac{\sqrt{\dfrac{\sum_{m=1}^{M}\left(s_m d_{\text{CBD},m} - \overline{s_m d_{\text{CBD},m}}\right)^2}{M}}}{s_{\max} d_{\max} / 2} \tag{1-9}$$

其中，$Poly$ 是多中心指数，s_m 和 $d_{\text{CBD},m}$ 是城市中心 m 的规模（比如人口或就业规模）和其到城市主中心的距离，两者相乘反映该中心的重要性，即规模越大且离主中心距离越远的次中心越重要。$s_{\max}$ 是规模最大的城市中心即城市主中心的人口或就业规模。$d_{\max}$ 是城市次中心到主中心的最远距离。城市主中心被假定具有最远的主-次中心间的距离 $d_{\max}$，保证其具有最高的重要性。σ_{obs} 是基于识别的城市中心的重要性计算的标准差，$\sigma_{\max}$ 是计算的理论上该标准差的最大值。这样，多中心指数是标准化的，其理论取值范围在 0～1，可以用于在不同城市间进行比较。

最后，上述方法往往单一地考虑城市中心数量、重要性或均衡程度等，都只反映了城市多中心性的某个方面，具有一定的局限性。因此，一些研究也提出构建复合的多中心指数。比如，Sun 和 Lv（2020）将城市中心数量、城市中心就业占城市总就业的比例，以及基于熵值法计算的各个中心重要性之间的差异程度三个指标相乘。这样的指标会综合考量中心数量、重要性和均衡性等方面，可以更全面地反映城市的多中心性。

第三节　城市空间结构演化：国际经验与趋势

20 世纪 90 年代以来，信息化、全球化、网络化相互作用，共同构成了城市发展和演化的新的时代背景，西方发达国家的城市增长模式发生变化，出现了新郊区化、区域化以及多中心化等空间发展趋势，并对城市发展产生了广泛影响。

本节主要梳理了近几十年来城市空间结构演化的国际经验与趋势。

一、城市空间发展的郊区化与区域化

20 世纪中后期，西方发达国家大城市的经济和人口快速增长，形成了单中心高度集聚的城市形态，引发了城市生产生活成本提高、城市环境质量退化，以及城市管理问题增多等诸多社会问题。当城市集聚达到饱和时，分散化发展成为必然选择，加上城市交通基础设施的发展，郊区化成为现代大城市普遍的空间发展趋势。郊区化使人口和产业从传统的城市中心区分散到郊区，使郊区成为城市发展新的空间和重要组成部分。美国是郊区化现象最为突出的国家，从美国的发展经验来看，郊区化遵循人口居住郊区化—商业郊区化—就业岗位全面郊区化的过程。从 20 世纪 80 年代开始，美国出现了“新郊区化”现象，即郊区化进程中出现了扩散中又有相对集聚的趋势，在郊区出现了“边缘城市”，城市空间结构开始由单中心向多中心演变。美国的“边缘城市”往往出现在城市外围主要高速公路的交叉地带，其产业包括零售业、批发业、生产性服务业、社会服务业、个人服务业及制造业等，是商业、办公、游憩、居住等多种功能复合和聚集的新的城市中心。在欧洲，城市郊区化则体现为在规划管制下有规则地在中心城市外围进行集中开发，主要通过新城建设疏散大城市的产业和人口，调整城市布局，促进区域均衡发展。欧洲的新城建设大体也经历了规模由小到大、功能由单一到综合、结构由简单到复杂的变化过程，科学合理地规划和建设新城，避免了欧洲大城市的过度拥挤和无序发展。

此外，城市空间向郊区的扩展催生了新型城市形态，使得城市空间发展呈现区域化的趋势。1942 年，美国学者斯坦（Stein）倡导以“区域城市”（regional city）取代传统大城市的形态格局（Meijers，2008）。随着郊区化发展，城市发展日益区域化，区域发展也日益城市化，从而形成都市区（或都市圈），甚至城市群。一方面，城市发展受交通和信息技术发展、生产组织变革以及网络化经济体系等的影响，在地域空间组织上呈现出大范围集中、小范围扩散的发展趋势，即在大城市地域内从城市中心向城市边缘扩散和再集中。另一方面，在整个区域范围内，城镇群体化发展，在更大空间尺度上实现集中，形成城市群。城市发展日渐区域化，不仅在老的城市中心之外产生了新的城市中心，而且加强了区域内部不同城市之间的功能联系，使得传统的中心－边缘关系趋于淡化，形成了以城市网络为基础的区域空间组织。

二、城市空间结构的多中心化与一般分散化

西方发达国家的“新郊区化”使城市内部出现了与传统城市中心区相竞争的郊区次中心（Coffey & Shearmur，2001a）。城市空间结构由单中心向多中心的演变对城市的经济、环境、社会等产生了多方面的影响，相关的政策关切和争论也不断增加（Lang & LeFurgy，2003）。城市空间结构的多中心化和城市次中心现象在美国最为突出，其中最具代表性的城市是洛杉矶和芝加哥。相关研究显示，除美国外，在许多其他西方发达国家，比如加拿大（Shearmur et al.，2007；Sweet et al.，2017）、德国（Krehl，2018）和澳大利亚（Freestone & Murphy，1998；Pfister et al.，2000）等，多中心的城市形态也普遍存在。郊区化和多中心化的城市演化似乎是现代大城市发展的全球性趋势，但也有研究强调，尽管各国大城市空间发展趋势可能趋同，但城市形态的性质、潜在的驱动力和所涉及的过程在不同国家具有特定的文化和历史特征，并嵌入当地的经济和政治体系（Freestone & Murphy，1998）。

目前，关于未来大城市空间发展的一般趋势仍存在争论。多中心化可以是未来城市空间发展的普遍趋势，但也有研究认为，未来城市空间发展可能不会是多中心的，而是变得更加分散（Gordon & Richardson，1996）。尽管郊区次中心的出现是现代城市空间发展的普遍现象，但未来的城市格局是以多中心结构为显著特征，还是集聚中心在决定城市空间结构和发展中的作用越来越小，使城市趋于一般分散化，成为争论的焦点。Gordon 和 Richardson（1996）通过考察 1970～1990 年洛杉矶的就业分布，发现城市次中心的就业占城市就业的比例很小，且多年来一直在下降，尽管洛杉矶一直被认为是多中心城市的代表，但他们的研究认为洛杉矶应被描述为一个分散的城市，而并不是一个多中心的城市。由此，提出了未来大城市多中心空间结构会让位于一般分散化的城市形态的命题。同样地，Lee（2007）分析了 20 世纪 80 年代和 90 年代最具有代表性的几个美国大城市的城市空间发展趋势，也发现在这些城市中，就业分布的一般分散化比多中心化更为普遍。Hajrasouliha 和 Hamidi（2017）对更多的美国城市的研究发现，356 个美国城

市中几乎 70%的城市都以就业分散化为主要特征，而多中心化仅主要出现在一些大城市。但与此同时，其他一些研究也提出了相反的证据，强调大城市内部的就业集聚仍然非常稳定，城市内部的集聚经济在城市空间发展中仍然发挥了重要作用。比如，Giuliano 等（2007）通过分析 1980～2000 年洛杉矶城市中心内外的就业分布发现，尽管城市主中心就业占比不断降低，但整体上城市中心的就业份额相当稳定，仅在外围郊区，就业分布体现出明显的分散化趋势。Redfearn（2009）分析了洛杉矶城市中心位置的中长期稳定性，最后发现集聚经济在决定城市内部空间结构中具有重要作用。Kane 等（2016）使用了更复杂的数据和方法，分析了洛杉矶就业中心 1997～2014 年的变化，发现尽管城市中心就业占城市总就业的比例很小，但中心就业的增长超过了城市整体就业增长。对美国以外国家城市的研究也得出了类似不一致的结果。比如，对巴塞罗那（Garcia-López & Muñiz，2010）和蒙特利尔（Coffey & Shearmur，2001b）的研究中，都发现城市的分散化伴随多中心化，这与美国城市研究中普遍发现的更强烈的城市分散化趋势并不一致。在对悉尼的研究中，Pfister 等（2000）发现城市出现了分散化的趋势，在 20 世纪 90 年代初则又出现了重新集中的趋势。

因此，城市空间发展的一般趋势并不明确，不同时期、不同国家或地区的城市空间发展趋势也可能存在显著差异，这对城市空间发展应该遵循从单中心到多中心再到一般分散化结构演进的线性模式提出了疑问。Lee（2007）通过对美国 6 个大城市的研究，发现了三种不同的空间演化模式。Shearmur 和 Coffey（2002）对加拿大 4 个最大城市的研究，也发现了 3 种不同的城市空间发展模式。这些都对存在的单一的城市空间发展模式提出了疑问。这些差异表明，不同的城市可能具有各自独特的空间演化模式，而这些模式受其自身的地理、历史和经济、制度的影响。也有学者认为，多中心化、分散化等空间过程可以同时发生在同一个城市，但不同的过程可能发生在不同的空间尺度或城市内的不同区域。

三、多中心城市空间规划与战略

在城市空间规划和战略中，多中心空间结构被认为是一种有效率和竞争力的结构形式。其优势可以概括为：第一，多中心空间结构使城市具有分散化的集聚经济优势，即在获取集聚经济的同时，避免单中心过度集中导致的集聚不经济；

第二，多中心空间结构通过分工与协作，弥补单一中心城市发展的规模劣势，通过协同效应获取规模经济和竞争优势；第三，多中心空间结构有利于降低区域差异，形成均衡的城市发展格局；第四，多中心空间结构避免了城市的无序蔓延，保护了区域内既有的生态格局，有助于构建和谐的人地关系和促进城市的可持续发展。

目前，多中心城市发展理念在世界范围内大都市规划中得到广泛应用。在欧洲，1999 年开始实施的《欧洲空间发展展望》（ESDP）的重要目标之一就是实现均衡空间发展，而多中心被认为与空间协调、均衡发展、社会公平相连，成为欧洲各层次空间规划的政策工具和目标。在美国，多中心也被列为《美国 2050》远景规划的重大议题，被认为会给一向不注重空间规划的美国带来新的视野。

在亚洲，东京都市圈的多中心发展经验极具代表性。从第三次首都圈规划开始，日本国土厅大都市圈整备局针对首都改造提出改东京“一极集中”的结构为多极、多圈层的城市结构。具体为推进“展都型首都机能再配置”，即将东京都市圈进一步分成几个自立性的区域，在各区域内部又细分为业务核心城市和次核心城市，相应配置政府机关、业务、金融、信息服务等中枢职能或会议场所，培育出自立性强的次中心（业务核），并对各自的功能进行相对明确的分工。总体上，东京都市圈形成了以东京都心区、副都心、业务核城市和都市圈外围区域为层级的多中心空间结构和分工体系。其中，都心区和副都心以高端服务业、城市商业和面向全球的金融、咨询、管理功能为主，业务核城市主要容纳可以转移的首都功能，如都心区过于密集的教育、医疗、公共管理等公共服务，总公司的部分功能，非必要在都心区布局的部分居住、文化、旅游、科研、会展功能，以及依托特定港口、空港的区位而承担的国际交往、临港工业等功能，推动实现东京都市圈功能的优化布局。

在中国，面对单中心空间结构带来的日益严峻的城市问题，多中心发展也成为许多超大特大城市空间规划普遍采用的策略。比如，北京、上海、广州、天津、南京、重庆、郑州等都提出了不同形式的多中心空间发展构想，北京更是在总体规划中明确提出构建多中心的区域城市空间格局。但是，随着“多中心”作为理论、分析和政策工具在城市研究和城市规划实践中的普遍应用，也引发了对多中心空间发展的种种疑虑和讨论。这包括：①如何理解多中心的内涵。有学者强调多中心概念的复杂性，如具有多重维度、对地理尺度的依赖及其动态性等，这往往造成其概念本身的模糊性。②如何把握多中心空间结构的实质性特征。这表现为不同学者对多中心结构的定义和判别标准及方法的不同，如北美对多中心城市空间结构的研究普遍强调形态上的多中心，而欧洲对多中心城市区域的研究则强调功能或联系上的多中心。③如何评价多中心空间发展的绩效。多中心空间结构被认为是一种有效率和竞争力的城市空间组织形式。支持者认为多中心减少了通勤距离和流动性，降低了环境负担，提高了经济效率，体现了平等和社会公正，避免了大城市集聚带来的种种弊端；但反对者认为，多中心对城市发展的正面影响仍缺乏确实的证据，在现实中，多中心空间发展很可能只是城市蔓延的另一种表现形式。④如何认识多中心空间结构的形成机制，尤其是空间规划和区域政策所能发挥的作用。本书将主要基于 21 世纪以来中国城市的发展经验，延续对这些问题的讨论。

本章参考文献

丁成日. 2004. 空间结构与城市竞争力. 地理学报, 59 (S1): 85-92.

冯健, 周一星. 2003. 中国城市内部空间结构研究进展与展望. 地理科学进展, (3): 204-215.

梁琦, 钱学锋. 2007. 外部性与集聚: 一个文献综述. 世界经济, (2): 84-96.

刘修岩, 陈露, 李松林. 2021. 城市经济学模型与实证方法的研究进展与趋势. 西安交通大学学报 (社会科学版), 41 (3): 25-34.

孙铁山, 李国平, 卢明华. 2009a. 基于区域密度函数的区域空间结构与增长模式研究——以京津冀都市圈为例. 地理科学, 29 (4): 500-507.

孙铁山, 李国平, 卢明华. 2009b. 京津冀都市圈人口集聚与扩散及其影响因素——基于区域密度函数的实证研究. 地理学报, 64 (8): 956-966.

孙铁山, 王兰兰, 李国平. 2012. 北京都市区人口—就业分布与空间结构演化. 地理学报, 67 (6): 829-840.

唐子来. 1997. 西方城市空间结构研究的理论和方法. 城市规划汇刊, (6): 1-11, 63.

Agarwal A, Giuliano G, Redfearn C L. 2012. Strangers in our midst: the usefulness of exploring polycentricity. The Annals of Regional Science, 48 (2): 433-450.

Alonso W. 1964. Location and Land Use: Toward a General Theory of Land Rent. Cambridge: Harvard University Press.

Anas A, Arnott R, Small K A. 1998. Urban spatial structure. Journal of Economic Literature, 36 (3):

1426-1464.

Bourne L S. 1982. Internal Structure of The City: Readings on Urban Form, Growth, and Policy. New York: Oxford University Press.

Clark C. 1951. Urban population densities. Journal of the Royal Statistical Society Series A: Statistics in Society, 114 (4): 490-496.

Cleveland W S. 1979. Robust locally weighted regression and smoothing scatterplots. Journal of the American Statistical Association, 74 (368): 829-836.

Coffey W J, Shearmur R G. 2001a. The identification of employment centres in Canadian metropolitan areas: the example of Montreal, 1996. The Canadian Geographer, 45 (3): 371-386.

Coffey W J, Shearmur R G. 2001b. Intrametropolitan employment distribution in Montreal, 1981-1996. Urban Geography, 22 (2): 106-129.

Freestone R, Murphy P. 1998. Metropolitan restructuring and suburban employment centers: cross-cultural perspectives on the Australian experience. Journal of the American Planning Association, 64 (3): 286-297.

Fujita M. 1986. Urban land use theory//Gabszewicz J, Thisse J. Location Theory. New York: Hardwood Academic Publishers: 73-149.

Fujita M. 1988. A monopolistic competition model of spatial agglomeration: differentiated product approach. Regional Science and Urban Economics, 18 (1): 87-124.

Fujita M, Ogawa H. 1982. Multiple equilibria and structural transition of non-monocentric urban configurations. Regional Science and Urban Economics, 12 (2): 161-196.

Garcia-López M-À, Muñiz I. 2010. Employment decentralisation: polycentricity or scatteration? The case of Barcelona. Urban Studies, 47 (14): 3035-3056.

Garcia-López M-À, Muñiz I. 2012. Urban spatial structure, agglomeration economies, and economic growth in Barcelona: an intra-metropolitan perspective. Papers in Regional Science, 92 (3): 515-534.

Giuliano G, Redfearn C, Agarwal A, et al. 2007. Employment concentrations in Los Angeles, 1980-2000. Environment and Planning A: Economy and Space, 39 (12): 2935-2957.

Gordon P, Richardson H W. 1996. Beyond polycentricity: the dispersed metropolis, Los Angeles, 1970-1990. Journal of the American Planning Association, 62 (3): 289-295.

Hajrasouliha A H, Hamidi S. 2017. The typology of the American metropolis: monocentricity, polycentricity, or generalized dispersion? Urban Geography, 38 (3): 420-444.

Heikkila E, Gordon P, Kim J I, et al. 1989. What happened to the CBD-distance gradient? Land values in a policentric city. Environment and Planning A: Economy and Space, 21 (2): 221-232.

Kane K, Hipp J R, Kim J H. 2016. Los Angeles employment concentration in the 21st century. Urban Studies, 55 (4): 844-869.

Krehl A. 2018. Urban subcentres in German city regions: identification, understanding, comparison.

Papers in Regional Science, 97: S97-S104.

Lang R E, LeFurgy J. 2003. Edgeless cities: examining the noncentered metropolis. Housing Policy Debate, 14 (3): 427-460.

Lee B. 2007. "Edge" or "edgeless" cities? Urban spatial structure in U.S. metropolitan areas, 1980 to 2000. Journal of Regional Science, 47 (3): 479-515.

Li Y C. 2020. Towards concentration and decentralization: the evolution of urban spatial structure of Chinese cities, 2001-2016. Computers, Environment and Urban Systems, 80: 101425.

Lucas R E, Rossi-Hansberg E. 2002. On the internal structure of cities. Econometrica, 70 (4): 1445-1476.

McMillen D P. 2001. Nonparametric employment subcenter identification. Journal of Urban Economics, 50 (3): 448-473.

McMillen D P, McDonald J F. 1997. A nonparametric analysis of employment density in a polycentric city. Journal of Regional Science, 37 (4): 591-612.

Meijers E. 2008. Stein's 'Regional City' concept revisited: critical mass and complementarity in contemporary urban networks. The Town Planning Review, 79 (5): 485-506.

Mills E S. 1967. An aggregative model of resource allocation in a metropolitan area. The American Economic Review, 57 (2): 197-210.

Papageorgiou Y Y, Pines D. 1999. An Essay on Urban Economic Theory. Boston: Springer.

Pfister N, Freestone R, Murphy P. 2000. Polycentricity or dispersion? changes in center employment in metropolitan Sydney, 1981 to 1996. Urban Geography, 21 (5): 428-442.

Redfearn C L. 2009. Persistence in urban form: the long-run durability of employment centers in metropolitan areas. Regional Science and Urban Economics, 39 (2): 224-232.

Shearmur R, Coffey W J. 2002. A tale of four cities: intrametropolitan employment distribution in Toronto, Montreal, Vancouver, and Ottawa-Hull, 1981-1996. Environment and Planning A: Economy and Space 34 (4): 575-598.

Shearmur R, Coffey W, Dube C, et al. 2007. Intrametropolitan employment structure: polycentricity, scatteration, dispersal and chaos in Toronto, Montreal and Vancouver, 1996-2001. Urban Studies, 44 (9): 1713-1738.

Sun T S, Lv Y Q. 2020. Employment centers and polycentric spatial development in Chinese cities: a multi-scale analysis. Cities, 99: 102617.

Sweet M N, Bullivant B, Kanaroglou P S. 2017. Are major Canadian city-regions monocentric, polycentric, or dispersed? Urban Geography, 38 (3): 445-471.

White M J. 1976. Firm suburbanization and urban subcenters. Journal of Urban Economics, 3 (4): 323-343.

第二章　中国城市增长与空间扩张

中华人民共和国成立70余年来，经历了世界历史上规模最大、速度最快的城市化进程。尤其是改革开放以后，城市化取得了巨大成就，是中国经济社会发展和转型成果的集中体现，也是中国城市空间发展的重要基础和背景。21世纪以来，随着城市化进程的不断加速，中国城市化进入以人为本、规模和质量并重的新发展阶段，城市规模不断扩大、功能全面提升、空间加速转型和重构。本章首先回顾了中国城市化的发展历程，重点分析了2000年以来中国城市增长的特征，以及在此背景下中国城市的空间扩张和分散化发展趋势。如无特殊说明，本章中的数据均来自国家统计局国家数据（https://data.stats.gov.cn/）。

第一节　中国的城市化与城市增长

中华人民共和国成立之初，中国的城镇化率仅有10.6%，经过前30年的曲折探索，国民经济建设的重心逐步转移到城市上来。改革开放后，中国城镇化率从1978年的17.9%提高到2020年的63.9%，年均提高1个百分点以上，随之而来的是城市数量和规模的快速扩张。本节简要回顾新中国的城市化历程并进行国际比较，重点分析2000年以来中国的城市规模增长。

一、新中国的城市化历程及国际比较

中华人民共和国成立后，中国的城市化水平整体呈上升趋势，但也经历了较曲折的发展历程。中华人民共和国刚成立的国民经济恢复时期和“一五”时期，

伴随工业化和城市建设，我国经济社会恢复发展，涌现了一批工业城市，大批农业劳动力转移到城市工业部门，城市数量和城市人口持续增加。尤其是“大跃进”时期，在大力发展重工业的同时，城市人口快速增长，以适应快速工业化的要求。根据1953～2020年全国人口普查的数据（图2-1），1964年中国城镇人口为1.27亿人，城镇化率达到18.3%，比1949年提高了7.7个百分点。进入20世纪60年代，国民经济全面调整，受自然灾害、“大跃进”等的影响，中国城市化出现了一定的倒退，并出现反城市化浪潮。1964年，开始对城乡人口实行严格的户籍管控，限制城乡人口流动，在当时的政策背景下，中国城市化进程有所波动。此后的“文化大革命”期间，城市化进程进入了停滞状态。到1982年，中国城镇人口仅为2.11亿人，城镇化率为20.9%，仅比1964年第二次全国人口普查时提高了2.6个百分点。

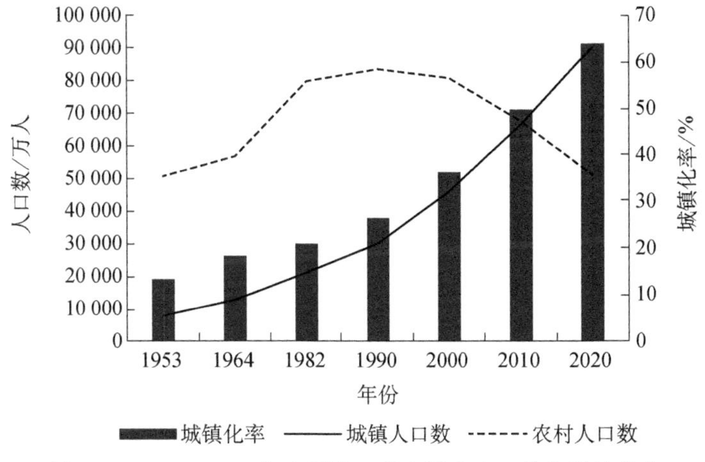

图2-1　1953～2020年全国人口普查城乡人口数和城镇化率

1978年改革开放以后，中国城市化进程开始加速。随着商品经济快速发展、乡镇企业兴起，以及户籍管理制度开始放松，农村人口加速向城镇流动，中小城市和小城镇数量迅速增加。到1990年，中国城镇人口达到近3亿人，城镇化率提高到26.4%。1982～1990年，城镇人口增加了8889万人，年均增速达到4.5%，城镇化率提高了5.5个百分点。进入20世纪90年代，邓小平南方谈话后，改革开放进入新阶段，市场经济活力持续增强，城市集聚效应更加明显，大批农村剩余劳动力加速向城市转移。尤其是1993年设市标准放宽，行政区划调整推动了城市化加速发展。到2000年，中国城镇人口数量快速增加到4.58亿人，城镇化率达到36.2%，比1990年提高了近10个百分点。2000年以后，中国城市化方针有所转变，从严格控制大城市规模，合理发展中等城市和小城市转向坚持大中小城市和小城镇协调发展，走中国特色的城镇化道路，并提出要消除不利于城市化发展的体制和政策障碍，促进劳动力合理流动，为城市化与城市发展注入新的活力。到2010年，中国城镇化率达到49.7%，10年间城镇化率提高了13.5个百分点。这一阶段，农村人口数量开始减少。2011年，中国城镇化率达到51.3%，城镇人口数量首次超过农村人口，标志着中国城市化进入新的发展阶段。

2012年，党的十八大提出“走中国特色新型城镇化道路”，中国城市化发展从关注量变到强调规模和质量并重，中国城市化进入以人为本的新的城市化发展阶段。随着新型城镇化建设的推进，农业转移人口市民化速度明显加快，中小城市和特色城镇加速发展，大城市功能全面提升，管理更加精细，超大城市推行功能疏解和减量发展，以城市群为主体的大中小城市和小城镇协调发展的城市化格局逐步形成。根据第七次全国人口普查数据，2020年中国城镇人口已超过9亿人，城镇化率达到63.9%，相比于2010年提高了14.2个百分点。2020年中国的城镇人口是1990年时的3倍、2000年时的近2倍。1990～2020年，中国城镇人口年均增速达到3.7%，实现了城市化的飞跃式发展。

从数量上看，中国的城市化主要体现在两个方面。一方面，城镇数量显著增多。中国城镇人口的持续增加，这既是城乡人口流动和城镇人口自然增长的结果，又受到行政区划调整等因素的推动。尤其是在改革开放以后，所实施的地改市、县市升格、整县设市、撤县设区等行政区划调整，极大地促进了中国城镇数量的增加和城市化进程，但也导致了中国城市人口统计问题（Ma & Cui，1987；Chan，2007；罗震东，2008）。1978年，中国仅有建制市193个（其中地级及以上城市101个、县级市92个）和建制镇2176个。到2000年时，中国建制市数量已达到663个（其中地级及以上城市263个、县级市400个），建制镇数量更是高达20 312个。2000年以后，行政区划调整趋于缓和，中国城镇数量增速有所减缓。到2019年，中国共有建制市684个（其中地级及以上城市297个、县级市387个）、建制镇21 013个。城市行政区划的调整不仅大大增加了中国城镇数量，极大地影响了中国的城市化水平，也深刻影响着中国城市的地域空间组织和空间发展。另一方面，城市人口规模明显扩大。中华人民共和国成立初期，中国城市人口规模普遍较小，根据联合国经济和社会事务部人口司发布的《世界城市化展望（2018年修订版）》的数据，1950年中国人口超过100万人的城市仅有8个，人口超过30万人的城市也仅有24个。改革开放以后，中国城市人口规模持续快速扩大。到1990年，中国人口超过100万人的城市已有34个，人口超过30万人的城市有102个。2000年以后，中国城市人口规模更是急剧扩张，到2015年，人口超过1000万人的超大城市有6个，占全球的21%，人口超过500万人的特大城市有11个，占全球的24%，人口超过100万人的大城市有92个，占全球的21%。

总体而言，虽然中国的城市化有其特殊性，但其历程基本符合世界城市化发展的阶段性规律。从世界范围来看，城市化是经济社会发展的重要引擎和必然结果，因此国家或地区的城市化水平与其经济发展阶段和收入水平密切相关。根据《世界城市化展望（2018年修订版）》的数据（图2-2），较发达地区和高收入地区居住在城市的人口比例更高，表现出很高的城市化水平，2018年平均城镇化率在80%左右。在改革开放初期，中国的城镇化率不足20%，远低于世界和亚洲平均水平，接近低收入地区的平均水平。到1996年，中国城镇化率超过了中低收入地区平均水平；到2003年，超过亚洲平均水平；到2006年，超过除中国外的较不发达地区平均水平；到2014年，超过世界平均水平，这反映出中国城市化水平的迅速提升。但值得注意的是，中国目前已属于中高收入国家，但城镇化率仍低于世界中高收入地区的平均水平。因此，与同等收入水平的其他国家相比，中国的城市化发展依然与现阶段的经济发展水平不够匹配。总体来说，中国作为发展中国家，城市化发展十分迅猛，但仍有较大的提升空间。

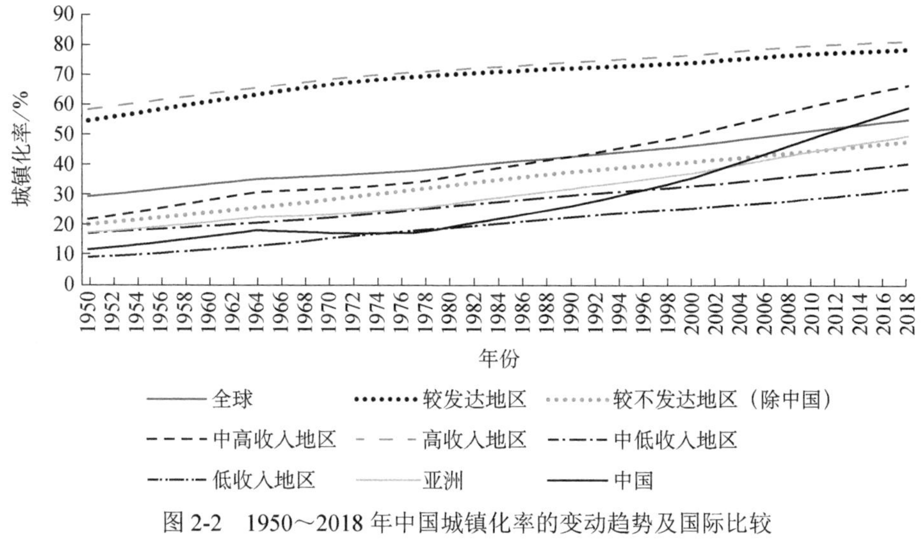

图2-2　1950～2018年中国城镇化率的变动趋势及国际比较

资料来源：《世界城市化展望（2018年修订版）》

二、2000年以来中国城市规模增长

2000年以来，中国的城市化方针有所转变，为城市的发展注入了新的活力，城市人口规模快速扩张，集聚优势更加凸显。尤其是2012年党的十八大提出“走中国特色新型城镇化道路”以来，以城市群为主体、大中小城市和小城镇协调发展的城市化格局正逐步形成。本节将从规模分布和地区分布两个维度，重点分析21世纪以来中国城市的增长特征。

（一）规模分布特征

城市规模增长可以通过城市人口在不同规模等级城市间的分布及变动来反映，即体现为整个城市体系的规模分布特征及变动趋势。根据联合国《世界城市化展望（2018年修订版）》的数据，我们把城市分为5个规模等级，即人口超过1000万人的超大城市、500万～1000万（含）人的特大城市、100万～500万（含）人的大城市、50万～100万（含）人的中等城市以及50万人以下的小城市。2000年，中国有近一半（49.5%）的城市人口居住在50万人以下的小城市，超大、特大城市数量仅有7个。从城市数量上看（表2-1），仅考虑30万人以上规模的城市，2000年中国超大、特大和大城市数量占所有城市数量的0.8%、1.9%和21.8%，相比于同期世界同等规模等级城市数量的占比（超大、特大和大城市占比分别为1.2%、2.3%和25.2%）都相对偏低。到2015年，中国超大、特大城市数量已显著增加，达到17个，数量占比和世界平均水平基本持平，但大城市数量占比仍略低于世界平均水平。已有研究普遍认为，受户籍制度和控制大城市规模的城市发展政策的影响，在中国城市规模分布中，大城市数量相对偏少（Chauvin et al., 2017）。

表2-1 全球和中国不同规模等级城市的数量和人口占比情况 （%）

城市规模等级	全球				中国			
	2000年		2015年		2000年		2015年	
	个数占比	人口占比	个数占比	人口占比	个数占比	人口占比	个数占比	人口占比
超大城市	1.2	8.6	1.6	11.6	0.8	5.3	1.5	11.7
特大城市	2.3	7.5	2.5	7.8	1.9	7.8	2.8	9.5
大城市	25.2	21.8	24.7	21.7	21.8	25.0	23.1	23.1

续表

城市规模等级	全球				中国			
	2000 年		2015 年		2000 年		2015 年	
	个数占比	人口占比	个数占比	人口占比	个数占比	人口占比	个数占比	人口占比
中等城市	30.7	9.4	31.2	9.6	32.1	12.4	38.1	13.5
小城市	40.6	52.8	39.9	49.3	43.5	49.5	34.6	42.1

资料来源：《世界城市化展望（2018 年修订版）》。

注：①在城市数量的统计上，50 万人以下的小城市仅统计了人口在 30 万～50 万人的城市数量，下同。②因四舍五入原因，计算所得数值有时与实际数值有些微出入，特此说明。

2000 年后，中国城市规模快速扩张，居住在超大城市的人口从 2000 年的 2453 万人增长到 2015 年的 9076 万人，增长了 2.7 倍，居住在特大城市的人口从 2000 年的 3585 万人增长到 2015 年的 7395 万人，增长了 1.1 倍，超大、特大城市规模增长十分显著（图 2-3）。从各规模等级城市的人口占比来看（表 2-1），2000～2015 年，超大城市人口占全部城市人口比例从 5.3%提高到 11.7%，达到世界平均水平，特大城市人口占比也有所增加，但大城市人口占比略有下降，反映出 100 万人以上大城市内部规模分化加剧，人口向超大、特大城市集聚趋势强烈。此外，中等城市人口占比也有一定增加。Ding 和 Li（2019）对中国城市体系 Zipf 指数的分析也发现，2000 年以后 Zipf 指数一直下降，说明中国城市人口趋于向大城市集中；而仅看大城市，Zipf 指数下降幅度更大，说明大城市内部人口向超大、特大城市集中趋势明显。

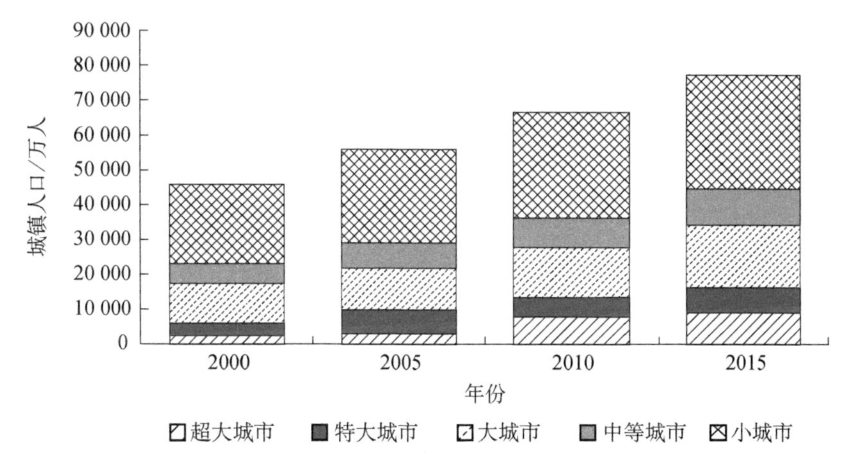

图 2-3　2000 年以来不同规模等级中国城市的人口数量

资料来源：《世界城市化展望（2018 年修订版）》

进一步计算不同规模等级城市的平均人口规模（表 2-2），2000 年中国超大城市的平均人口规模是 1227 万人，比同期世界超大城市平均人口规模明显偏小，但中国其他规模等级城市的平均人口规模都与世界平均人口规模大体相当。到 2015 年，中国超大城市的平均人口规模增加最为显著，达到 1513 万人，已接近世界超大城市平均人口规模水平，但特大和大城市的平均人口规模仍略小于世界平均水平，体现了 2000 年以后中国城市规模向超大城市集聚的发展趋势。

表 2-2 全球和中国不同规模等级城市的平均人口规模 （单位：万人）

城市规模等级	全球				中国			
	2000 年	2005 年	2010 年	2015 年	2000 年	2005 年	2010 年	2015 年
超大城市	1534	1537	1548	1596	1227	1502	1311	1513
特大城市	713	688	691	689	717	691	637	672
大城市	193	197	200	197	202	204	201	195
中等城市	68	69	70	69	68	70	70	69
小城市	38	38	38	38	38	38	40	39

资料来源：《世界城市化展望（2018 年修订版）》。

（二）地区分布特征

中国城市规模增长在不同地区间存在显著差异，本节使用第五次、第六次和第七次全国人口普查数据，首先分析 2000～2020 年东部、中部、西部和东北四大地区以及各省（自治区、直辖市）城镇人口分布变动。表 2-3 列出了 2000 年、2010 年和 2020 年中国各地区城镇人口占比及城镇化率。20 年间，中国城市化空间格局发生明显变化。2000～2010 年，中国城镇人口主要向东部和中部地区集中，东部和中部地区城镇人口占比分别上升 1.1 个百分点。但 2010～2020 年，城镇人口则开始主要向西部和中部地区集中，这一阶段西部地区城镇人口占比提高了 2.1 个百分点，上升幅度很大，中部地区也上升了 0.7 个百分点，但东部地区则下降了 0.8 个百分点，因为东部地区城市化水平已相对较高，2010 年后城镇人口增长速度和城市化进程开始趋缓。20 年间，东北地区的城镇人口占比持续下降，2000～2010 年和 2010～2020 年两个阶段分别下降了 2.6 个百分点和 2.0 个百分点。2000 年时，东北地区是中国城市化水平最高的区域，城镇化率达到 52.4%，远高于其他三个地区，但 2020 年时，东北地区城镇化率已低于东部地区 3.1 个百分点，虽仍高于中部和西部地区，但城市化发展整体较为缓慢。中部和西部地区城镇化率从 2000 年时的不到 30%，提高到 2020 年时的接近 60%。

从各省（自治区、直辖市）来看，2000～2010 年，城镇人口占比上升幅度最大的主要集中在东部地区的京津冀，尤其是河北省，上升 0.9 个百分点，是各省（自治区、直辖市）中增加最多的，以及长江三角洲（简称长三角）的江苏省和浙江省。中部地区则主要是河南省，上升了 0.7 个百分点，仅次于河北省，此外江西省、湖南省和安徽省的城镇人口占比上升得也比较明显。城镇人口占比下降最多的是湖北省、辽宁省和黑龙江省，均下降 0.9～1.1 个百分点。2010～2020 年，东部地区城镇人口占比整体有所下降，但京津冀中的河北省、长三角的浙江省以及珠江三角洲（简称珠三角）广东省等的城镇人口占比仍有所上升，而北京市、天津市、上海市和江苏省城镇人口占比都明显下降，说明东部地区三大城市群中京津冀和长三角都在经历城市发展转型，比如北京市受到非首都功能和人口疏解政策的影响，人口规模下降明显，上海市也有类似的趋势。中西部地区城镇人口占比虽然整体增加，但也主要集中在几个重点省区，比如中部地区的河南省，该省继续上升 0.7 个百分点，是这一阶段各省（自治区、直辖市）中增加最多的。在西部地区则主要是贵州省、四川省和广西壮族自治区等的城镇人口占比上升明显。这一阶段中，城镇人口占比下降最多的是黑龙江省，该省继续下降 0.9 个百分点。从城镇化率的变动来看，2000～2010 年，城镇化率上升最明显的是重庆市，其次是东部地区的江苏省、河北省，中部地区的安徽省、江西省、湖南省。2010～2020 年，东部地区只有河北省城镇化率上升了 16.2 个百分点，比较突出，而中部地区的河南省、江西省，西部地区的贵州省、宁夏回族自治区、陕西省、四川省、重庆市和甘肃省等多个省（自治区、直辖市）城镇化率上升显著，都在 16 个百分点以上。

表 2-3　2000 年、2010 年和 2020 年中国四大地区和各省（自治区、直辖市）城镇人口占比及城镇化率　（%）

地区	城镇人口占比			城镇化率		
	2000 年	2010 年	2020 年	2000 年	2010 年	2020 年
东部地区	44.0	45.1	44.3	45.7	59.7	70.8
北京市	2.3	2.5	2.1	77.5	86.0	87.5
天津市	1.5	1.5	1.3	72.0	79.4	84.7
河北省	3.8	4.7	5.0	26.3	43.9	60.1

续表

区域	城镇人口占比			城镇化率		
	2000 年	2010 年	2020 年	2000 年	2010 年	2020 年
上海市	3.2	3.1	2.5	88.3	89.3	89.3
江苏省	6.7	7.1	6.9	42.3	60.2	73.4
浙江省	4.9	5.0	5.2	48.7	61.6	72.2
福建省	3.1	3.1	3.2	42.0	57.1	68.7
山东省	7.5	7.1	7.1	38.2	49.7	63.1
广东省	10.3	10.3	10.4	55.7	66.2	74.1
海南省	0.7	0.6	0.7	40.7	49.7	60.3
东北地区	12.0	9.4	7.4	52.4	57.7	67.7
辽宁省	5.0	4.1	3.4	54.9	62.1	72.1
吉林省	2.9	2.2	1.7	49.7	53.4	62.6
黑龙江省	4.1	3.2	2.3	51.5	55.7	65.6
中部地区	22.1	23.2	23.9	29.3	43.5	59.0
山西省	2.5	2.6	2.4	35.2	48.1	62.5
安徽省	3.4	3.8	4.0	26.7	43.0	58.3
江西省	2.4	2.9	3.0	27.7	43.8	60.4
河南省	4.7	5.4	6.1	23.4	38.5	55.4
湖北省	5.3	4.2	4.0	40.5	49.7	62.9
湖南省	3.8	4.2	4.3	27.5	43.3	58.8
西部地区	21.9	22.3	24.4	28.8	41.4	57.3
内蒙古自治区	2.2	2.0	1.8	42.7	55.5	67.5
广西壮族自治区	2.7	2.7	3.0	28.2	40.0	54.2
重庆市	2.2	2.3	2.5	33.1	53.0	69.5
四川省	4.9	4.8	5.3	27.1	40.2	56.7
贵州省	1.8	1.8	2.3	24.0	33.8	53.2
云南省	2.2	2.4	2.6	23.4	34.7	50.1
西藏自治区	0.1	0.1	0.1	19.4	22.7	35.7
陕西省	2.5	2.5	2.8	32.1	45.7	62.7
甘肃省	1.3	1.4	1.5	24.0	35.9	52.2
青海省	0.3	0.4	0.4	32.3	44.7	60.1
宁夏回族自治区	0.4	0.5	0.5	32.4	48.0	65.0
新疆维吾尔自治区	1.4	1.4	1.6	33.8	42.8	56.5

资料来源：国家统计局普查数据（http://www.stats.gov.cn/sj/pcsj/）栏目下的《第五次人口普查数据》《第六次人口普查数据》《第七次人口普查数据》。

进一步，选取三次全国人口普查中相对稳定存在的 284 个地级及以上城市，计算其常住人口占全部 284 个城市人口的比例，分析 2000～2010 年和 2010～2020 年前后两个阶段地级及以上城市人口分布变动特征。图 2-4 绘制了两个阶段的期初各城市常住人口占比和期间常住人口占比变动的散点图，反映了两个阶段城市常住人口增长和人口规模的关系。通过拟合线可以发现，2000～2010 年城市常住人口增长和人口规模相关性不强，略呈负相关关系，但到 2010～2020 年城市常住人口增长则呈现和人口规模显著的正相关关系，说明 2010 年后人口向大城市集聚趋势明显，城市化空间格局变得更加集中。分别统计 2000～2010 年和 2010～2020 年常住人口占比上升的城市发现，前一个阶段共有 106 个城市的人口占比上升，后一个阶段仅有 85 个城市的人口占比上升，同样说明自 2010 年后，城市人口开始明显向重点城市集聚。再统计两个阶段人口占比增加超过 0.1 个百分点的城市，即人口集聚的重点城市，结果显示，两个阶段重点城市的数量相当，分别是 19 个和 20 个，但其地区分布有明显差异。2000～2010 年，这些重点城市主要集中在三大城市群，其中京津冀、长三角和珠三角城市共 8 个，还包括 4 个

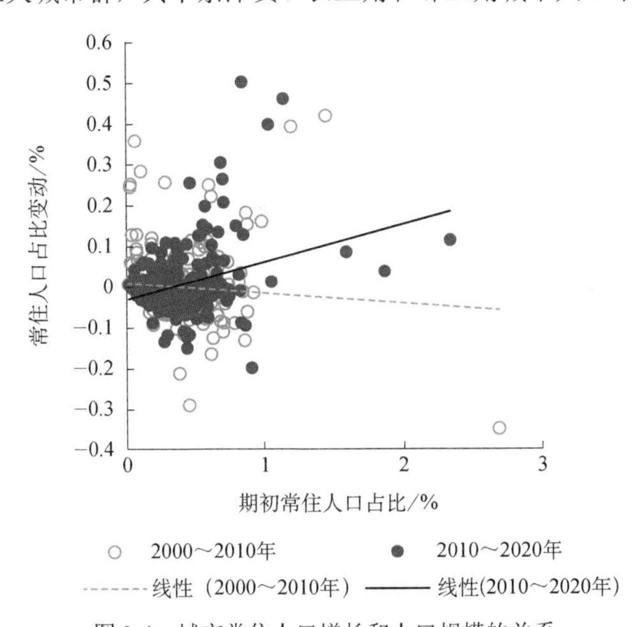

图 2-4　城市常住人口增长和人口规模的关系

资料来源：国家统计局《2000 人口普查分县资料》《中国 2010 年人口普查分县资料》《2020 中国人口普查分县资料》

其他城市群中心城市，分别是厦门、郑州、南宁和成都，其余则是一些中小城市。但到2010～2020年，这些重点城市则全部是长三角和珠三角城市以及其他城市群中心城市，包括长三角的苏州、杭州、宁波、金华和合肥，珠三角的广州、深圳、佛山和东莞，海峡西岸城市群的厦门，山东半岛城市群的济南，中原城市群的郑州，长江中游城市群的武汉和长沙，北部湾城市群的南宁，成渝城市群的成都和重庆，黔中城市群的贵阳，滇中城市群的昆明以及关中平原城市群的西安。由此可见，2010年后中国城市化空间格局明显以城市群为主体，进一步向长三角和珠三角以及其他城市群的中心城市集中。值得注意的是，京津冀城市群受到北京非首都功能和人口疏解政策的影响，和第一阶段不同，2010年后的人口增长并不显著。

第二节　中国城市的空间扩张

在快速城市化进程中，与城市人口规模增长相伴的是城市土地的快速扩张。相关研究普遍发现，城市化过程中城市土地扩张速度快于人口增长具有一定的普遍性和合理性，但城市土地相较于人口过快的增长往往导致城市的无序蔓延，威胁城市的健康发展（杜春萌等，2018）。20世纪90年代以来，中国的城市化进程不断加速，同样经历了城市土地的快速甚至超高速的扩张，也引发了城市用地不集约、低效率和城市蔓延等问题（方创琳等，2017）。本节主要分析2000年以后中国城市空间扩张的总体情况、不同地区和规模等级城市的空间扩张特征，以及城市空间扩张和人口增长的协调关系。

一、城市空间扩张的总体情况

改革开放以来，中国城市化的传统路径以土地扩张为标志，在相当长的一段时期内中国城市化的突出表现是土地城市化优先于人口城市化。城市建设用地的快速扩张支撑了中国城市化过程中城市经济的快速发展，保障了不断增长的城市居民的用地需求，但也加剧了人地矛盾，带来了相应的社会经济和生态环境问题。

目前，我国城市的人均建设用地面积远高于发达国家和其他发展中国家的平均水平（方创琳等，2017），而且城市空间扩张以增量开发为主要形式（龙瀛和吴康，2016），甚至存在部分城市人口流失却伴随空间持续扩张的悖论现象（杨东峰等，2015）。

从全球来看，根据纽约大学对全球200个城市扩张的监测数据（Angel et al.，2016），2000～2014年全球样本城市建成区的年均扩张速度为4.4%，而其中东亚和太平洋地区的城市的年均扩张速度高达7.8%，中国更是达到8.6%，是全球城市建成区面积增长最快的地区之一。进一步使用《中国城市建设统计年鉴》中2006～2018年城市建成区面积数据，分析2006年以来中国城市空间扩张的总体情况（图2-5）。2006～2018年，全国城市建成区面积有明显的扩张，由33 659.76平方千米增长到58 455.66平方千米，增长了0.74倍。从城市建成区面积占城区面积的比例来看，全国城市用地扩张趋势也十分明显，从2006年的20.21%增长到2018年的29.10%，年均增长0.74个百分点。从扩张趋势来看，城市建成区面积虽然一直保持增长，但其增速总体呈下降趋势，从2007年的5.38%下降到2018年的3.97%，尤其是2014年后增速下降更为明显，体现出在2012年确定新型城镇化道路以来，中国城市化发展出现转型，逐步从以土地扩张为主要标志的城市化转向强调人的城市化，以及从规模扩张转向强调城市化的发展质量。

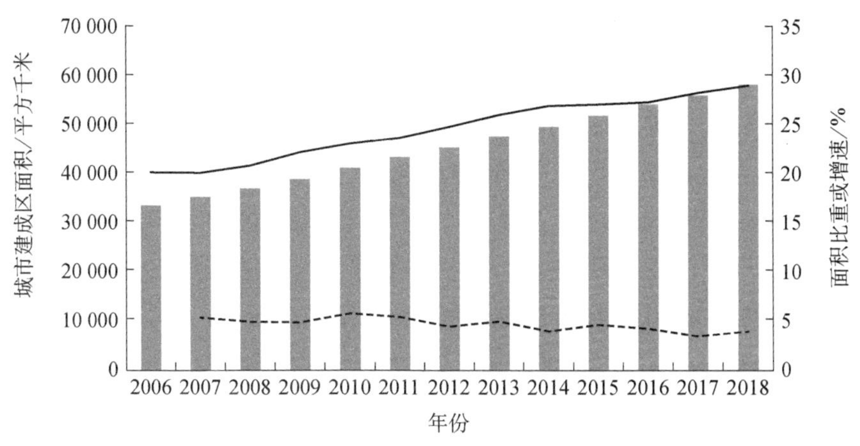

图2-5　2006～2018年城市建成区面积增长情况

资料来源：国家统计局历年《中国城市建设统计年鉴》

二、不同地区和规模等级城市的空间扩张

城市空间扩张在不同地区间存在明显差异。从各地区城市建成区面积占全国比例来看（表 2-4），2006～2018 年中部和西部地区城市建成区面积占比有所上升，中部地区从 19.7%上升到 20.5%，西部地区从 19.9%上升到 23.7%，而东部和东北地区城市建成区面积占比则持续下降，2006～2018 年分别下降了 2.0 个百分点和 2.6 个百分点。可见，由于东部地区城市土地开发强度已经较高，东北地区城市化进程趋缓，东部和东北地区的城市空间扩张速度相对缓慢，而由于中部、西部区域开发战略的实施和东部产业向中部、西部的持续转移，中部、西部地区城市化加速，城市建成区面积增长也较快。值得注意的是，中部地区城市建成区面积的快速增长主要发生在 2006～2012 年的阶段，而在 2012 年前后两个阶段西部地区城市建成区面积增长都较快，甚至在 2012 年后增长得更快些，这和西部地区城市化进程不断加速有关，但也需要关注西部地区城市用地可能存在的过度扩张的问题。

按照 5 个规模等级来看，不同规模等级城市的空间扩张也存在不同的特征。需要说明的是，城市人口的增长使得各规模等级城市的数量存在较大的变化，其中超大城市和特大城市数量的变化尤为剧烈。因此，如果按照每年的人口对城市进行规模分类再计算用地扩张，则很难区分是城市本身增长的影响还是城市数量增加的影响。因此，以下分析中均以 2018 年的城区常住人口作为分类依据，排除每个规模等级城市数量变化的影响。城区常住人口采用《中国城市建设统计年鉴》中城区人口与城区暂住人口之和。由表 2-4 可见，2006～2018 年，特大城市和大城市建成区面积增长较快，城市建成区面积占全国的比例逐步上升，其中特大城市从 9.8%上升到 11.3%，大城市从 29.7%上升到 30.9%；而超大城市和小城市的建成区面积占比则持续下降，超大城市从 14.5%下降到 12.8%，小城市从 26.5%下降到 25.7%，中等城市建成区面积占比则相对稳定。总体而言，规模大的城市空间扩张更加突出，在 2006～2012 年的阶段大城市空间扩张最为明显，但 2012 年后大城市空间扩张有所遏制，主要是特大城市建成区面积占比显著上升。特大城市往往是城市群的中心城市，是集聚区域人口和经济的主要空间载体，城市开发格局向特大城市集中反映出城市化空间格局正在转向以城市群为主体和向区域中心城市集聚。

表 2-4　不同地区和规模等级城市建成区面积占全国的比例　（%）

分类方法	类别	城市建成区面积占全国的比例		
		2006 年	2012 年	2018 年
按区域分	东部地区	47.5	46.3	45.5
	中部地区	19.7	20.5	20.5
	西部地区	19.9	21.4	23.7
	东北地区	12.9	11.7	10.3
按城市规模等级分	超大城市	14.5	13.1	12.8
	特大城市	9.8	10.3	11.3
	大城市	29.7	31.3	30.9
	中等城市	19.6	19.3	19.2
	小城市	26.5	26.0	25.7

资料来源：国家统计局历年《中国城市建设统计年鉴》。

进一步从城市建成区规模来看（表 2-5），平均而言，东部地区城市建成区面积最大，是同期全部城市平均规模的 1.4 倍，而中部和西部地区城市建成区面积基本相当，是全部城市平均规模的 0.8 倍。东北地区城市建成区面积在 2006 年时，明显高于中部、西部地区，但到 2018 年时已低于中部、西部地区。按照不同规模等级城市来看，2006 年 5 个规模等级城市的平均建成区面积是全部城市平均规模的 15.1 倍、6.8 倍、2.4 倍、1 倍和 0.4 倍。总体而言，超大城市建成区规模最大，但增速较低，2006～2018 年其平均建成区面积增长了 0.57 倍。特大城市和大城市土地扩张速度最快，尤其是特大城市，其平均建成区面积增长了 1.05 倍，用地规模由 2006 年全部城市平均规模的 6.8 倍增长到 2018 年的 8.4 倍，城市空间扩张最为显著。中小城市用地规模较小，扩张速度也相对较慢。所以，中国城市的空间扩张主要由大城市尤其是特大城市主导。

表 2-5　不同地区和规模等级城市平均建成区面积　（单位：平方千米）

分类方法	类别	城市平均建成区面积		
		2006 年	2012 年	2018 年
按区域分	东部地区	74	99	123
	中部地区	40	56	70
	西部地区	40	58	71
	东北地区	50	61	67

续表

分类方法	类别	城市平均建成区面积		
		2006 年	2012 年	2018 年
按城市规模等级分	超大城市	798	984	1252
	特大城市	358	512	735
	大城市	129	185	238
	中等城市	53	71	91
	小城市	21	28	33
全部城市平均		53	71	87

资料来源：国家统计局历年《中国城市建设统计年鉴》。

进一步分地区来看不同规模等级城市建成区面积变动情况，表 2-6 列出了四大地区 5 个规模等级城市建成区面积占各地区全部城市建成区面积的比例及变动情况。2006～2018 年，东部和中部地区特大城市和大城市建成区面积占比都有所增加，发展特征较为相似。不同的是，东部地区中等城市建成区面积占比增加得也较为明显，而中部地区中等城市建成区面积占比则在下降。西部地区则主要是超大、特大城市建成区面积占比显著增加，大城市用地扩张速度较慢，城市建成区面积占比逐步下降。东北地区在 2006～2012 年的阶段和东部、中部地区一样，主要是特大城市和大城市建成区扩张比较明显，但 2012～2018 年，大城市空间扩张趋缓，中等城市用地扩张相对强劲。总体而言，东部地区拥有较多的超大城市，这些城市人口经济密集、开发强度高，土地利用趋于更加集约；空间扩张较为明显的主要是特大城市、大城市和中等城市，而在西部地区超大、特大城市空间扩张趋势仍较为明显，仍处于中心城市集聚和扩张式发展阶段。

表 2-6　分地区不同规模等级城市建成区面积占比及变动情况　（%）

项目		分地区各规模等级城市建成区面积占比				
		超大城市	特大城市	大城市	中等城市	小城市
东部地区	2006 年	26.9	11.3	30.3	13.4	18.1
	2012 年	23.6	11.5	33.3	14.1	17.5
	2018 年	22.6	11.9	33.3	14.8	17.4
中部地区	2006 年	0.0	7.6	24.8	35.4	32.1
	2012 年	0.0	9.6	25.9	33.9	30.6
	2018 年	0.0	10.6	25.8	33.9	29.7

续表

项目		分地区各规模等级城市建成区面积占比				
		超大城市	特大城市	大城市	中等城市	小城市
西部地区	2006 年	9.5	9.9	28.6	14.1	38.0
	2012 年	10.8	9.1	28.2	13.8	38.0
	2018 年	10.8	11.8	27.8	12.8	36.8
东北地区	2006 年	0.0	7.6	37.0	25.6	29.8
	2012 年	0.0	8.6	38.9	24.0	28.4
	2018 年	0.0	9.3	37.9	24.5	28.3

资料来源：国家统计局历年《中国城市建设统计年鉴》。

三、城市空间扩张和人口规模增长

在城市化过程中，城市用地扩张和人口增长彼此相伴，土地扩张速度适度快于人口增长具有一定的合理性，但土地和人口城市化的不协调则可能造成城市蔓延和土地利用效率低下。从全球来看，根据纽约大学对全球城市扩张的监测数据，2000～2014 年全球样本城市空间范围的平均年均扩张速度为 4.3%，而此范围内人口的年均增长速度为 2.8%，空间扩张速度大体是人口增长的 1.52 倍。根据该数据库，同时期中国城市空间扩张速度和人口增长速度的比值是 1.75 倍，相对偏高[①]。总体而言，全球范围内城市普遍呈现低密度、分散化的发展特征，城市内人口密度不断下降是一个普遍现象。同样根据纽约大学的监测数据，2000～2014 年全球样本城市建成区人口密度平均年均下降 1.6%，而东亚和太平洋地区的城市平均下降 3.4%，其中中国下降 3.7%，中国城市低密化发展特征较为明显[②]。

分析历年《中国城市建设统计年鉴》的数据，发现 2006～2018 年全国城市建成区面积年均增长率为 4.7%，而城区人口年均增长率为 2.7%，前者是后者的 1.74 倍，和纽约大学监测数据结果相近，说明总体上全国城市土地扩张速度相较人口增长速度仍相对过快。从城市建成区人口密度（城区常住人口/城市建成区面积）来看（图 2-6），全国城市建成区人口密度从 2006 年的 11 080 人/千米 ^{2} 下降到 2018 年的 8744 人/千米 ^{2}，年均降低 1.95%。但值得注意的是，近年来城市建成区人口

① The City as a Unit of Analysis and the Universe of Cities. http://atlasofurbanexpansion.org/data[2023-10-01].

② The City as a Unit of Analysis and the Universe of Cities. http://atlasofurbanexpansion.org/data[2023-10-01].

密度下降的幅度不断变小。从城市建成区面积增速与城区常住人口增速之比来看，该比值在2013年后呈现明显下降趋势，显示随着新型城镇化建设的推进，中国城市化发展逐步转型，土地扩张快于人口增长的情况有所缓解，城市土地和人口增长变得更加协调。

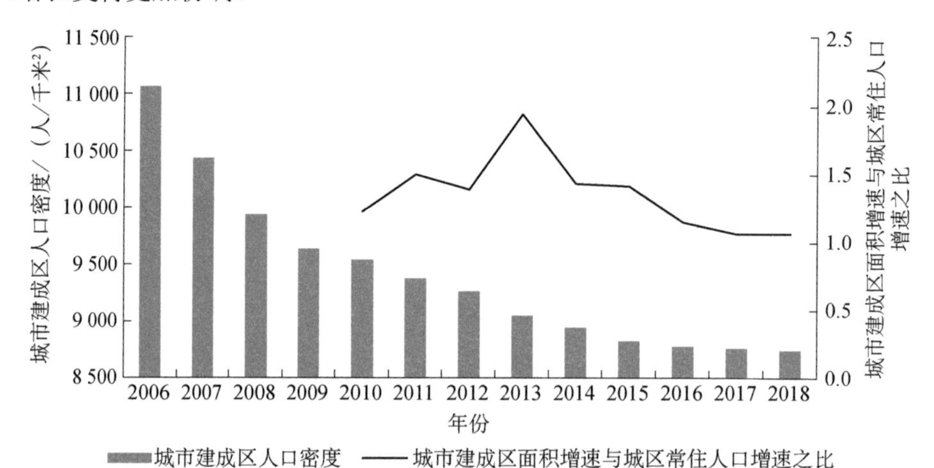

图2-6 全国城市建成区人口密度变动及城市建成区面积增速与城区常住人口增速之比

资料来源：国家统计局历年《中国城市建设统计年鉴》

分地区来看，计算四大地区城市建成区面积占比和城区常住人口占比，并计算两者的差值，差值为负说明城市使用相对较少的土地承载了较多的人口，城市用地集约性较高，而差值为正则说明相较于承载的人口，城市使用了更多的土地，以此反映不同地区城市用地和人口规模的协调关系。由表2-7可见，东部地区城市用地集约性较强，差值一直为负，尤其是2012～2018年，差值下降明显，说明东部地区整体而言城市开发变得更加集约高效。中部地区城市也表现出较强的集约化发展趋势，差值从2006年的正值下降为负值，到2018年建成区面积占比与城区常住人口占比基本相当（仅差0.04个百分点），城市用地和人口规模比较协调。西部地区城市建成区面积占比一直偏高，差值为正且持续增加，说明相较于人口，城市用地扩张过快，土地利用效率较低，开发集约性有待增强。东北地区城市建成区面积占比与城区常住人口占比的差值也为正，说明土地利用效率相对较低。

从不同规模等级城市来看，2006～2018年超大城市用地集约性显著增强，城市承载力不断提高，而特大城市和大城市建成区面积占比与城区常住人口占比的差值则明显提高，说明用地扩张速度相较于人口增长过快，城市开发不够集约。尤其是大城市，2006年建成区面积占比比城区常住人口占比低1.01个百分点，差值为负，而2012年建成区面积占比比城区常住人口占比高1.08个百分点，但2012年后大城市用地扩张有所遏制，2018年建成区面积占比与城区常住人口占比基本相当，趋于协调。相比之下，中等城市用地扩张相较于人口增长最为显著，建成区面积占比一直高于城区常住人口占比，差值为正且持续增加，说明中等城市人口集聚能力偏弱，但土地开发过快，导致土地利用效率降低。

表2-7　分地区和规模等级城市建成区面积与城区常住人口占比的比较

（单位：个百分点）

分类方法	类别	城市建成区面积占比与城区常住人口占比的差值		
		2006年	2012年	2018年
按区域分	东部地区	−1.77	−0.98	−2.48
	中部地区	0.38	−0.29	−0.04
	西部地区	0.58	0.85	1.86
	东北地区	0.80	0.41	0.67
按城市规模等级分	超大城市	−2.89	−6.06	−6.15
	特大城市	−1.50	−0.43	−0.50
	大城市	−1.01	1.08	0.11
	中等城市	1.20	1.62	2.11
	小城市	4.19	3.79	4.43

资料来源：国家统计局历年《中国城市建设统计年鉴》。

第三节　中国城市的郊区化及其空间影响

城市的增长和空间扩张驱动城市内部的空间演化，其中最普遍的演化趋势是城市的去中心化（decentralization）发展，也称城市的郊区化。郊区化的本质是人口和产业分布随着城市增长和空间扩张，不断向城市中心区以外分散并在城市内重新组织，因此对城市空间发展产生重要影响。本节简要回顾了中国城市的郊区化历程，并分析了当前郊区化发展的特征和趋势，最后总结了城市郊区化对城市空间组织的影响。

一、中国城市的郊区化及当前特征

20 世纪中期以来，西方发达国家城市普遍出现郊区化的发展趋势，形成了由中心城市和郊区共同组成的现代都市区，郊区在政治和经济上不断独立，成为城市内承载人口和产业新的地域空间。中国城市的郊区化主要在 20 世纪 80 年代中期后开始在一些大城市出现并发展，初期主要由政府主导的旧城改造、中心区工业外迁驱动，人口和企业被动外迁特征比较明显（周一星和孟延春，1998）。但随着 20 世纪 90 年代城市土地和住房制度改革，市场力量逐步成为郊区化发展的核心动力，居住郊区化、工业和商业郊区化愈发明显，其驱动机制也变得和西方发达国家类似，受到收入水平提高和居住观念转变、交通基础设施建设和私家车发展、郊区住宅建设等多种社会经济因素的共同推动（Feng et al.，2008；冯健等，2004）。尤其是 21 世纪以来，郊区开发区、工业园区、新城新区的大规模建设，更是极大地推动了城市郊区化的发展，甚至导致城市冒进式扩张，助长了城市蔓延，也极大重塑了城区和郊区的关系，形成了较为复杂的包含各种专业化功能地域的郊区空间开发格局（Wu & Phelps，2011）。

本节使用 2000 年和 2018 年 LandScan 全球高分辨率人口栅格数据（https://landscan.ornl.gov），分析 2000 年以后中国城市的郊区化特征。LandScan 全球高分辨率人口栅格数据由美国能源部橡树岭国家实验室开发，提供全球大约 1 千米格网的人口估算数据，数据尺度精细，已被广泛应用于城市空间发展的研究中。本节以 2019 年中国 293 个地级及以上城市为基础，分析 2000～2018 年各城市市辖区范围内人口分布的变动特征。为反映城市的去中心化发展，首先计算 2000 年和 2018 年距城市中心不同距离圈层人口占市辖区总人口的比例，并以此绘制由城市中心向外各圈层人口占比累积分布图（图 2-7）。分析选取 2000 年市辖区内人口密度最高的栅格作为城市的中心，若有 2 个及以上栅格具有同等最高密度，则选取其坐标均值位置作为城市的中心。

对比 2000 年和 2018 年的人口累积百分比曲线并计算两者的差值可以发现，从全国整体来看，距离城市中心 1 千米范围内的人口占市辖区总人口的比例从 7.3%下降到 3.9%，降低了 3.4 个百分点，而 3 千米范围内的人口占比从 20.9%下降到 15.3%，降低了 5.6 个百分点，5 千米范围内的人口占比从 29.6%下降到 25.0%，降低了 4.6 个百分点，10 千米范围内的人口占比从 44.0%下降到 42.6%，

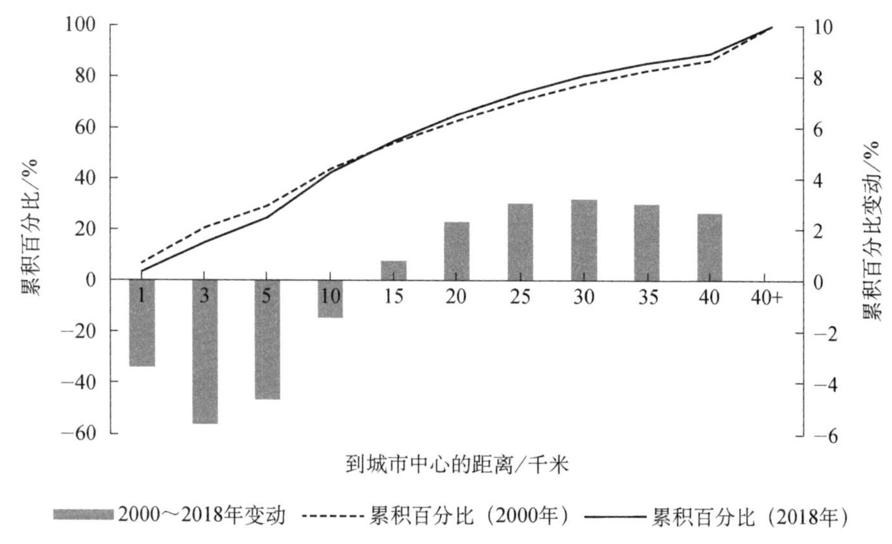

图 2-7　2000～2018 年由城市中心向外各圈层人口占比累积分布及变动

降低了 1.4 个百分点。但从 15 千米范围开始，人口占比开始增加，从 2000 年的 54.2%增加到 2018 年的 55.0%。这说明，整体上全国城市市辖区内人口的郊区化空间尺度在 10 千米左右，在此范围内人口分布呈现相对的去中心化特征。在更大的空间尺度上，市辖区人口分布仍呈向心集聚的趋势，在距城市中心 30 千米的范围内，人口集聚趋势最强烈，人口占比从 2000 年的 77.4%增加到 2018 年的 80.6%，提高了 3.2 个百分点。由此可见，2000～2018 年全国城市市辖区人口分布的变动主要体现为，在距城市中心 10 千米范围内人口的离心分散和在距城市中心 30 千米范围内人口的向心集聚。总体上，市辖区人口分布主要向距城市中心 10～30 千米处集中。

为分析每个城市的郊区化特征，进一步对 293 个城市市辖区构建城市人口密度函数，计算人口密度梯度，具体计算方法参见本书第一章第二节。人口密度梯度常用于城市内人口分布模式及变动规律的分析，人口密度梯度下降反映城市人口的去中心化，而人口密度梯度上升则反映人口的向心集聚。从市辖区全域范围来看，2000～2018 年人口密度梯度下降的城市仅有 36 个，绝大多数城市的人口密度梯度都在上升，体现出人口分布的向心集聚。根据之前的分析可知，目前全国城市人口郊区化的空间尺度在 10 千米左右，所以以市辖区全域计算人口密度梯度可能无法有效揭示城市的郊区化特征。因此，对 293 个城市按不同距离范围分尺度来计算人口密度梯度并分析其变化，结果显示在距城市中心 3 千米的范围内，有 234 个城市的人口密度梯度是下降的，人口分布呈现郊区化的特征，约占城市数量的 79.9%；在距城市中心 5 千米的范围内，人口密度梯度下降的城市数量减少到 159 个，约占 54.3%；而在距城市中心 10 千米的范围内，只有 72 个城市人口密度梯度下降，约占 24.6%。由此可见，城市郊区化特征十分依赖分析的空间尺度，在不同空间尺度下，城市人口分布变动呈现的集聚和分散模式可能存在很大差异。

考虑到中国城市市辖区的行政地域一般大于城市实体地域，且城市郊区化特征非常依赖分析的空间尺度，本节从多尺度人口密度梯度的变动模式来判断各城市的郊区化特征及空间尺度。基于不同空间尺度人口密度梯度的计算结果，判定城市若在 3～40 千米 9 个范围（即距城市中心 3、5、10、15、20、25、30、35 和 40 千米 9 个范围）内，人口密度梯度都呈上升或下降，则为典型的人口集聚型（非郊区化）城市或者人口分散型（郊区化）城市。如果城市在距城市中心 3 千米范围内人口密度梯度下降，但在其他各尺度下人口密度梯度普遍上升（在判定中考虑多尺度人口密度梯度变动的连续性，会忽略极个别尺度的波动性结果），则将城市郊区化的空间尺度判定为 3 千米；如果在距城市中心 3 千米和 5 千米的范围内，人口密度梯度下降，但在其后各空间尺度人口密度梯度普遍上升，则城市郊区化的空间尺度判定为 5 千米，以此类推。

表 2-8 列出了 291 个非郊区化和在不同空间尺度郊区化的城市数量及其地区分布和平均人口规模。由表 2-8 可见，非郊区化城市有 54 个，占全部城市数量的 18.4%，而郊区化空间尺度为 3 千米的城市共 86 个，占 29.4%；郊区化空间尺度为 5 千米的城市数量最多，为 93 个，占 31.7%。郊区化空间尺度在 3～5 千米的城市最为普遍，占全部城市数量的 61.1%，说明中国城市普遍存在人口的近域郊区化现象。此外，郊区化空间尺度在 10～25 千米的城市数量有 58 个，约占全部城市数量的 1/5，这些城市郊区化的空间范围相对较大。从地区分布来看，非郊区化城市在西部地区最多，而郊区化尺度在 3 千米的城市在中部地区最多，郊区化尺度在 5～20 千米的城市在东部地区最多。

从城市规模来看，郊区化空间尺度越大的城市平均的人口规模也越大，即规模越大的城市郊区化的程度越高、尺度越大。郊区化空间尺度在 3～5 千米的城市平均规模在 100 万人左右，而郊区化空间尺度在 10 千米以上的城市平均规模在 200 万人以上，主要是一些大城市，而非郊区化城市的平均规模最小。这说明城市郊区化是城市增长和空间扩张的结果，郊区化的程度和尺度与城市规模高度相关。进一步选取郊区化空间尺度在 3～25 千米的 237 个郊区化城市，绘制 2000 年和 2018 年各城市人口密度梯度和城市规模的散点图（图 2-8），同样发现城市规模和人口密度梯度之间呈现显著的负相关关系，即城市规模越大，人口密度梯度越低，郊区化程度越高。

表 2-8　不同郊区化特征的城市数量及平均人口规模

郊区化空间尺度	分地区城市数量/个					平均人口规模/万人
	总计	东部地区	中部地区	西部地区	东北地区	
非郊区化	54	12	11	25	6	76
3 千米	86	16	35	28	7	91
5 千米	93	32	22	26	13	133
10 千米	27	10	8	5	4	240
15 千米	20	10	3	5	2	337
20 千米	9	6	1	0	2	413
25 千米	2	1	0	1	0	812

注：293 个城市中，有 2 个城市表现为全域郊区化，没有明显的空间尺度特征，因此未列入表中。

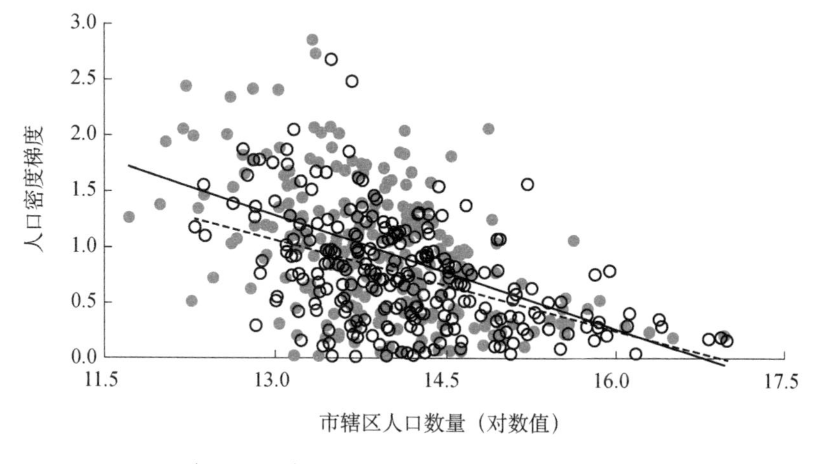

图 2-8　市辖区人口规模和人口密度梯度的相关关系

二、城市郊区化发展的空间影响

郊区化过程中由城市中心区不断向外分布的人口和产业，往往改变了城市内人口和经济的空间格局，带来了城市经济空间组织和结构的转变。首先，产业活动从城市中心区向郊区扩散后，为了获取集聚经济效益，可能倾向于在特定区位再度集中，形成新的集聚中心，也称为郊区次中心，从而使城市空间结构由单中心向多中心结构转变。尤其是随着郊区次中心规模不断扩大和经济活动的多样化，可能会在郊区形成和城市中心区一样具有高等级和复合城市职能，并且较大规模的新的城市中心，从而挑战传统城市中心区的地位（Stanback，1991；孙铁山，2015b）。其次，产业郊区化不仅会改变城市空间结构，也可能影响城市地域功能分工。考虑到不同行业对集聚经济的要求不同，也有不同的区位偏好，具有相同区位指向或彼此相互关联的行业在向郊区分布的过程中，可能重新集聚在一起，形成专业化的功能地域。如果产业倾向于一般分散化，则可能导致地区产业的多样化，从而形成更加同质的地域功能格局。本书将在第五章和第六章对上述问题进行进一步的讨论。

从人口的郊区化来看，居住分布不存在集聚经济效益，因此在向郊区扩散时更倾向于一般分散化。但不同类型住宅的开发可能具有区域化的特点，因此导致郊区化过程中可能形成不同人群的居住分异和居住隔离。对北京的研究发现，自20世纪90年代末以来，除普通商品住房外，政策性和保障性住房、高档公寓、别墅等不同类型居住区发展得也较快，而且在城市内呈现差异化的地区分布（马清裕和张文尝，2006）。随着城市社会贫富两极分化，不同收入阶层人群的聚居现象也更加突出，形成城市内不同类型的社会分区（冯健等，2004）。同时，一些城市弱势群体，比如低技能的外来人口，可能在住房市场上面临一定程度的选择障碍，受到户籍制度和住房支付能力等的限制，更大可能在较远的郊区居住，形成外来人口集中分布区。

从人口和产业郊区化的关系来看，居住郊区化的程度一般远远大于产业的郊区化（徐涛等，2009）。尽管中国大城市较早地开始了工业的郊区化，但随着城市经济结构的调整，服务业已成为大城市的核心职能，而服务业往往在城市中心区高度集聚，因此城市内就业机会仍然更多集中在中心区。居住和就业郊区化的不同步则导致了城市内居住-就业的空间错位，加剧城市的职住失衡（又称职住分离）。外来人口的郊区化程度往往更高，因此可能面临更加严重的职住失衡问题。这种职住失衡可能具有两种表现形式：一是就业机会仍高度集中在城市中心区，而其所吸纳的大量的就业人口的居住空间已不断扩展到城市的郊区，尤其是大量外来人口更多地集中在城郊地区居住，但其就业机会仍可能主要在城市中心区；二是受政府推动，一些行业（主要是工业）较早就开始向郊区转移，但其单位的居住区仍可能在城市中心区，这也造成了职住的空间分离（柴彦威等，2011；孟繁瑜和房文斌，2007）。此外郊区化过程中，产业倾向于分散化集聚，而居住更可能是一般分散化。因此，不仅人口和产业郊区化的不同步会造成职住失衡，郊区化过程中人口和产业再布局后的集聚差异也会导致城市内的职住失衡（孙铁山，2015a）。关于郊区化和城市空间重构造成的职住变迁及对城市内职住空间关系的影响，本书将在第七章进行进一步的讨论。

本章参考文献

柴彦威, 张艳, 刘志林. 2011. 职住分离的空间差异性及其影响因素研究. 地理学报, 66(2): 157-166.

杜春萌, 焦利民, 许刚. 2018. 中国地级以上城市建成区 2006—2016 年人口密度变化的时空格局及驱动因素. 热带地理, 38(6): 791-798.

方创琳, 李广东, 张蔷. 2017. 中国城市建设用地的动态变化态势与调控. 自然资源学报, 32(3): 363-376.

冯健, 周一星, 陈扬, 等. 2004. 1990 年代北京郊区化的最新发展趋势及其对策. 城市规划, (3): 13-29.

龙瀛, 吴康. 2016. 中国城市化的几个现实问题: 空间扩张、人口收缩、低密度人类活动与城市范围界定. 城市规划学刊, (2): 72-77.

罗震东. 2008. 改革开放以来中国城市行政区划变更特征及趋势. 城市问题, (6): 77-82.

马清裕, 张文尝. 2006. 北京市居住郊区化分布特征及其影响因素. 地理研究, (1): 121-130, 188.

孟繁瑜, 房文斌. 2007. 城市居住与就业的空间配合研究——以北京市为例. 城市发展研究, (6): 87-94.

孙铁山. 2015a. 北京市居住与就业空间错位的行业差异和影响因素. 地理研究, 34(2): 351-363.

孙铁山. 2015b. 郊区化进程中的就业分散化及其空间结构演化——以北京都市区为例. 城市规划, 39(10): 9-15, 30.

徐涛, 宋金平, 方琳娜, 等. 2009. 北京居住与就业的空间错位研究. 地理科学, 29(2): 174-180.
杨东峰, 龙瀛, 杨文诗, 等. 2015. 人口流失与空间扩张: 中国快速城市化进程中的城市收缩悖论. 现代城市研究, (9): 20-25.
周一星, 孟延春. 1998. 中国大城市的郊区化趋势. 城市规划汇刊, (3): 22-27, 64.
Angel S, Blei A M, Parent D J, et al. 2016. Atlas of Urban Expansion: 2016 Edition. http://www.atlasofurbanexpansion.org[2023-05-20].
Chan K W. 2007. Misconceptions and complexities in the study of China's cities: definitions, statistics, and implications. Eurasian Geography and Economics, 48(4): 383-412.
Chauvin J P, Glaeser E, Ma Y R, et al. 2017. What is different about urbanization in rich and poor countries? Cities in Brazil, China, India and the United States. Journal of Urban Economics, 98: 17-49.
Ding C R, Li Z. 2019. Size and urban growth of Chinese cities during the era of transformation toward a market economy. Environment and Planning B: Urban Analytics and City Science, 46(1): 27-46.
Feng J, Zhou Y X, Wu F L. 2008. New trends of suburbanization in Beijing since 1990: from government-led to market-oriented. Regional Studies, 42(1): 83-99.
Ma L J C, Cui G H. 1987. Administrative changes and urban-population in China. Annals of the Association of American Geographers, 77(3): 373-395.
Stanback T M. 1991. The New Suburbanization: Challenge to The Central City. Boulder: Westview Press.
Wu F L, Phelps N A. 2011. (Post) suburban development and state entrepreneurialism in Beijing's outer suburbs. Environment and Planning A: Economy and Space, 43(2): 410-430.

第三章　中国城市多中心空间发展

从全球范围来看，城市空间扩张和郊区化是一般性趋势。在此过程中，城市空间结构出现了由单中心向多中心的转变。20 世纪 90 年代以来，随着我国城市土地和住房制度改革，中国城市空间发展逐步呈现和西方发达国家类似的发展特征和趋势，城市空间的多中心化也成为超大特大城市发展的普遍特征。本章简要回顾了中国城市多中心空间发展的历史背景，并基于就业数据分析了中国城市多中心空间发展的结构特征及影响因素。

第一节　中国城市多中心空间发展的历史背景

改革开放后，中国城市的空间形态发生了显著变化。改革开放前，中国城市相对紧凑的格局逐渐被更加分散的城市形态所取代，其显著特征就是城市不断向郊区扩张，以及郊区新的居住和经济中心的出现。在快速城市化、城市空间扩张和郊区化的背景下，中国城市空间出现了多中心化的发展趋势。本节简要回顾改革开放后中国城市的空间转型，以及中国城市多中心化发展历程及相关研究。

一、改革开放后中国城市的空间转型

改革开放前，在计划经济体制下，我国城市规划和建设受政府干预较多，土地无偿划拨使城市地域功能处于相对混乱状态，大量工业企业位于城市中心区，与居住区混杂交错，因为没有城市土地市场，也不存在级差地租和房价的空间分异。整体上，这一时期中国城市形态相对比较紧凑、居住-产业功能混杂且相对均质，职住混合程度较高。但改革开放后，随着市场化进程的推进，城市土地和住

房市场逐步建立，市场机制成为影响城市内家庭和企业区位选址的主导力量，中国城市内部空间结构开始转型和重构。

2000 年以来，国内外学者致力于对转型期中国城市的空间重构与空间转型进行特征化和理论化，形成了一批关于早期中国城市空间转型的学术成果，例如 Logan（2002）、Ma 和 Wu（2004）所做的研究。但相比于欧美等发达国家学者对西方城市的研究，目前对包括中国在内的发展中国家城市空间转型的特征、过程、机理等的研究还有待丰富。自 20 世纪 80 年代末，对欧美城市空间转型的研究成为西方城市研究的热点。这主要因为，在信息技术革命、经济重构和组织变革的影响下，欧美城市空间发展趋于分散化，并表现出新的郊区化特征，即郊区出现新的聚集中心，又称郊区次中心，使城市空间结构发生了本质变化（Anas et al.，1998；Stanback，1991）。这引起了西方学者对城市空间转型的实质、动因及对城市发展的影响和政策含义的广泛的探讨（Lang & LeFurgy，2003；Lee，2007；Shearmur et al.，2007）。与此同时，处于不同制度环境和社会经济背景下的发展中国家城市和转型国家城市，在全球化过程中，空间发展是否表现出与西方城市相似的空间重构的特征，仍然存在很大争议。一些学者认为，由于受到相同的经济重构和技术进步等全球性力量的影响，世界范围内的城市正变得更加相似，并趋同于西方城市所具有的社会-空间组织特征，即所谓的“城市趋同假说”（Dick & Rimmer，1998；Ma & Wu，2004）。但也有学者认为，尽管全球化背景下不同国家或地区城市化过程可能已表现出相似的发展特征，但其内在动力和发展机理根植于不同的地方社会、经济、文化和历史过程中，忽略这些因素导致“城市趋同假说”饱受争议（Freestone & Murphy，1998；Ma & Wu，2004）。

改革开放后，中国城市化进程加速，在全球化、市场化、分权化等多重力量的作用下，中国城市空间组织发生了根本性的变化，且这一过程具有自身特性。一方面，在城市土地与住房市场建立后，经济力量（或市场机制）成为重塑城市空间形态和推动城市空间重构的重要力量，而同时转型经济下的独特制度环境（政府作用）和原本既已形成的城市形态的路径依赖等各种因素相互交织，使城市空间转型的过程和机理变得更加复杂。Ma（2004）总结了改革开放后中国城市空间重构的主要特征包括：城市在居住、工业、商业的地域功能分区更加清晰；日益增强的住房不平等和城市内部居住空间分异；城市空间扩张和郊区化使得人口和产业及住房开发向郊区和城市边缘地区扩展；大城市在城郊边缘地区的大规模住宅区开发及郊区工业园区建设使得城市空间日益多中心化；高层建筑的广泛分布导致城市缺乏清晰的城市天际线，以及城市间高速交通的发展加强了城市空间的对外联系，形成城市群。

21世纪以来，中国城市空间扩张和内部空间重组不断加速，尤其是郊区新城新区建设导致城市低密度蔓延。相关研究显示，中国大城市普遍存在新城区人类活动强度低于成熟建成区的现象（龙瀛和吴康，2016）。另一方面，郊区开发区的建设往往由地方政府的产业发展规划和招商引资驱动，相应基础设施和公共服务建设则相对滞后，缺乏对人口的吸引力，也造成了开发区功能单一和职住失衡。Wu（2020）指出，政府主导的基于增长激励的大型郊区开发计划，如郊区新城新区和开发区等，往往伴随郊区商业地产开发以及非正式住房发展及城中村现象，形成了中国城市独特的郊区空间景观，也不断改变城市的空间格局，而在此过程中，政府发挥着重要作用。尽管城市空间扩张是过去三十年中国城市开发的主要形式，但“新常态”效应已开始显现，中国城市开发建设方式正在向注重内涵集约、功能提升和绿色低碳的方式转变。新一轮的城市更新强调对城市建成区存量空间资源的提质增效，重点关注老旧小区改造、老旧楼宇与传统商圈升级、老旧厂房更新和低效产业园区“腾笼换鸟”等，开发模式也从集中连片、大拆大建向小规模有机更新转变，强调通过城市更新与再开发，完善和提升城市功能，改善民生和增加公共服务供给，推动城市建设由增量开发向存量更新转变，新的城市开发模式同样也在驱动城市内的空间重组。此外，中国城市化也面临着一些新的形势，比如在快速城市化进程中出现的局部城市人口收缩，中心城市和超特大城市开始功能疏解和减量发展，以及城市间不断融合发展，形成的以都市圈和城市群为主要形式的城市功能地域等，这些也都在不断重塑中国城市的空间格局，推动中国城市空间进一步转型。

二、中国城市的多中心化发展历程及相关研究

过去三十年在中国快速的城市化进程中，中国城市大多发生了剧烈的城市扩张，城市人口和产业不断向城郊边缘地区扩展。受到全球经济转型、技术进步，中国城市大规模土地开发和交通投资的推动，中国城市形态变得日益分散，并对城市可持续发展提出重大挑战。为应对城市分散化发展和城市扩张带来的挑战，

多中心空间发展模式被广泛引入中国的城市规划，在许多城市的总体规划中都提出了多中心的城市空间格局。与此同时，城市郊区被快速开发，承接了不断增长和扩张的产业与人口，郊区工业园区、开发区和新城新区等在城市边缘广泛分布，使得经济活动在郊区不断集聚，并形成了在传统城市中心区以外的城市次中心。

中国城市的多中心空间发展引起了广泛的研究关注。Wu（1998）以广州为例，对中国城市的多中心形态进行了研究，并指出自城市土地改革实施以来，中国城市就已出现了多中心空间发展。近年来，更多研究对中国城市的多中心空间结构进行了案例性分析，主要集中在中国几个领先的城市，如北京、杭州、广州等（Feng et al.，2009；Fragkias & Seto，2009；Huang et al.，2015，2017；Qin & Han，2013；Sun et al.，2012；Wen & Tao，2015；Yue et al.，2010；Zou et al.，2015）。这些研究通过使用不同类型的数据，包括人口、就业、房价和土地交易数据等，进行了实证性分析。对北京的研究显示，尽管北京郊区化的空间范围与美国城市相比仍相对有限，且城市主中心仍然在决定北京的空间格局方面发挥重要作用，但郊区次中心已出现并被证明是解释北京人口、房价和土地开发空间分布的关键因素。除了针对某一特定城市的研究，近年来一些研究还对大样本中国城市的多中心空间结构进行了更系统的分析（Liu et al.，2018；Liu & Wang，2016；Schneider et al.，2015）。比如，Liu 和 Wang（2016）通过识别城市内的人口中心，考察了中国 318 个地级及以上城市的空间结构，发现不到 10%的中国城市拥有 4 个以上的中心，城市内的多中心性与城市的破碎化景观和经济发展水平相关。Schneider 等（2015）则聚焦中国西部城市转型，考察了中国西部四大城市，他们的研究表明，这些城市也出现了多中心城市形态，与中国东部沿海城市的发展趋势一致。

尽管已有研究对中国城市多中心化发展进行了广泛的讨论和分析，但仍然存在一些局限性。首先，与西方城市不同，中国的地级及以上城市实质上是行政地域而非城市实体，而且大多数地级及以上城市行政地域内不仅包括城市化地区，也包括乡村地区，其范围远远超过西方城市研究中的都市区的范围（Chan，2007）。然而现有的研究大多以地级及以上城市为研究对象，因此如果考察地级及以上城市行政地域内的多中心性，则往往会夸大中国城市的多中心发展水平。因为地级及以上城市行政地域通常包括多个空间上分隔的城市化地区，例如中心城、县级市、县城或新城新区等。换句话说，地级市更应被理解为区域，而非城市，其内部的多中心空间结构反映的是地级及以上城市区域内城市化地区组成的城镇体系，而不完全是西方城市研究中所谓的城市内部多中心空间结构。其次，测度城市的多中心发展水平的核心是如何确定城市的主中心和郊区次中心。在对中国城市的研究中，广泛使用的识别方法仍然是最小临界值法。但是，考虑到中国城市的规模较大以及城市内部经济密度的巨大差异，对一个城市或所有城市采用统一的最小临界值是值得商榷的，且这样的方法无法有效地识别在密度通常很低的城市边缘地区内城市密度平面的局部突起，即城市边缘地区的次中心。因此，基于最小临界值法可能会低估中国城市次中心的数量。最后，大多数针对大样本中国城市多中心性的研究都只考察城市内部的人口分布。Giuliano 和 Small（1991）则认为，就业而非人口是理解城市中心形成的关键，城市内部就业的地理集中可以反映出决定城市经济空间结构特征的城市内的集聚经济，因此就业是国际上最常用的度量城市多中心性时使用的数据指标。由于数据可得性，目前仍较少有研究基于就业数据分析大样本中国城市的多中心性。基于此，对中国城市多中心空间发展的实证性分析仍有待深入，尤其是在城市空间范围、次中心识别方法以及数据指标上有待进一步改进。

第二节　中国城市多中心空间发展的结构特征

本节基于就业数据分析中国 287 个地级及以上城市的多中心空间结构特征。在空间范围上，本节不仅考察地级及以上城市行政地域内的多中心性，也通过夜间灯光数据识别地级及以上城市核心城市化地区作为其中心城市，考察中心城市内的多中心性，并对两者进行比较。此外，在城市中心识别方法上，本节采用 McMillen（2001）提出的非参数计量方法，以避免最小临界值法的局限性。

一、研究区域与数据

本节以中国 287 个地级及以上城市为研究对象。如前所述，地级及以上城市是行政地域，往往包含核心城市化地区以及周边的县（农村地区），本节将此范围称为行政区。从行政区划的角度看，地级及以上城市的核心城市化地区被称为市辖区（或市区），但由于“县改区”等行政区划调整，中国地级及以上城市的市辖区范围往往也较大，甚至一些城市的市辖区和整个行政区范围是一样的。为了有效反映城市内部空间结构，本书首先识别各地级及以上城市内部的核心城市化地区，将其作为其城市范围，本书将此范围称为中心城市。用于中心城市范围划分的主要数据是美国国防气象卫星计划（Defense Meteorological Satellite Program，DMSP）/可见红外成像线性扫描系统（Operational Linescan System，OLS）中的2008年中国夜间灯光数据，并且使用高分辨率土地覆盖数据（Liu et al.，2010，2012）对识别的结果进行了核验和修正。

此外，本节基于城市内部就业分布来衡量城市的多中心性，就业数据采用2008年第二次全国经济普查中每个地级及以上城市的分街道、乡镇从业人员数量。其他与各城市特征有关的经济指标，比如地级及以上城市及其市辖区的人均GDP、产业结构等数据均来自相应年份的《中国城市统计年鉴》。分析中还涉及从数字高程模型和中国地形类型空间分布数据中得出的各个城市的地形特征，相关数据来自中国科学院资源环境科学与数据中心。

二、研究方法

（一）划分中国地级及以上城市的城市范围

近年来，DMSP/OLS夜间灯光数据已广泛应用于对人类聚居区和活动强度的研究，为大尺度（国家甚至全球）城市范围的识别提供了可能（Zhou et al.，2014，2015）。为了确定地级及以上城市内中心城市的范围，我们使用标记控制的分水岭分割算法（Parvati et al.，2008）分割夜间灯光图像并识别城市化地区斑块，这些斑块是由具有相似灯光灰度（DN）值的空间相邻像素组成的。分割后，我们将从高分辨率土地覆盖数据中提取的1千米城市用地图与夜间灯光数据的识别结果进行比较，并使用迭代方法消除内部没有城市建成区的小型斑块。经过以上两个步骤，最终确定每个城市内中心城市范围。结果显示，每个地级及以上城市都只识别了1个主要的城市范围。接着选取中心城市范围内的街道乡镇，以分析此范围内的就业中心特征。尽管由于使用的是夜间灯光数据，无法保证每个识别的城市范围中的所有像素都是城市建成区，但本节的目的并不是准确识别城市范围，而是粗略划分出地级及以上城市内中心城市的边界，以便在此范围内分析城市内部的多中心结构特征。

（二）识别城市就业中心

如前所述，识别城市就业中心是定量分析城市多中心空间结构的基础。目前，文献中已提出从最小临界值法到一些更高级的统计方法（Krehl，2018）等很多方法来识别城市的就业中心。在本节，我们应用了 McMillen（2001）提出的局部加权回归方法确定就业中心，包括城市的主中心和郊区次中心。这种方法比较灵活，可以应用于不同的城市，且能够有效识别就业密度平面的局部突起，即城市边缘地区的局部次中心。这对像中国地级及以上城市这样规模大且内部就业密度差异大的城市而言更加有效。

具体而言，我们首先使用 50%的窗口大小应用局部加权回归识别潜在的就业中心区域，这些区域是在 5%的显著性水平下其残差显著为正的街道乡镇，即就业密度平面上的局部突起。这些区域有比相邻地区更高的就业密度。最终的就业中心被确定为彼此相邻的潜在中心区域聚合成的总就业人数大于 2 万人的地区。这样，最终识别的就业中心不仅具有比相邻地区显著更高的就业密度，且也具有一定的就业规模，从而对城市整体空间结构产生影响（Lee，2007）。城市主中心则是所有就业中心中总就业人数最多的那个，其余中心则被视为郊区次中心。

（三）度量城市多中心性

城市的多中心性是根据就业中心的数量、规模和分布来衡量的。多中心性反映了 1 个城市中就业围绕几个特定区位集中分布的程度。尽管中心的数量是反映多中心性的直观指标，数量越多则多中心性越强，但仅用数量衡量城市的多中心性则忽略了就业中心对经济活动的集聚水平以及就业中心之间在规模上的差异。从概念上讲，城市的多中心性高，不仅指具有更多的就业中心，同时这些就业中心应该集聚城市较多的就业人口，且不同就业中心的规模分布应相对均衡。因此，本节采用 Amindarbari 和 Sevtsuk（2013）提出的多中心指数来度量城市多中心性。该指数的优点在于，它同时集成了上述三个方面，即就业中心的数量、集聚水平和相对大小分布：

$$Poly=N\times R\times E \tag{3-1}$$

其中，*Poly* 是多中心指数，*N* 是城市就业中心数量，*R* 是所有就业中心的总就业占城市（行政区或中心城市）总就业的比重，*E* 是衡量各就业中心规模分布均衡程度的熵指数。

三、结果分析

（一）中国地级及以上城市行政区的多中心空间结构

首先分析中国地级及以上城市行政区范围内的多中心空间结构。结果显示，287 个城市中只有 18 个城市没有就业中心，47 个城市有 1 个就业中心，呈现出单中心或无中心的空间结构。222 个城市拥有 1 个以上的就业中心，占城市总量的 77.4%，其中，143 个城市有 5 个或更少的就业中心，占 49.8%（图 3-1）。就业中心数量最多的城市是重庆，有 27 个就业中心，其次是上海，有 21 个就业中心。

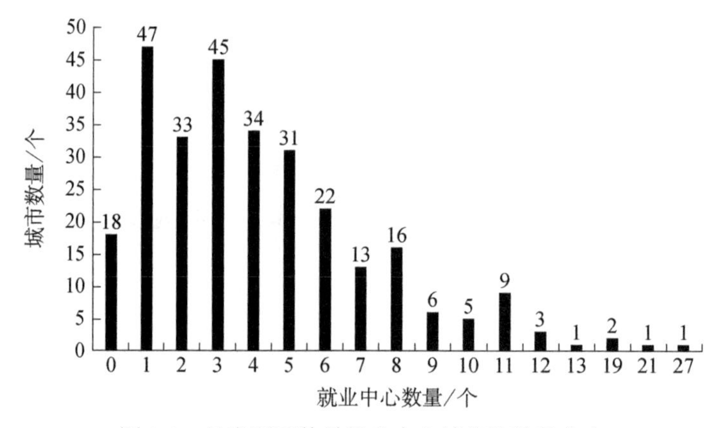

图 3-1 具有不同数量就业中心城市的数量分布

除了就业中心的数量，我们还要考虑就业中心的就业集聚水平和就业中心之间的规模分布。在所有拥有超过 1 个就业中心的城市中，就业中心里的就业占全市总就业的比例差异很大，介于 81.2%（重庆）和 5.0%（东莞）之间，平均为 52.2%。同时，在这些城市中，中心之间的规模差异也不尽相同，主中心的就业占全部中心总就业的比例介于 91.4%（桂林）和 16.4%（武汉）之间，平均为 50.9%。

表 3-1 列出了中心数量最多的前 22 个城市，也是具有 10 个及以上就业中心

的所有城市，以及各城市的多中心指数、就业中心的就业占全市总就业的比例和主中心的就业占全部中心总就业的比例三项指标。在这些城市中，重庆的多中心指数最高，因为重庆不仅拥有最多的就业中心，而且这些就业中心的就业占全市总就业的比例也最高。上海是就业中心数量第二多的城市，但其多中心指数仅为7.1，远低于重庆的14.9，甚至低于天津、保定等其他几个就业中心数量少于上海的城市。这是因为尽管上海有大量的就业中心，但就业中心的就业占全市总就业的比例仅有42.7%，这意味着上海大部分的就业仍分散在就业中心以外的地区，就业中心的就业集聚水平相对较低。一般而言，具有更多就业中心的城市往往具有较高的多中心水平，但在具有相同就业中心数量的城市之间，城市多中心水平的不同主要取决于中心就业集聚水平和中心的规模分布。例如，北京和天津都有19个就业中心，但是它们的多中心指数差异较大，分别为6.7和8.3。因为北京主中心的就业占全部中心总就业的比例为59.1%，而天津该比例仅有45.0%。这意味着与天津相比，北京的就业中心之间规模差异更大，主中心占据主导地位，次中心发育不足，城市空间结构仍以主中心为主，因此多中心性相对较低。

表 3-1　行政区就业中心数量最多的前 22 个城市的多中心性

城市	就业中心数量/个	就业中心的就业占全市总就业的比例/%	主中心的就业占全部中心总就业的比例/%	多中心指数
重庆	27	81.2	49.2	14.9
上海	21	42.7	38.5	7.1
北京	19	58.9	59.1	6.7
天津	19	58.8	45.0	8.3
武汉	13	44.2	16.4	5.4
保定	12	76.6	37.8	7.7
济宁	12	65.2	25.1	6.7
石家庄	12	60.6	53.3	5.2
德州	11	71.4	29.2	7.0
临沂	11	66.3	42.9	6.0
邯郸	11	66.2	38.9	6.0
成都	11	66.0	61.8	4.5
台州	11	64.7	20.7	6.7
黄冈	11	64.0	18.6	6.8
烟台	11	62.0	40.3	5.7
南通	11	61.3	17.2	6.2

续表

城市	就业中心数量/个	就业中心的就业占全市总就业的比例/%	主中心的就业占全部中心总就业的比例/%	多中心指数
广州	11	29.2	42.3	2.5
唐山	10	70.3	51.5	5.2
青岛	10	56.1	24.9	5.2
潍坊	10	54.9	24.5	4.9
泉州	10	48.5	56.1	3.4
宁波	10	43.1	24.8	3.8

（二）中国地级及以上城市中心城市的多中心空间结构

我们进一步以划定的各地级及以上城市中心城市为范围，分析中心城市内的多中心空间结构。结果表明，201 个城市在中心城市范围内仅有 1 个就业中心，呈现单中心的空间结构，占城市总量的 70.0%，这与行政区的情况有很大不同。尽管大多数中国城市在行政区范围内呈现了多中心空间结构，但只有 63 个城市在其中心城市范围内也具有多中心空间结构，即拥有 1 个以上的就业中心，仅占城市总量的 22.0%。其中，有 46 个城市拥有 2 个或 3 个就业中心（包括主中心）。因此，如前所述，如果仅考察行政区范围内的城市多中心性，往往会夸大中国城市的多中心发展水平。

表 3-2 列出了中心城市范围内就业中心数量最多的前 17 个城市，以及各城市在两个空间范围内的就业中心数量和多中心指数。在中心城市范围内，拥有最多就业中心的城市是上海，有 18 个就业中心，其次是北京，有 15 个就业中心。值得注意的是，重庆在中心城市范围内仅有 3 个就业中心，数量很少。因此，尽管重庆在行政区范围内多中心指数最高，但其在中心城市范围内的多中心指数却很低。类似于重庆，保定和济宁在行政区内有 12 个就业中心，但在中心城市内仅有 1 个就业中心。在行政区内有 10 个或以上就业中心的 22 个城市中，类似的情况有 9 个城市，在其中心城市内都只有 1 个就业中心。另一方面，一些城市在行政区和中心城市两个范围内都有很多的就业中心，比如上海、北京、广州、武汉、天津和苏州，这些城市往往是国家或区域的中心城市，人口众多且经济发展水平很高。这在一定程度上说明，多中心空间发展同城市的规模及经济发展水平相关。

表 3-2　中心城市就业中心数量最多的前 17 个城市的多中心性

城市	中心城市		行政区	
	就业中心数量/个	多中心指数	就业中心数量/个	多中心指数
上海	18	6.2	21	7.1
北京	15	5.3	19	6.7
广州	9	2.0	11	2.5
武汉	9	3.7	13	5.4
天津	8	3.1	19	8.3
苏州	7	2.8	9	3.3
合肥	6	1.9	7	2.1
深圳	5	1.4	5	1.2
郑州	5	2.2	9	3.6
太原	5	1.3	6	1.5
南昌	4	1.2	6	1.9
宁波	4	1.1	10	3.8
石家庄	4	1.6	12	5.2
济南	4	1.2	6	1.9
青岛	4	2.5	10	5.2
西安	4	1.6	8	3.0
南京	4	1.2	8	2.5

（三）两个范围多中心性的比较分析

根据行政区和中心城市两个范围内的多中心发展水平，我们将中国城市分为三种类型。表 3-3 列出了三种类型城市的数量和平均特征。第一类是在行政区和中心城市都只有 1 个中心或没有中心的城市。此类城市有 65 个，占城市总量的 22.6%，这类城市大多位于中国西部和中部地区，且从城市平均特征来看，主要是一些较小的城市，城市人口和经济总量都相对较低。第二类是在中心城市有 1 个就业中心，而在行政区有 1 个以上就业中心的城市。大多数中国城市都属于这一类型，有 159 个，占城市总量的 55.4%。这类城市大多位于中国中部和东部地区。平均而言，第二类城市的人口和经济总量相对较高。第三类是在中心城市和行政区内都有多个就业中心的城市，是中国真正意义的多中心城市。此类城市仅有 63 个，占城市总量的 22.0%。其中，一半以上位于中国东部地区。这些城市主要是一些规模较大、经济发达的城市，平均人口和经济总量在三类城市中最高，城市化和经济发展水平也最高。

图 3-2 以气泡图的方式呈现了第三类城市在两个空间范围的多中心指数及与城市人口规模的关系。由图可见，总体而言，中心城市的多中心性与行政区的多中心性高度相关。重庆是一个特例，其在行政区的多中心性最高，而在中心城市则具有较低的多中心性。在这些城市中，有 12 个城市在中心城市和行政区都具有较高的多中心性（高于平均水平），这些城市大多是中国最大、经济最发达的城市。

表 3-3 基于行政区和中心城市多中心性划分的三类城市的数量和平均特征

类型	城市数量/个				城市特征（平均值）				
	总数	东部地区	中部地区	西部地区	面积/1000 平方千米	人口/百万人	GDP/10 亿元	城镇化率/%	人均 GDP/1000 元
第一类	65	11	18	36	17.0	0.9	43.4	51.6	25.7
第二类	159	57	63	39	17.1	1.9	83.6	44.2	19.6
第三类	63	32	20	11	13.2	4.4	257.8	62.1	40.3

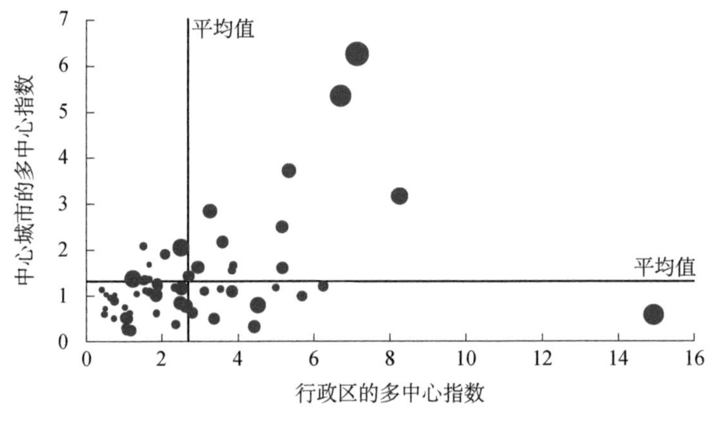

图 3-2 行政区、中心城市的多中心性及与城市人口规模的关系

注：图中显示的所有行政区和中心城市都是多中心的城市，圆的大小反映城市人口规模

第三节 中国城市多中心空间发展的影响因素

本节讨论了影响城市多中心空间发展的主要因素，并实证检验解释了中国城

市的多中心性，而后对中国城市多中心空间发展的内在机制及其独特性进行了讨论。

一、城市多中心性的影响因素

理论上，影响城市空间结构形成的因素有很多，大致可以区分为与自然地理条件相关的自然因素和与经济主体区位选址相关的经济因素。从城市形态而言，山川、河流等地形特征自然会影响城市的土地利用模式，进而影响城市形态的发展。比如，水系较多、地形破碎的城市，其空间形态也更可能趋于多中心化。但更重要的是影响城市多中心性的经济因素。城市经济学理论指出，城市经济的空间结构是集聚经济和集聚不经济所产生的集聚力和分散力共同作用的结果。城市中心是城市内部集聚经济的空间体现，集聚经济效益吸引企业在城市内特定区位上集中，而集聚经济与集聚不经济的权衡则决定了城市中心的形成，是影响城市空间结构特征的关键经济力量（Agarwal，2015；Garcia-López & Muñiz，2012）。多中心空间结构的形成本质上是经济活动集聚—分散—再集聚的演化结果，因此驱动经济活动分散化和再集聚的经济因素是理解城市多中心空间发展的重要方面。从分散化的角度来看，城市规模、经济发展水平和交通便达度是推动城市分散化发展的主要因素。从再集聚的角度来看，集聚经济所获得的外部性是关键，包括多样化（城市化）经济和专业化（本地化）经济。此外，知识溢出也是促使经济集聚的重要因素之一。

如前所述，城市空间结构同城市经济的整体集聚水平及经济发展水平密切相关。从城市发展而言，较高的单中心性在城市发展初期很有帮助，因为经济活动在空间上的集聚会提供生产的外部性和知识溢出。然而，随着城市开发的进行，由于单中心的过度集聚和拥堵的高成本最终导致了经济活动的分散化。多中心结构的发展则有助于克服随着单中心集聚而出现的集聚不经济，使城市在不断扩张中通过调整空间结构，能够持续获得集聚经济效益从而保持城市的不断增长（Lee，2007）。因此，城市的多中心性倾向于随着城市经济增长和集聚水平的提升先下降，而后在城市发展到更高阶段时再上升，呈现 U 形变化曲线。

此外，城市经济的产业构成也会对城市的多中心性产生影响。由于不同行业对集聚经济的依赖程度不同，因此就业集聚的模式在各行业间也有所不同。服务业尤其是知识密集型和创意导向型的服务业高度依赖面对面的联系，因此会更加集中在城市中心。制造业（包括高科技产业）已很大程度上分散到地价较低但交通便利的城郊地区，是推动郊区次中心形成的重要力量（Kane et al.，2016）。除经济因素外，城市规划和地方政策当然也影响着产业的区位选择和地理格局（Agarwal，2015）。尤其在中国城市的多中心空间发展过程中，城市规划和政府干预的作用是至关重要的（Liu & Wang，2016）。中国城市尤其是特大城市为了应对分散化发展带来的城市问题，普遍采用多中心空间发展策略，以推动经济活动向郊区集聚，并设立工业园区、开发区和新城新区，这促进了多中心空间结构的发展。

为了实证检验解释中国城市的多中心性，我们构建了回归分析模型，以各城市的多中心指数为因变量，解释变量包括以上讨论的各种因素。首先，我们使用三个指标衡量各城市的地形特征，检验城市多中心性随地形和景观破碎度而上升的假设。曲率表示景观坡度的边际变化，通过数字高程模型的二阶导数计算得出。城市内平原地区占城市总面积的比例也用于反映城市内土地的平坦程度。碎片指数是通过城市内平原地区的斑块数和每个斑块平均面积来计算的：

$$fragmentation=(NF-1)/MPS \tag{3-2}$$

其中 *fragmentation* 是碎片指数，*NF* 是平原斑块数量，*MPS* 是平原斑块的平均面积。除了这三项指标，我们还将中国城市分为东部、中部和西部三个区域，并使用东部和中部地区的区域虚拟变量来控制与城市区位有关的所有其他地理特征。

在经济因素方面，为了检验多中心性随城市经济增长和整体集聚水平呈 U 形变化的假设，我们使用就业密度来反映城市经济活动的整体集聚程度，并在回归分析中引入其一次项和二次项。此外，使用制造业和服务业增加值在 GDP 中所占的比例和专利数量反映城市经济的产业结构和创新能力。在解释城市多中心性时，有必要控制各城市的发展水平。我们选取了两个和城市发展水平相关的变量——总就业量和人均 GDP 衡量城市规模和经济发展水平。

为了检验郊区化如何影响行政区和中心城市内的多中心性，我们还创建了一个变量来衡量每个城市的总体就业空间分布，其计算方法是：划定的中心城市的就业占行政区总就业的比例。该变量可以衡量经济活动分散到行政区内核心城市化地区以外的外围地区的程度。

如前所述，城市规划和地方政策是影响城市多中心空间发展的重要因素，但这些因素很难度量，因此在回归分析中我们并未包括这些因素，但在讨论部分我们将重点讨论在中国城市多中心空间发展中政府的作用。

最后需要注意的是，将多中心指数作为回归分析的因变量，会产生一些问题。因为，对于只有1个中心或没有中心的城市，其多中心指数取值均为零，即因变量存在“左断尾”的情况。因此，本节使用处理截断数据的Tobit模型而不是一般线性回归模型。

二、解释中国城市的多中心性

首先，以行政区的多中心指数为因变量，表3-4的（1）～（4）列出了回归结果。第一列的回归模型只包括了自然地理变量和区域虚拟变量，以检验自然地理和区位特征是否可以解释中国城市的多中心性。结果显示，碎片指数和城市内平原地区占城市总面积的比例以及2个区域虚拟变量的系数显著为正，符合理论预期。这说明，在地形破碎且相对平坦的城市，更可能形成多中心空间结构。平均而言，东部地区城市的多中心性高于中部地区，而中部地区城市的多中心性高于西部地区。但是，模型的R^2仅为0.037，说明自然地理因素虽然显著影响城市形态，但对其解释力仍十分有限。

在第2～4列的模型中，进一步加入了经济因素来解释城市的多中心性。当加入经济变量后，反映地形特征的自然地理变量的系数不再显著，这表明经济因素对解释城市的多中心性更重要。结果显示，城市的多中心性与城市经济整体集聚水平（由就业密度来测度）之间呈U形关系，即城市的多中心性随城市增长先下降，然后在城市集聚水平达到一定程度后，多中心性开始上升。这意味着，城市发展初期可以从单中心结构中受益，但是随着城市的发展，多中心结构逐渐形成，以对抗因单中心过度集聚而产生的集聚不经济。

此外，第2～4列模型结果显示城市经济的产业结构与城市的多中心性相关，具有更多服务业或创新型经济的城市的多中心性相对较低，而有更多第二产业的城市在行政区内往往更加多中心。尽管对西方城市的研究大多将城市多中心化与分散的高等级服务功能联系起来（Kane et al.，2016），但服务业在中国城市内仍高度集中在城市中心区，并未分散化，并不是推动多中心空间发展的主要因素。但制造业在中国城市内通常以工业区或高科技园区的形式在郊区集聚，被认为驱动了中国城市郊区次中心的形成。

同时，第 2～4 列模型结果也证实城市的多中心性会随着城市规模的增大而增加，这表明大城市更可能形成多中心的空间发展模式。与就业密度相似，人均 GDP 与城市的多中心性之间也呈现 U 形关系。这意味着城市的多中心性随着城市经济发展也是先降低而后增加的，同样说明了城市的多中心空间发展和城市的发展阶段密切相关。反映郊区化的变量的系数显著为负，且显著性水平很高，这意味着行政区内在核心城市化地区以外的区域有更多的经济开发的确有助于行政区内的多中心空间发展。

进一步使用中心城市的多中心指数作为因变量，表 3-4 的（5）～（7）列给出了回归结果。在这些回归模型中，所用的解释变量都是基于划定的中心城市或市辖区范围的，而不是整个行政区的。在中心城市的回归结果中，地形特征与城市的多中心性之间没有显著关系，这可能是因为所划定的中心城市地域范围相对较小，城市之间的自然地理特征差异不大。总体而言，自然地理特征和区位因素在解释中心城市的多中心性方面都不够显著。

而加入经济因素后，第 6～7 列结果显示，以中心城市总就业数量衡量的城市规模对城市多中心性具有正向影响，且在所有模型中都是显著的。人均 GDP 的系数显示，随着城市经济发展水平的提高，中心城市的多中心性会不断增加。此外，本研究还发现城市经济的创新水平对中心城市的多中心性有负向影响，这意味着知识经济仍强调面对面接触和地理邻近的重要性，创新活动仍倾向于高度集中在城市的主中心，从而抑制城市的多中心发展。值得注意的是，与行政区的回归结果不同，在中心城市的回归结果中，反映郊区化的变量的系数是显著为正的，这说明郊区化和行政区内核心城市化地区以外的经济开发可能会限制中心城市内部的多中心发展。

表 3-4 解释行政区和中心城市多中心性的回归结果

变量	行政区多中心性				中心城市多中心性		
	（1）	（2）	（3）	（4）	（5）	（6）	（7）
curvature	2.845 （1.91）	−0.286 （−0.29）	−0.950 （−0.94）	−1.442 （−1.55）	−1.464 （−0.55）	−0.503 （−0.30）	−1.022 （−0.58）
fragmentation	0.161** （2.69）	0.0145 （0.36）	0.0379 （0.94）	−0.00718 （−0.19）	0.225 （1.30）	0.00880 （0.09）	0.0605 （0.59）
plain	2.215** （2.86）	0.268 （0.51）	0.287 （0.54）	−0.0500 （−0.10）	0.581 （0.70）	0.174 （0.34）	0.182 （0.35）

续表

变量	行政区多中心性				中心城市多中心性		
	（1）	（2）	（3）	（4）	（5）	（6）	（7）
region（*east*）	1.749***	1.328***	1.335***	0.873***	1.489**	0.0667	0.403
	（4.92）	（5.13）	（5.14）	（3.56）	（3.17）	（0.22）	（1.26）
region（*middle*）	1.112**	0.908***	0.858***	0.697**	0.649	0.358	0.488
	（3.17）	（3.89）	（3.67）	（3.26）	（1.34）	（1.21）	（1.58）
employment		3.394***	3.346***	3.283***		1.231***	0.861***
		（15.50）	（15.44）	（16.56）		（5.13）	（3.42）
density		−6.908***	−7.374***	−7.379***		−0.211	−0.180
		（−5.05）	（−5.35）	（−5.91）		（−0.56）	（−0.46）
$density^2$		1.869***	2.013***	1.980***		0.0185	0.0112
		（3.84）	（4.11）	（4.45）		（0.39）	（0.24）
gdppc		−0.951***	−1.419***	−0.787***		0.298*	0.195
		（−5.16）	（−6.65）	（−3.66）		（2.13）	（1.37）
$gdppc^2$		0.0534**	0.0875***	0.0422*		−0.0112	−0.00737
		（2.89）	（4.39）	（2.17）		（−1.14）	（−0.75）
*S*3		−0.0665***				0.0153	0.0138
		（−5.16）				（1.45）	（1.32）
*S*2			0.0530***	0.0411***			
			（5.26）	（4.36）			
patents		−4.044***	−4.022***	−3.567***		−0.972	−0.459
		（−6.97）	（−6.91）	（−6.68）		（−1.92）	（−0.90）
share				−3.360***			2.294***
				（−6.84）			（3.53）
常数项	−1.145	3.384***	−0.513	0.986	−2.663**	−2.888**	−3.679***
	（−1.61）	（4.74）	（−0.85）	（1.66）	（−2.81）	（−3.13）	（−3.63）
pseudo R^2	0.037	0.230	0.230	0.269	0.034	0.273	0.305
-2LL	−543.6	−435.0	−434.7	−412.9	−221.2	−166.4	−159.2
chi^2	42.11	259.2	259.8	303.4	15.67	125.1	139.5

注：括弧中为 *t* 值；*curvature* 表示曲率，*fragmentation* 表示碎片指数，*plain* 表示城市内平原地区占城市总面积的比例，*region*（*east*）和 *region*（*middle*）分别是东部和中部地区的区域虚拟变量，*employment* 表示总就业量，*density* 表示就业密度，*gdppc* 表示人均 GDP，*S*2 和 *S*3 分别表示城市制造业和服务业增加值在 GDP 中所占的比例，*patents* 表示专利数量，*share* 表示划定的中心城市的就业人数占行政区总就业的比例。

* $p < 0.05$；** $p < 0.01$；*** $p < 0.001$。

三、结果讨论

本节的分析表明，大多数中国城市在其行政区内具有多中心的空间结构，但在其中心城市内具有单中心的空间结构，这值得进一步讨论。由于技术进步和经济转型，西方城市的多中心发展通常与集聚经济及其作用地理范围的变化联系在一起（Agarwal，2015；Lee，2007）。在改革开放后的中国，全球化、市场化和分权化带来的转型为中国城市提供了基于市场机制改变城市空间组织的可能（Wei，2012）。家庭和企业选址背后的市场力量在中国城市空间结构的形成中开始发挥重要作用。但是，与西方城市不同，中国城市的多中心发展不仅受到集聚经济等经济因素的驱动，还更多地受到地方政府的城市规划和政策干预的推动，这是理解中国城市空间发展和多中心化的关键。

在中国城市中，由政府主导的多中心空间发展可以解释为什么中国城市在其行政区内比在中心城市中会更加多中心。在20世纪90年代以前，中国城市的建设进展缓慢，城市开发主要集中在中心城区，而大多数中国城市形态紧凑，呈现单中心空间结构，人口和产业高度集中在城市中心区。但在90年代城市土地和住房市场改革后，中国的城市化进程不断加速，城市开始扩张，城市中心区的过度集聚以及与单中心发展相关的弊端变得越加突出（Cheng & Shaw，2018；Liu & Wang，2016）。与此同时，为了加强城乡统筹，中国城市总体规划的范围从市辖区开始扩展到整个行政区，空间规划被用作协调城乡关系、促进城市化发展的战略工具（Cheng & Shaw，2018）。因此，在很多城市规划中都提出了大规模的郊区开发计划，比如建设郊区开发区、工业园区和新城新区等。在行政区内的多中心空间规划旨在引导人口和产业从过度集聚的中心城区向郊区扩张，使郊区承接城市不断增长的人口和产业，并促进地级及以上城市内的城乡统筹发展，这导致地级及以上城市行政区的多中心空间结构比中心城市更为显著。

更重要的是，自20世纪90年代以来实行的财政分权赋予了中国地方政府特别是地级及以上城市和区县政府权力，以激活地方资源促进地方经济增长，这使地方政府在城市开发中扮演越来越重要的角色（Wei，2012）。随着城市土地和住房市场的建立以及高度依赖土地财政的地方财政体系的兴起，地方政府具有出售土地和招商引资以促进当地经济增长的强烈动机。郊区的土地开发成为地方政府促进经济发展的重要手段，而且不断加强的交通基础设施投资也提高了郊区的交通网络可达性，从而刺激了中国城市郊区的大规模增长。通过分配更多的城市开发用地、建设便利的交通设施以及使用税收优惠等鼓励新企业进入，地方政府在城市发展中推动产业向郊区开发区、工业园区和新城新区等战略性地区集中（Liu

& Liu，2018），这些地区最终发展成大型的郊区就业中心，促进了地级及以上城市内多中心空间结构的形成。同时，在中国城市中，区级和县级政府间存在激烈的地区竞争，在政治激励和财政分权的推动下，区县政府都追求辖区的经济增长并作为独立主体相互竞争（Zhang et al.，2018）。为了吸引投资者并促进本地发展，在各个区县竞相建设工业园区和开发区，使城市发展在行政区范围内越加分散。因此，中国城市治理的碎片化也导致了行政区内的多中心空间发展。

本节的实证结果表明，中心城市以外地区的更多发展会促进行政区内多中心空间发展，但却可能限制中心城市内的多中心发展。如上所述，这一证据也表明中国城市中政府主导的多中心空间发展逻辑。尽管中国城市在其行政区内高度多中心，但行政区内的多中心发展可能无助于消除中心城市单中心空间发展及其可能的负面影响，例如交通拥堵、通勤成本和能源消耗增加，以及污染加剧等，这些问题仍然是中国城市中心城区面临的严峻挑战。这是因为在外围地区建设的郊区中心在很大程度上是与中心城市隔离的，并且大多是专业化且功能单一的工业区，这些新的开发区通常缺乏足够的城市设施和公共服务，使得这些地方对新居民没有吸引力，尽管在该地区进行了城市开发、创造了就业机会，但也引发了职住失衡（Cheng & Shaw，2018）。到目前为止，中国城市的多中心发展仍主要是形态而非功能上的。城市多中心之间仍缺乏紧密的功能联系和空间整合，这给中国城市的空间发展带来了挑战，并需要城市规划引导形成功能上更加协调、整合和平衡的多中心空间发展模式。

总体而言，中国城市的多中心空间发展可以用地理特征、经济力量和地方政府的规划干预来解释。本章也揭示了中国城市多中心发展的一些独特性。比如，行政区的空间结构比中心城市的更加多中心；在中国城市中，多中心的出现更多与分散化的制造业相关；郊区化和中心城市以外地区的发展有助于行政区的多中心，但会限制中心城市的多中心发展。这些特征都和中国多中心城市发展中规划和政府的干预有关。实际上，中国城市的空间发展高度嵌入了地方经济和政治体系。地方政府作为中国城市开发的主要推动者，是调动资源促进地方经济增长的强大动力，而中国政府主导的城市发展进程则受到政府基于经济增长的地区竞争的激励，这使得行政区内空间分散化发展。因此，中国城市的治理结构有助于理解中国城市的多中心空间发展。这也意味着，尽管全球范围内的城市普遍呈现分散化和多中心化的发展趋势，但空间转型的潜在动力和涉及的过程都是不同的，且根植于不同国家或地区的文化和制度环境中。

本章参考文献

龙瀛, 吴康. 2016. 中国城市化的几个现实问题: 空间扩张、人口收缩、低密度人类活动与城市范围界定. 城市规划学刊, (2): 72-77.

Agarwal A. 2015. An examination of the determinants of employment center growth: do local policies play a role? Journal of Urban Affairs, 37(2): 192-206.

Amindarbari R, Sevtsuk A. 2013. Measuring growth and change in metropolitan form. https://web.mit.edu/11.521/papers/sevtsuk_measuring_growth_and_change_in_metropolitan_form.pdf[2023-05-20].

Anas A, Arnott R, Small K A. 1998. Urban spatial structure. Journal of Economic Literature, 36(3): 1426-1464.

Chan K W. 2007. Misconceptions and complexities in the study of China's cities: definitions, statistics, and implications. Eurasian Geography and Economics, 48(4): 383-412.

Cheng H, Shaw D. 2018. Polycentric development practice in master planning: the case of China. International Planning Studies, 23(2): 163-179.

Dick H W, Rimmer P J. 1998. Beyond the Third World city: the new urban geography of south-east Asia. Urban Studies, 35(12): 2303-2321.

Feng J, Wang F H, Zhou Y X. 2009. The spatial restructuring of population in metropolitan Beijing: toward polycentricity in the post-reform ERA. Urban Geography, 30(7): 779-802.

Fragkias M, Seto K C. 2009. Evolving rank-size distributions of intra-metropolitan urban clusters in South China. Computers, Environment and Urban Systems, 33(3): 189-199.

Freestone R, Murphy P. 1998. Metropolitan restructuring and suburban employment centers: cross-cultural perspectives on the Australian experience. Journal of the American Planning Association, 64(3): 286-297.

Garcia-López M-À, Muñiz I. 2012. Urban spatial structure, agglomeration economies, and economic growth in Barcelona: an intra-metropolitan perspective. Papers in Regional Science, 92(3): 515-534.

Giuliano G, Small K A. 1991. Subcenters in the Los Angeles region. Regional Science and Urban Economics, 21(2): 163-182.

Huang D Q, Liu Z, Zhao X S. 2015. Monocentric or polycentric? The urban spatial structure of smployment in Beijing. Sustainability, 7(9): 11632-11656.

Huang D Q, Liu Z, Zhao X S, et al. 2017. Emerging polycentric megacity in China: an examination of employment subcenters and their influence on population distribution in Beijing. Cities, 69: 36-45.

Kane K, Hipp J R, Kim J H. 2016. Los Angeles employment concentration in the 21st century. Urban Studies, 55(4): 844-869.

Krehl A. 2018. Urban subcentres in German city regions: identification, understanding, comparison. Papers in Regional Science, 97: S97-S104.

Lang R E, LeFurgy J. 2003. Edgeless cities: examining the noncentered metropolis. Housing Policy Debate, 14(3): 427-460.

Lee B. 2007. "Edge" or "edgeless" cities? Urban spatial structure in U.S. metropolitan areas, 1980 to 2000. Journal of Regional Science, 47(3): 479-515.

Liu J Y, Zhang Q, Hu Y F. 2012. Regional differences of China's urban expansion from late 20th to early 21st century based on remote sensing information. Chinese Geographical Science, 22(1): 1-14.

Liu J Y, Zhang Z X, Xu X L, et al. 2010. Spatial patterns and driving forces of land use change in China during the early 21st century. Journal of Geographical Sciences, 20(4): 483-494.

Liu X J, Derudder B, Wang M S. 2018. Polycentric urban development in China: a multi-scale analysis. Environment and Planning B: Urban Analytics and City Science, 45(5): 953-972.

Liu X J, Wang M S. 2016. How polycentric is urban China and why? A case study of 318 cities. Landscape and Urban Planning, 151: 10-20.

Liu Z, Liu S H. 2018. Polycentric development and the role of urban polycentric planning in China's mega cities: an examination of Beijing's metropolitan area. Sustainability, 10(5): 1588.

Logan J. 2002. The New Chinese City: Globalization and Market Reform. Malden: Wiley-Blackwell.

Ma L J C. 2004. Economic reforms, urban spatial restructuring, and planning in China. Progress in Planning, 61: 237-260.

Ma L J C, Wu F L. 2004. Restructuring the Chinese City: Changing Society, Economy and Space. London: Routledge.

McMillen D P. 2001. Nonparametric employment subcenter identification. Journal of Urban Economics, 50(3): 448-473.

Parvati K, Prakasa Rao B S, Mariya D M. 2008. Image segmentation using gray-scale morphology and marker-controlled watershed transformation. Discrete Dynamics in Nature and Society, 2008: 384346.

Qin B, Han S S. 2013. Emerging polycentricity in Beijing: evidence from housing price variations, 2001-05. Urban Studies, 50(10): 2006-2023.

Schneider A, Chang C Y, Paulsen K. 2015. The changing spatial form of cities in western China. Landscape and Urban Planning, 135: 40-61.

Shearmur R, Coffey W, Dube C, et al. 2007. Intrametropolitan employment structure: polycentricity, scatteration, dispersal and chaos in Toronto, Montreal and Vancouver, 1996-2001. Urban Studies,

44(9): 1713-1738.

Stanback T M. 1991. The New Suburbanization: Challenge to The Central City. Boulder: Westview Press.

Sun T S, Han Z H, Wang L L, et al. 2012. Suburbanization and subcentering of population in Beijing metropolitan area: a nonparametric analysis. Chinese Geographical Science, 22(4): 472-482.

Wei Y H D. 2012. Restructuring for growth in urban China: transitional institutions, urban development, and spatial transformation. Habitat International, 36(3): 396-405.

Wen H Z, Tao Y L. 2015. Polycentric urban structure and housing price in the transitional China: evidence from Hangzhou. Habitat International, 46: 138-146.

Wu F. 1998. Polycentric urban development and land-use change in a transitional economy: the case of Guangzhou. Environment and Planning A: Economy and Space, 30(6): 1077-1100.

Wu F L. 2020. Scripting Indian and Chinese urban spatial transformation: adding new narratives to gentrification and suburbanisation research. Environment and Planning C: Politics and Space, 38(6): 980-997.

Yue W Z, Liu Y, Fan P L. 2010. Polycentric urban development: the case of Hangzhou. Environment and Planning A: Economy and Space, 42(3): 563-577.

Zhang T L, Sun B D, Cai Y Y, et al. 2018. Government fragmentation and economic growth in China's cities. Urban Studies, 56(9): 1850-1864.

Zhou Y Y, Smith S J, Elvidge C D, et al. 2014. A cluster-based method to map urban area from DMSP/OLS nightlights. Remote Sensing of Environment, 147: 173-185.

Zhou Y Y, Smith S J, Zhao K G, et al. 2015. A global map of urban extent from nightlights. Environmental Research Letters, 10(5): 054011.

Zou Y H, Mason R, Zhong R J. 2015. Modeling the polycentric evolution of post-Olympic Beijing: an empirical analysis of land prices and development intensity. Urban Geography, 36(5): 735-756.

第四章　中国城市空间结构的类型与绩效

现代城市展现出日益复杂的城市形态，在空间结构上也出现了多种模式，比如单中心、多中心甚至是一般性分散（generalized dispersion）。不同类型的空间结构可能对城市发展产生不同的影响，表现出在经济、环境和交通上不同的结构绩效。本章主要讨论中国城市空间结构的类型及特征，及其综合绩效。

第一节　中国城市空间结构的类型及特征

本节首先讨论城市空间结构的类型，提出划分城市空间结构类型的分类方法，并分析中国城市空间结构的分类及特征，揭示中国城市空间组织的主要模式和发展规律。

一、城市空间结构的类型

理论上，城市经济的空间结构最早被抽象为单中心城市模型，即就业集中在唯一的城市中心区，从业者居住在郊区并向城市中心区通勤，交通成本决定了城市的土地利用模式，人口密度随着到城市中心区的距离的增加而衰减。单中心城市模型有效地刻画了工业化时代传统城市的空间结构，也是最经典的城市空间结构模式。但随着现代城市的发展，城市规模不断扩大，城市空间组织日趋分散化，经济活动可能不再只集中在城市中心区，经济集聚也会发生在城市中心区以外的郊区，以避免城市中心区过高的房价和严重的交通拥堵等带来的负外部性。在经济力量和政府激励下，郊区涌现新的城市中心，城市呈现多中心的空间结构。但也有研究指出，随着高速交通基础设施的建设和现代通信技术的发展，城市内部经济活动空间集聚的趋势正在消减，城市形态可能在向一种更加分散并且没有明显的集聚中心的组织形式发展。Gordon 和 Richardson（1996）将其定义为“一般性分散”，Lang 和 LeFurgy（2003）将其称为“无边界城市”（edgeless city）。一般性分散并不意味着城市开发是低密度的，它主要强调城市内的经济活动并不形成明显的集聚中心，因此空间组织是分散无中心的。那么，到底以上几种空间结构模式中哪种更符合现代城市空间发展的特点，仍然值得深入研究。

此外，在实际的城市发展过程中，城市空间结构的类型可能会比理论上的更加多样。比如，现实中很难看到像单中心城市模型所刻画的纯粹的单中心城市，即所有经济活动只存在于城市中心区。事实上，即便是单中心性很强的城市，它也会有大量经济活动分散到城市中心区以外的地区。同样地，现实中单中心城市和多中心城市也不一定能截然分开。比如，有的城市的确出现了郊区次中心，但传统的城市中心区仍然集聚了绝大多数的经济活动，这样的城市空间结构可能是介于单中心和多中心之间的一种中间状态。因此，现实中城市空间结构的类型可能更加复杂，不仅存在单中心、多中心和一般性分散三种理论上的结构模式，还可能存在介于上述三种结构模式之间的混合类型或中间状态。基于此，Hajrasouliha 和 Hamidi（2017）提出现实中的城市空间结构可以概括为六种类型，分别是单中心（城市仅有 1 个就业中心，大部分就业集聚在城市中心区）、多中心（城市有多个就业中心，且大部分就业集聚在城市中心，主中心和次中心集聚的就业相对均衡）、分散无中心（城市没有明显的就业中心，即一般性分散）三种基本类型，和分散单中心（城市仅有 1 个就业中心，但大部分就业分散在中心以外的地区）、集聚多中心（城市有多个就业中心，大部分就业集聚在城市中心区，但次中心就业规模较小）、分散多中心（城市有多个就业中心，但大部分就业分散在中心以外的地区）三种混合类型。基于这样的分类，Hajrasouliha 和 Hamidi（2017）对 356 个美国城市进行研究，发现大部分美国城市呈现混合类型的空间结构。在各种空间结构中，就业的分散化和多中心化是主导性特征，比如近 70%的城市空间结构呈现了分散化的特点，56.7%的城市空间结构呈现出多中心的特点。

从城市发展阶段来看，尽管目前对不同发展阶段城市空间结构的演化轨迹仍有很多争论，但毋庸置疑的是，城市空间组织在集聚力和分散力的影响下势必随城市发展不断演化。城市空间发展基本会经历分散—集聚—分散化再集聚—再分散的过程。在这一过程中，可能在不同阶段形成分散单中心、单中心、集聚多中心、多中心和分散多中心的城市空间结构（图 4-1）。当然，这一过程并不是简单线性的，可能存在比较复杂的演化动态。对美国城市的一些研究普遍发现，多中心空间结构更多出现在规模较大的城市，可能代表了城市空间发展相对高级阶段的结构形式（Arribas-Bel & Sanz-Gracia，2014；Hajrasouliha & Hamidi，2017）。

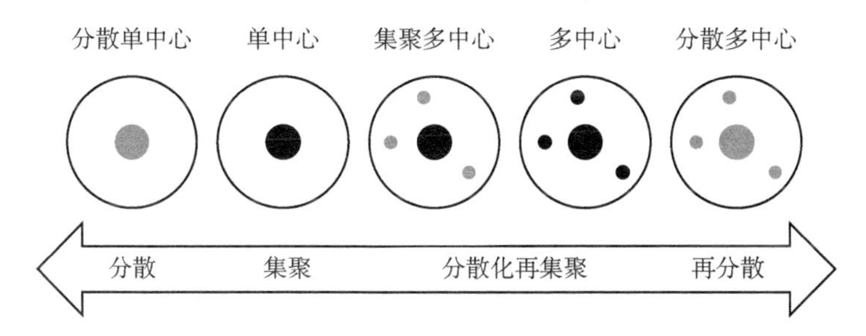

图 4-1　不同发展阶段城市空间结构的主要类型

注：图中集聚中心的灰色和黑色分别代表就业集聚程度的高低，灰色代表集聚程度较低，而黑色代表集聚程度较高

二、城市空间结构的分类方法

如果将城市空间结构划分为上述六种类型，我们需要一套基于城市内就业空间分布的分类标准，以判别中国城市的空间结构类型。在对城市空间结构的定量分析中，城市空间结构通常根据两个维度来衡量，即向心化和多中心化。向心化反映了就业在城市中心区（主中心）集中分布的趋势和程度，而多中心化则衡量就业在多个城市中心集聚分布的趋势和程度。本研究以中国 287 个地级及以上城市为研究对象，采用与第三章相同的就业数据和方法识别地级及以上城市行政区内的就业中心。然后基于就业中心的数量和规模，计算反映城市空间结构向心化和多中心化程度的各项指标，从而对中国城市的空间结构进行分类。

具体的分类方法主要根据每个城市的就业中心数量和就业在城市主中心、次中心和中心以外地区分布的比例来确定。首先，根据所有城市的就业中心数量，将城市分为三类。一是没有任何就业中心的城市，属于分散无中心或一般性分散城市。二是只有 1 个就业中心而没有任何次中心的城市，即具有单中心结构的城市。三是同时拥有多个就业中心，既有主中心也有次中心的城市，即具有多中心结构的城市。其次，为了识别上述三种基本结构模式之间重叠的混合类型，进一步从单中心城市和多中心城市中分离出具有混合类型结构的城市。针对单中心城市，应用 k 均值聚类分析，根据每个城市就业分布的向心化水平，将单中心城市区分为单中心和分散单中心城市两种类型。k 均值聚类是基于样本集合划分迭代求解的聚类算法。其步骤是，将样本集合划分为 k 个子集，构成 k 个聚类，则随机选取 k 个对象作为初始的聚类中心，然后计算每个对象与各个种子聚类中心之间的距离，把每个对象分配给距离它最近的聚类中心。每个样本到其所属聚类的中心距离最小，每个样本仅属于 1 个聚类。聚类中心及分配给它们的对象代表一个聚类。每分配一个样本，聚类的聚类中心会根据聚类中现有的对象被重新计算。这个过程将不断重复直到满足某个终止条件，而最终划出 k 个类别。对所有单中心城市，根据城市就业分布的向心化水平，即由城市主中心的就业占全市总就业的比例来衡量，进行 k 均值聚类，将这些城市聚成两类。其中，单中心城市是那些只有 1 个就业中心且向心化指数相对较高的城市，而分散单中心城市是那些向心化指数相对较低的城市。从聚类结果来看，单中心城市的向心化指数的平均值为 39，而分散单中心城市的向心化指数的平均值仅为 21。因此，就业相对更集中分布在城市主中心的单中心城市，更接近于单中心城市模型所刻画的单中心空间结构，在本研究中被划定为单中心空间结构。分散单中心城市虽然也只有 1 个就业中心，但就业在城市主中心的集中程度相对较低，空间结构呈现出一般性分散和单中心的混合类型，在本研究中被划定为分散单中心的空间结构。

针对多中心城市，我们同样使用 k 均值聚类分析，根据表 4-1 所示的一组指标，将所有多中心城市划分为三类。这些指标包括就业中心数量、次中心数量、就业中心的就业占全市总就业的比例、主中心的就业占全市总就业的比例、次中心的就业占全市总就业的比例、主中心的就业占所有中心总就业的比例、次中心的就业占所有中心总就业的比例，以及反映中心之间就业规模分布均衡性的熵指数，这些指标分别衡量了中心数量，就业在城市主中心、次中心和中心以外地区分布的集中度，以及所有中心之间的就业规模分布的平衡性等。根据这一组指标，对所有多中心城市，进行 k 均值聚类，将这些城市聚成三类。从聚类结果来看，集聚多中心城市的向心化指数平均值最高，而多中心指数的平均值最低，反映出这类城市虽然具有多个就业中心，但就业分布更多集中在城市主中心，因此向心化程度高而多中心性低。分散多中心城市的向心化指数平均值最低，且多中心指数的平均值也较低，反映出这类城市虽然有多个就业中心，但就业更多分布在中心以外地区，无论向心化程度还是多中心性都较低，具有较强的分散化特征。多中心城市则具有最高的多中心指数平均值，反映出这类城市具有典型的多中心空间结构，不仅体现在就业中心数量上，也体现在中心的就业集聚水平和中心之间就业规模分布的平衡程度上。

表 4-1　中国城市空间结构类型划分的标准和方法

类型	就业中心数量/个	划分方法	基于分类结果的平均值	
			向心化指数	多中心指数
分散无中心	0	—	—	—
分散单中心	1	基于以下指标进行 k 均值聚类： 城市主中心的就业占全市总就业的比例 （即向心化指数）	21.0	—
单中心	1		39.0	—
集聚多中心	>1	基于以下指标进行 k 均值聚类： 1. 就业中心数量 2. 次中心数量 3. 就业中心的就业占全市总就业的比例 4. 主中心的就业占全市总就业的比例 5. 次中心的就业占全市总就业的比例 6. 主中心的就业占所有中心总就业的比例 7. 次中心的就业占所有中心总就业的比例 8. 反映中心之间就业规模分布均衡性的熵指数	37.6	1.38
多中心	>1		22.8	4.45
分散多中心	>1		20.5	1.59

三、中国城市空间结构的分类及特征

为了划分中国城市空间结构的类型，我们首先识别了 287 个地级及以上城市的就业中心。表 4-2 列出了城市就业中心的基本描述统计。中国城市平均拥有 4.3 个就业中心，标准差为 3.6。对 222 个具有多个就业中心的城市而言，平均的次中心数量是 4.3 个，标准差为 3.4。平均而言，中国城市中 45.5%的就业集中分布在城市中心，这表明就业中心在集聚城市内部经济活动方面的确发挥着重要作用。但在不同城市，城市中心集聚的就业比例差别很大，最高达到 81.2%（重庆），最低为 0，即城市没有识别出的就业中心。这意味着不同城市就业分布的集聚程度和空间结构差异很大。在所有城市中，主中心的就业占全市总就业的比例平均为

25.5%，而次中心的就业占全市总就业的比例平均为20.0%。平均而言，中国城市主中心的就业占全市总就业的比例仍比次中心的略高一些，反映了主中心在城市空间结构中的核心地位。对于有1个以上就业中心的城市，主中心和次中心的就业占所有中心总就业的比例平均约为一半对一半，基本相当。平均而言，在多中心城市中，次中心发挥着和主中心同等重要的作用。但主中心和次中心集聚就业的比例在不同城市间有非常不同的表现，在所有多中心城市中，主中心的就业占所有中心总就业的比例最高达到91.4%（桂林），最低仅为16.4%（武汉）。

表4-2 中国城市就业中心的基本描述统计

项目	全部城市（287个）				有超过1个就业中心的城市（222个）		
	就业中心数量/个	就业中心的就业占全市总就业的比例/%	主中心的就业占全市总就业的比例/%	次中心的就业占全市总就业的比例/%	次中心数量/个	主中心的就业占所有中心总就业的比例/%	次中心的就业占所以中心总就业的比例/%
均值	4.3	45.5	25.5	20.0	4.3	50.9	49.1
标准差	3.6	18.8	12.5	14.9	3.4	16.9	16.9
最大值	27	81.2	65.9	54.9	26	91.4	83.6
最小值	0	0	0	0	1	16.4	8.6

根据前文所述的分类方法，将287个地级及以上城市按其空间结构划分为六种类型。图4-2显示了每种类型的城市数量。具有分散多中心结构的城市数量最多，有86个，占全部城市总量的30.0%。其次，是具有多中心结构的城市，有69个，占城市总量的24.0%。此外，有67个、27个和20个城市分别具有集聚多中心、单中心和分散单中心的空间结构。18个没有识别出就业中心的城市属于分散无中心。在所有城市中，有222个城市的空间结构具有多中心的特征（包括集聚多中心、多中心和分散多中心），占城市总量的77.4%，有124个城市的空间结构具有分散化特征（包括分散单中心、分散多中心和分散无中心），占城市总量的43.2%。因此，集聚和多中心性是中国城市空间结构最主要的特征。

表4-3列出了六种城市空间结构各项指标的平均值，反映了不同类型空间结构的特征差异。从就业中心数量来看，多中心城市的就业中心数量最多，平均有8.6个，其次是分散多中心城市，平均有4个就业中心，然后是集聚多中心城市，平均有3.7个就业中心。很显然，多中心城市的多中心性水平是最高的，多中心指数的平均值为4.5，远高于集聚多中心城市和分散多中心城市。此外，多中心城市的就业集聚水平也最高，平均有61.7%的就业集聚在就业中心，其次是集聚多

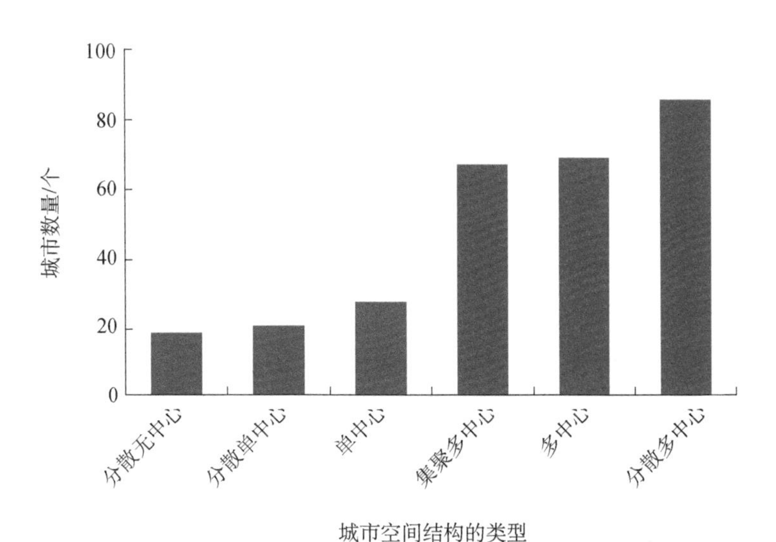

图 4-2　具有不同类型空间结构的城市数量

中心城市，平均有 53.4%的就业集聚在就业中心。除分散无中心城市外，分散单中心城市的就业中心的就业占全市总就业的比例的平均值最低，分散化特征最明显。从主中心就业占比来看，单中心城市和集聚多中心城市的主中心的就业占全市总就业的比例的平均值最高，分别为 39.0%和 37.6%，呈现明显的向心化特征。多中心城市的次中心的就业占全市总就业的比例的平均值最高，占 38.9%，甚至超过了主中心就业占比（22.8%），说明在多中心城市中，次中心的确在集聚经济活动方面发挥着十分重要的作用。总体而言，如果以就业中心的就业占全市总就业的比例来衡量城市就业的整体集聚水平，可以发现，城市的就业集聚水平随着城市形态从分散单中心、单中心到集聚多中心，再到多中心而不断上升。当城市形态向分散多中心发展后，城市的就业集聚水平则趋于下降。这也体现了图 4-1 所示的城市空间发展的分散—集聚—分散化再集聚—再分散的发展历程。

表 4-3　不同类型城市空间结构的特征差异

类型	平均值				
	就业中心数量/个	多中心指数	就业中心的就业占全市总就业的比例/%	主中心的就业占全市总就业的比例/%	次中心的就业占全市总就业的比例/%
分散无中心	0.0	0.0	0.0	0.0	0.0
分散单中心	1.0	0.0	21.0	21.0	0.0
单中心	1.0	0.0	39.0	39.0	0.0
集聚多中心	3.7	1.4	53.4	37.6	15.7

续表

类型	平均值				
	就业中心数量/个	多中心指数	就业中心的就业占全市总就业的比例/%	主中心的就业占全市总就业的比例/%	次中心的就业占全市总就业的比例/%
多中心	8.6	4.5	61.7	22.8	38.9
分散多中心	4.0	1.6	43.8	20.5	23.3

四、具有不同类型空间结构的城市特征

为了理解处于不同发展阶段城市的空间结构特征，我们比较具有不同类型空间结构城市的平均特征。表 4-4 和图 4-3 分别展示了具有不同类型空间结构的城市各项指标的平均值、地区分布以及各项指标的箱线图。首先，从城市面积来看，具有单中心结构（包括分散单中心和单中心）的城市的平均面积要比多中心城市（包括集聚多中心、多中心和分散多中心）明显大一些。从地区分布来看，单中心和分散单中心城市更多分布在西部地区，这两种类型的城市中在西部地区的占比分别为 55.6%和 60.0%。因此，具有单中心结构（包括分散单中心和单中心）的城市一般是西部地区市域面积较大的一些城市。同样地，分散无中心的城市也最多分布在西部地区，占比为 50.0%，但这些城市的平均面积要小很多，主要是西部地区的一些市域面积较小的城市。具有多中心结构（包括集聚多中心、多中心和分散多中心）的城市中，平均面积最小的是多中心城市，而集聚多中心城市和分散多中心城市的平均面积略大一些。从地区分布来看，多中心城市更多分布在东部地区，占比超过 50%，其次分布在中部地区，而在西部地区的占比仅有 11.6%。分散多中心城市也主要分布在东部和中部地区，但集聚多中心城市则主要分布在中部和西部地区。这体现出东部地区的城市更多地发展为多中心空间结构，但中部和西部地区城市空间向心化程度较高，即便是多中心城市也发展为集聚多中心空间结构，或仅发展出单中心的空间结构，这显然和三大地区城市所处的发展阶段有关。

其次，从城市规模来看，具有多中心结构（包括集聚多中心、多中心和分散多中心）的城市的人口、就业人数和 GDP 的平均规模都比具有单中心结构（包括分散单中心和单中心）的城市大很多。无论从人口、就业人数还是 GDP 来看，单中心城市和分散单中心城市的平均规模都是较低的。在具有多中心结构的城市

中，人口、就业人数和GDP平均规模最大的是多中心城市。分散多中心城市的经济（就业人数和GDP）平均规模略高于集聚多中心城市，而集聚多中心城市的人口平均规模略高于分散单中心城市。总体来看，多中心城市的规模最大，这和对美国城市研究的结论基本一致。

最后，从城市产业结构来看，单中心城市和集聚多中心城市经济中第三产业增加值占比相对最高，这与第三章所讨论的服务型经济有助于促进城市的单中心集聚和向心化发展的结论基本一致。分散无中心城市的第二产业增加值占比是最高的，且显著高于其他类型城市，这说明这类城市可能是一些面积较小但专业化很强的工矿类城市，因此其经济规模并不是最低的，仍高于单中心城市和分散单中心城市。在所有城市中，分散多中心城市的第二产业增加值占比仅次于分散无中心城市，平均值超过50%，这和第三章所讨论的第二产业尤其是制造业驱动城市经济活动的分散化和多中心空间发展的结论基本一致。

具有不同类型空间结构的城市的平均特征可能反映了城市形态随城市发展而演化的一些规律。由于数量较少，我们不考虑分散无中心城市，并将单中心城市与分散单中心城市合并考虑。由以上分析可见，人口、就业人数和GDP规模较小的城市一般为单中心城市，而中型城市为集聚多中心或分散多中心城市，而多中心城市的城市规模最大。这与城市经济理论的预期一致，在城市发展的早期阶段，单中心城市空间集聚有助于增强生产外部性和知识溢出。然而，随着城市增长和规模扩大，单中心城市过度集中和拥堵的高成本会驱使城市空间组织分散化，并演化出多中心空间结构。相比之下，多中心空间结构更多在城市规模较大的发展阶段出现，因此可能代表了城市较高发展阶段时的有效率的空间组织模式。

表4-4　不同类型空间结构城市的平均特征和地区分布

类型	平均值						地区占比/%		
	面积/平方千米	就业人数/万人	人口/万人	GDP/亿元	第二产业增加值占比/%	第三产业增加值占比/%	东部地区	中部地区	西部地区
分散无中心	6 591	39	168	642	59.1	31.3	27.8	22.2	50.0
分散单中心	18 617	22	206	411	45.6	35.5	15.0	25.0	60.0
单中心	22 851	20	184	313	45.6	35.7	11.1	33.3	55.6
集聚多中心	17 174	66	425	1 016	49.1	36.5	28.4	38.8	32.8
多中心	14 184	134	720	1 923	49.6	35.2	50.7	37.7	11.6
分散多中心	16 522	72	394	1 100	51.4	34.5	40.7	36.0	23.3

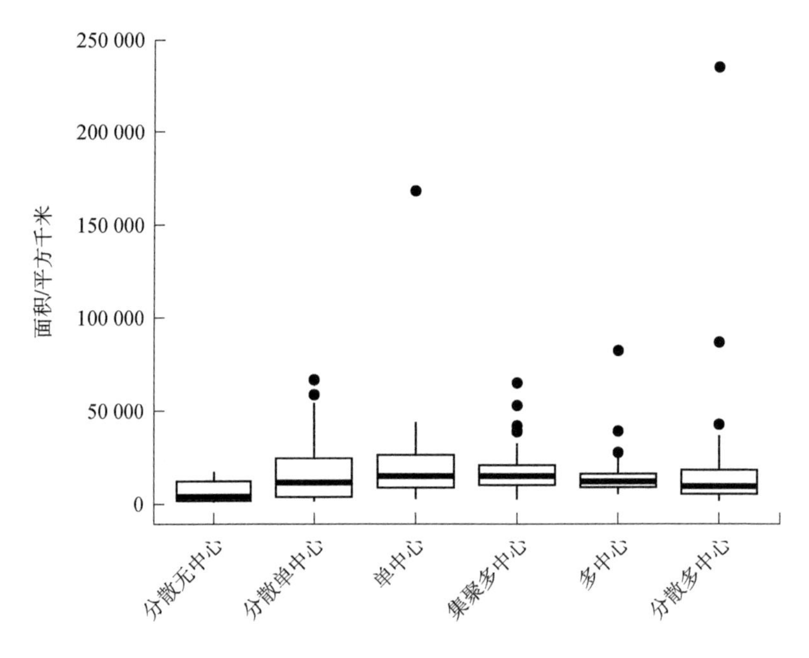
250 000
200 000
150 000
100 000
50 000
0
面积/平方千米
分散无中心
分散单中心
单中心
集聚多中心
多中心
分散多中心
城市空间结构的类型

(a) 面积

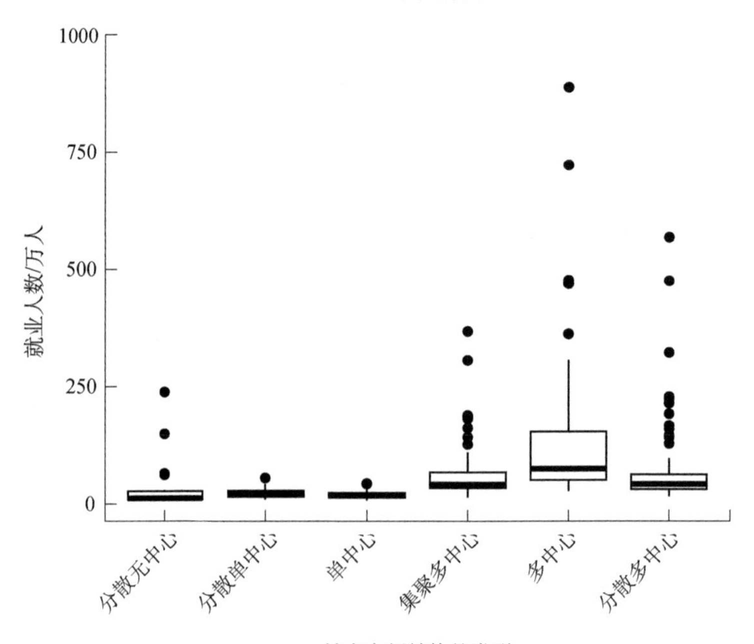
1000
750
500
250
0
就业人数/万人
分散无中心
分散单中心
单中心
集聚多中心
多中心
分散多中心
城市空间结构的类型

(b) 就业人数

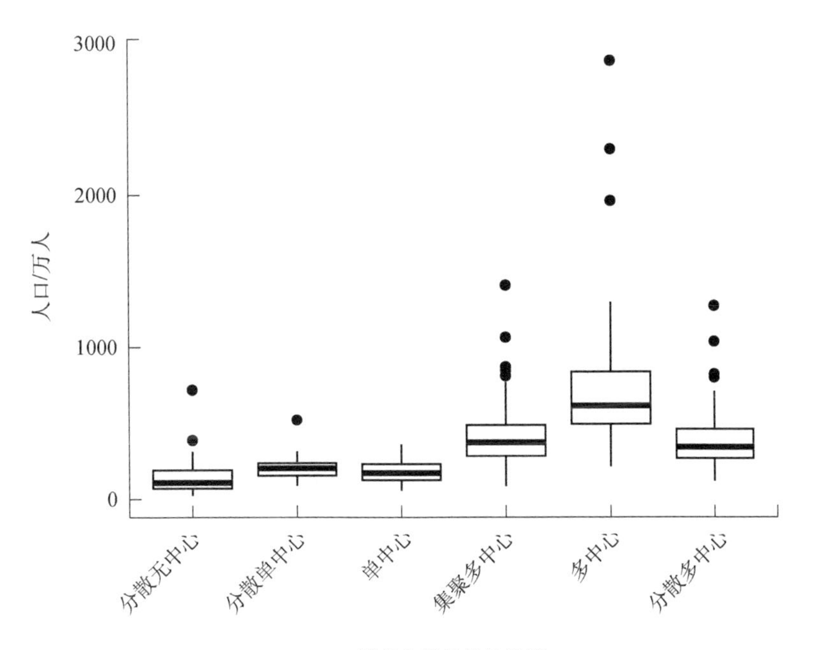
3000
2000
1000
0
人口/万人
分散无中心
分散单中心
单中心
集聚多中心
多中心
分散多中心
城市空间结构的类型

（c）人口

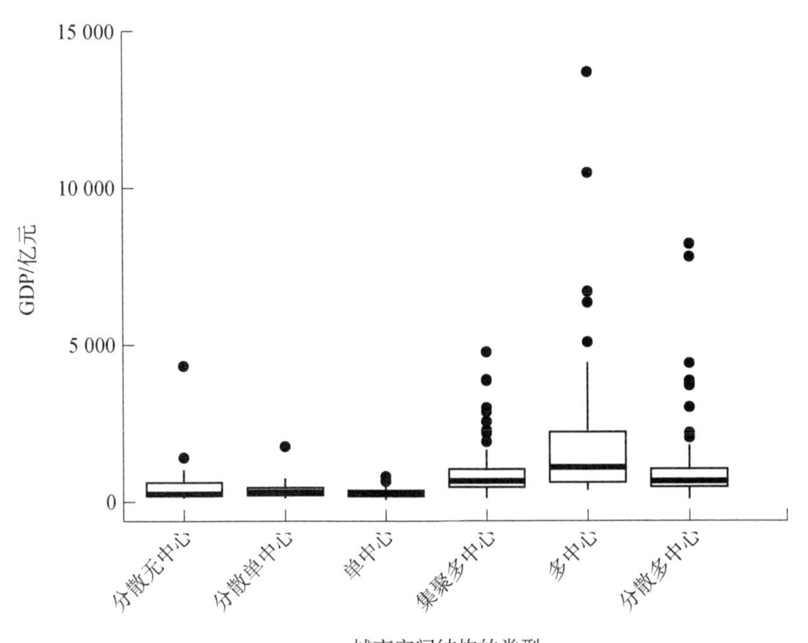
15 000
10 000
5 000
0
GDP/亿元
分散无中心
分散单中心
单中心
集聚多中心
多中心
分散多中心
城市空间结构的类型

（d）GDP

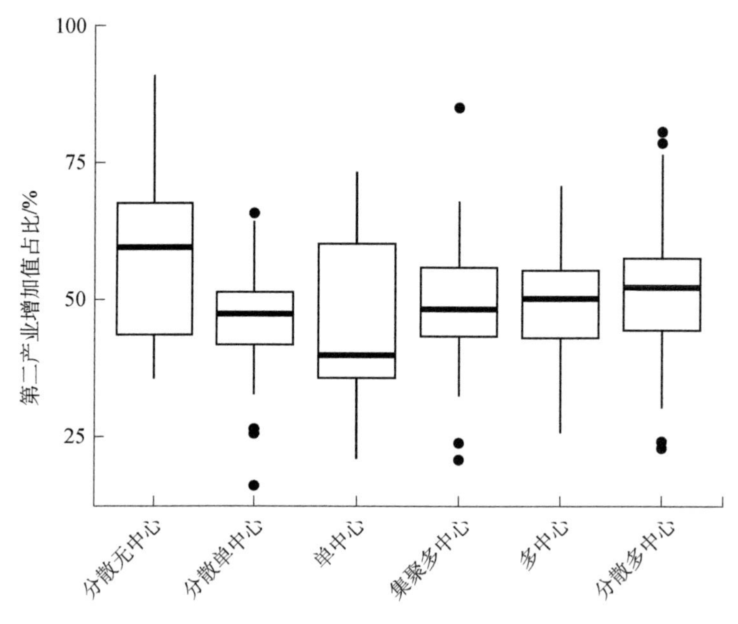

(e) 第二产业增加值占比

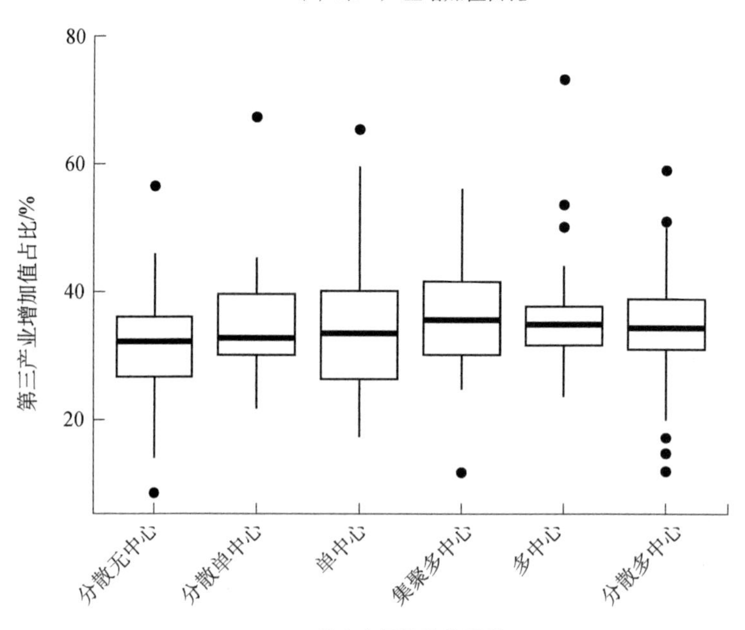

(f) 第三产业增加值占比

图 4-3 不同类型空间结构的城市各项指标的箱线图

第二节　中国城市空间结构的综合绩效

城市形态与空间组织对城市的可持续发展有着重要影响，比如城市“摊大饼”式的无序蔓延往往造成交通拥堵、地价高涨和环境恶化等“大城市病”。优化城市空间结构是促进城市增长和可持续发展的重要途径。不同类型的空间结构会对城市经济、环境质量和交通拥堵等产生正向或负向的影响，体现为城市发展的空间结构绩效的变化。本节将实证分析中国城市不同类型空间结构的综合绩效。

一、城市空间结构的绩效

理论上，多中心空间结构被认为是一种支持城市增长和区域可持续发展、具有经济效率和竞争力的、均衡的城市空间组织形式（李国平和孙铁山，2013）。前文通过对中国不同类型空间结构城市特征的分析，也发现多中心空间结构是较大规模等级城市普遍的空间组织模式。多中心空间结构的优势表现在：首先，多中心空间发展通过城市中心区职能向外疏散，有效地降低了单中心过度集聚带来的集聚不经济，并通过多中心分散化集聚，获取集聚经济效益，提升城市经济效率和竞争力。其次，多中心空间结构打破了单中心聚焦的“中心-外围”结构，有利于发挥地区比较优势，通过多中心分工与协作，促进区域公平和均衡发展，缩小地区经济差距，实现区域经济一体化。最后，多中心空间结构避免了单中心的城市蔓延，通过城市紧凑扩展和分散化集聚、土地混合利用和交通网络可达性提高，有利于优化土地使用、促进职住平衡、降低资源消耗、保护区域既有的生态格局，并减少温室气体排放等，从而有助于区域的可持续发展。但多中心空间发展也可能只是另一种形式的城市蔓延，现有研究对以多中心战略解决单中心蔓延带来的城市问题的有效性仍存在争论。但毋庸置疑的是，城市的空间结构和土地利用模式会影响城市经济运行效率和环境可持续性，对城市的可持续发展产生重要影响。

在城市空间结构的经济绩效方面，Meijers 和 Burger 对美国城市的研究发现，空间结构的确可以解释不同城市劳动生产率的差异，并且多中心空间结构伴随相对较高的城市劳动生产率，这说明多中心空间发展可以在一定程度上抑制集聚不经济（Meijers & Burger，2010）。Lee 和 Gordon 对美国城市空间结构与经济增长关系的研究显示，城市空间结构对经济增长的促进作用依赖于城市规模，当城市规模较小时，单中心结构的增长效果较明显，而当城市规模较大时，就业的分散化和多中心结构会带来较快的经济增长（Lee & Gordon，2007）。同样地，近年来一些对中国城市的研究也得出类似的结论。比如，Li 和 Liu 对 306 个中国城市的研究发现，城市劳动生产率和空间结构显著相关，城市活动的分散化伴随相对较低的劳动生产率水平，而多中心与劳动生产率的关系则依赖城市人口密度。对于较低密度的城市，具有单中心空间结构的城市劳动生产率相对较高，而对于较高密度的城市，多中心空间结构伴随较高的劳动生产率水平（Li & Liu，2018）。Wang 等则从多尺度城市多中心性出发，研究城市内部和城市间的多中心性对城市劳动生产率的影响，发现城市内部的单中心性和城市间的多中心性与较高的城市劳动生产率相关，且不同尺度的多中心性之间具有一定的正向交互作用（Wang et al.，2019）。

在城市空间结构的环境绩效方面，近年来一些研究关注了中国城市多中心空间发展的环境影响。比如，Han 等对中国城市空间结构与细颗粒物（PM2.5）浓度关系的研究发现，当较低密度的城市具有强单中心结构和较高密度的城市具有多中心空间结构时，城市 PM2.5 浓度水平相对较低（Han et al.，2020）。Li 等同样对 286 个中国城市的空间结构和 PM2.5 浓度的关系进行了研究，发现总体上多中心和分散化与城市 PM2.5 浓度水平正相关，多中心性和分散水平的增加会提高城市 PM2.5 浓度水平。但他们也发现，这一关系在不同城市间存在差异，对于人均 GDP 较高或城市就业中第二产业占比较高的城市，人口的多中心分布可以降低城市 PM2.5 浓度（Li et al.，2020）。此外，另一些研究关注了中国城市多中心空间发展对城市碳排放的影响，发现多中心空间结构有助于降低城市平均的二氧化碳浓度，尤其是降低城市主中心的二氧化碳浓度（Sun et al.，2020）。也有研究发现，中国城市的多中心空间发展有助于提高城市的碳排放效率（Sha et al.，2020）。

在城市空间结构的交通绩效方面，人们对多中心空间结构是否可以有效降低通勤流量、时间和距离还存在争议。但普遍认为，优化城市空间结构是解决城市交通拥堵问题的重要手段。Sun 等对 164 个中国城市的研究发现，在控制了城市经济、人口和基础设施水平后，城市的通勤时间与城市规模和职住失衡程度正相关，但与城市密度和多中心性负相关，因此紧凑和混合利用的土地开发模式以及多中心的空间结构有利于缓解城市的通勤负担（Sun et al.，2016）。Li 等对 98 个中国城市的研究也发现，城市的交通拥堵程度与城市空间的紧凑程度正相关，与城市多中心性负相关。但当城市人口次中心数量超过 4 个时，提高城市的多中心性也会加剧城市的交通拥堵。此外，多中心性对城市交通拥堵的缓解作用，随着城市人口规模的增加而降低，甚至对于市区人口规模较大的城市，多中心空间发展也可能加剧城市的交通拥堵（Li et al.，2019）。

尽管很多研究已从不同方面关注了中国城市空间结构的绩效问题，但这些研究大多从城市空间紧凑、分散程度和多中心性的角度分析城市形态对城市发展的影响，而尚未有研究基于城市空间结构类型划分，对不同类型空间结构对城市经济、环境质量和交通拥堵的差异化影响及结构效应进行实证分析。本节将基于上述对中国城市空间结构类型的讨论，进一步分析不同类型的城市空间结构在城市经济、环境质量和交通拥堵影响上的综合效应。本书第九章也将对城市空间结构影响城市环境质量的机制进行更详细的讨论。

二、实证模型与数据

为检验不同类型空间结构对城市经济增长、环境质量和交通拥堵的影响，建立以下实证计量模型：

$$Y = \beta_0 + \beta_1 \times type + \beta_2 \times (type \times pop) + \beta_3 \times Z + \varepsilon \tag{4-1}$$

其中，Y 是因变量，包括城市经济增长、环境质量和交通拥堵，*type* 是核心解释变量，*pop* 是城市人口规模，Z 是一系列控制变量，β_0、β_1、β_2、β_3 是待估计的回归系数，ε 是随机扰动项。城市经济增长用各地级及以上城市 2008～2012 年人均 GDP 年均增速来度量，相关数据来自相应年份的《中国城市统计年鉴》。城市环境质量用 2008～2012 年各地级及以上城市年均 PM2.5 浓度反映的空气质量来衡量，PM2.5 浓度数据来自圣路易斯华盛顿大学大气成分分析小组（Atmospheric Composition Analysis Group）提供的全球年度地表 PM2.5 浓度估算数据（van Donkelaar et al.，2021），并按各地级及以上城市行政区范围计算区域平均值。城市交通拥堵数据是 2017 年高德地图发布的《中国主要城市交通分析报告》中提供的主要城市全天拥堵延时指数。

核心解释变量 *type* 是根据前文分析划定的各城市空间结构类型设定的虚拟变量，以分散无中心结构作为基准类型，*type*2、*type*3、*type*4、*type*5 和 *type*6 分别是代表分散单中心、单中心、集聚多中心、多中心和分散多中心结构的虚拟变量。为了反映各种类型空间结构在不同规模等级城市间的差异化影响，模型中还加入了各个结构类型虚拟变量和城市人口规模的交互项。此外，为了直接检验多中心性对城市经济增长、环境质量和交通拥堵的影响，模型的另一种形式是直接使用各地级及以上城市多中心指数及其与城市人口规模的交互项作为核心解释变量。同时，模型中还加入了一系列控制变量，以控制空间结构以外其他影响城市经济增长、环境质量和交通拥堵的因素。包括 2008 年地级及以上城市 GDP 的对数值、城市人口密度及其二次项、城市人口规模、以城镇人口占总人口的比例反映的城镇化率、城市路网密度以及城市第二产业增加值占 GDP 的比例。

考虑到截面数据回归可能面临的遗漏变量偏误问题，本研究应用空间计量模型，通过在模型中加入因变量的空间滞后变量来代理一些可能的遗漏变量。LeSage 和 Pace（2009）指出，因变量的空间滞后变量反映了空间邻近地区 Y 的平均水平，对本地区的因变量有很强的解释能力，因此在截面数据回归中加入因变量的空间滞后变量可以一定程度地缓解遗漏变量偏误。同时，考虑截面数据回归的随机扰动项可能存在空间自相关，因此在模型中加入随机扰动项的空间滞后变量，来解决模型存在的空间自相关问题。因此，本研究使用了两种空间回归模型形式，分别是空间自回归（SAR）模型和广义空间自回归（SAC）模型。模型中的空间权重矩阵使用了行标准化的边界相邻二值矩阵。

三、对中国城市空间结构绩效的实证检验

首先，检验不同类型空间结构对城市经济增长的影响，表 4-5 列出了相关的回归结果。由结果可见，在三种模型形式下，具有多中心的空间结构类型（包括集聚多中心、多中心和分散多中心）的虚拟变量的回归系数稳健显著为正，而具有单中心空间结构类型（包括分散单中心和单中心）的虚拟变量的回归系数，在最小二乘（OLS）和 SAR 模型中均不显著，只有在 SAC 模型中显著为正，且其显著性水平也低于具有多中心的空间结构类型的虚拟变量的回归系数。在 3 个具有多中心的空间结构类型中，回归系数最高的是多中心空间结构，其次是分散多中心空间结构，最低的是集聚多中心空间结构。这说明，在具有不同类型空间结构的城市中，有多中心空间结构的城市呈现较高的经济增长速度。在三种多中心

的空间结构类型中，具有多中心结构的城市要比具有分散多中心和集聚多中心结构的城市表现出更高的经济增长速度。因此，多中心空间结构的确是一种更具有经济效率的城市空间组织形式，且过于集聚或过于分散的多中心空间结构都不利于城市经济效率的提升。形成具有较高集聚水平且中心之间相对均衡的多中心空间结构，最有利于获取分散化集聚经济效益，从而促进城市的经济增长。在结果中，具有单中心（包括分散单中心和单中心）空间结构的城市经济增速并不显著区别于分散无中心城市。对于不同类型空间结构的虚拟变量和城市人口规模的交叉项，只有集聚多中心和城市人口规模交叉项的回归系数在三种模型形式下都稳健显著为正。这说明，在大城市中集聚多中心空间结构比在小城市中更具经济效率，即对于较大规模的城市，在多中心结构中保持城市主中心的集聚规模会有利于城市经济效率的提升。

直接使用城市多中心指数作为核心解释变量，我们同样发现，在三种模型形式下，多中心指数的回归系数稳健显著为正，也说明城市的多中心空间发展有助于促进城市经济增长。多中心指数与城市人口规模的交互项的回归系数在三种模型形式下都不显著，我们并未发现多中心空间发展在不同规模等级城市间对城市经济增长有差异化的影响。从模型控制变量来看，城市初期的经济规模（*lngdp*）的回归系数在三种模型形式下稳健显著为负，说明经济规模越大的城市，经济增长相对越慢，这符合区域经济增长收敛性的假说。城市人口密度和城市经济增速之间呈 U 形关系，这说明城市集聚水平的提高总体上有助于城市经济的增长，但需要达到一定的城市人口密度或集聚水平。在 SAR 模型中，因变量的空间滞后变量的回归系数显著为正，说明城市间的经济增长存在正向空间依赖，加入因变量的空间滞后变量有助于增强模型的解释能力。在 SAC 模型中，进一步控制了随机扰动项的空间滞后变量后，因变量的空间滞后变量的回归系数不再显著，而随机扰动项的空间滞后变量系数显著为正，也说明有必要使用空间计量模型控制截面数据中的空间自相关。

表 4-5　不同类型空间结构对城市经济增长影响的回归结果

变量	OLS		SAR		SAC	
	模型 1	模型 2	模型 3	模型 4	模型 5	模型 6
常数项	2.36*** （0.23）	2.02*** （0.20）	1.94*** （0.23）	1.66*** （0.19）	2.11*** （0.24）	1.75*** （0.20）

续表

变量	OLS		SAR		SAC	
	模型 1	模型 2	模型 3	模型 4	模型 5	模型 6
lngdp	−0.13*** （0.02）	−0.09*** （0.01）	−0.11*** （0.01）	−0.08*** （0.01）	−0.11*** （0.02）	−0.08*** （0.01）
density	−0.19*** （0.04）	−0.18*** （0.04）	−0.18*** （0.04）	−0.16*** （0.04）	−0.20*** （0.04）	−0.19*** （0.04）
$density^2$	0.03*** （0.01）	0.03*** （0.01）	0.03*** （0.01）	0.03*** （0.01）	0.03*** （0.01）	0.03*** （0.01）
*type*2	0.16 （0.09）		0.15 （0.08）		0.15** （0.08）	
*type*3	0.12 （0.08）		0.13 （0.08）		0.17** （0.07）	
*type*4	0.16*** （0.06）		0.13** （0.05）		0.15*** （0.05）	
*type*5	0.29*** （0.06）		0.25*** （0.05）		0.29*** （0.05）	
*type*6	0.19*** （0.06）		0.15*** （0.05）		0.16*** （0.05）	
*type*2×*pop*	0.02 （0.03）		0.02 （0.03）		0.02 （0.03）	
*type*3×*pop*	0.02 （0.04）		−0.01 （0.03）		−0.01 （0.03）	
*type*4×*pop*	0.03*** （0.01）		0.02*** （0.01）		0.02*** （0.01）	
*type*5×*pop*	0.01** （0.00）		0.01 （0.00）		0.01 （0.00）	
*type*6×*pop*	0.02 （0.01）		0.01 （0.01）		0.02** （0.01）	
poly		0.03*** （0.01）		0.02*** （0.01）		0.03*** （0.01）
poly×*pop*		−0.00 （0.00）		−0.00 （0.00）		−0.00 （0.00）
WY			0.25*** （0.05）	0.29*** （0.05）	0.07 （0.07）	0.12 （0.07）
$W\varepsilon$					0.40*** （0.09）	0.36*** （0.09）
R^2	0.43	0.37	0.49	0.45	0.52	0.48
AIC			−351.66	−349.77	−362.63	−356.93
F 统计量	14.85***	33.49***				

注：括弧中为估计值的标准误；*lngdp* 表示城市 GDP 的对数值，*density* 表示城市人口密度，*type*2、*type*3、*type*4、*type*5 和 *type*6 分别是代表分散单中心、单中心、集聚多中心、多中心和分散多中心结构的虚拟变量，*pop* 表示城市人口规模，*poly* 表示多中心指数，*WY* 表示因变量的空间滞后变量，$W\varepsilon$ 表示随机扰动项的空间滞后变量。

** $p<0.05$；*** $p<0.01$。

其次，检验不同类型空间结构对城市环境质量的影响，表 4-6 列出了相关的回归结果。从结果来看，不同类型空间结构对城市环境质量的影响在各种模型形式下并不稳健，也不十分显著。但在结果中也可以看到，单中心空间结构虚拟变量的回归系数在 SAC 模型中显著为负，集聚多中心空间结构虚拟变量的回归系数在 SAR 模型中显著为负，而在 OLS 模型中，多中心空间结构虚拟变量的回归系数显著为正。这些结果初步表明，紧凑的城市形态，比如单中心和集聚多中心的空间结构可能伴随较低的城市 PM2.5 浓度水平，会更有利于城市空气质量的提高，而多中心空间发展似乎并不有利于改善空气质量。从不同类型空间结构虚拟变量和城市规模的交互项的回归系数来看，只有分散单中心空间结构与城市人口规模交互项的回归系数在 SAR 和 SAC 模型中显著为负。这说明，在大城市中分散单中心的空间结构比在小城市中更有利于降低城市的 PM2.5 浓度水平。直接使用多中心指数作为核心解释变量的结果也发现，多中心指数的回归系数在 SAR 和 SAC 模型中并不显著，在 OLS 模型中显著为正。因此，也未找到多中心空间发展有利于改善城市空气质量的经验证据。但从多中心指数和城市人口规模交互项的回归系数来看，在 SAC 模型中，该系数显著为负。这可能说明，在大城市中多中心空间发展可能比在小城市中更有利于促进城市空气质量的改善。

总体而言，本节对不同类型空间结构和城市环境质量关系的检验并没有发现明确的结论。但总体上，似乎紧凑的城市形态更有利于城市环境质量的提升，而在大城市中，分散或多中心的空间发展可能会有利于城市环境质量的改善。但由于相关结果在各种模型形式下不够稳健，因此对城市空间结构的环境影响仍有待更多的实证检验，本书第九章将对此进行进一步的讨论。从控制变量来看，城市密度的增加会显著提高城市的 PM2.5 浓度水平，而人口规模的回归系数则基本都不显著，这说明城市空气质量主要和城市活动的集聚水平有关，而不是简单和城市规模相关。此外，城市道路密度是唯一回归系数稳健显著为正的控制变量，道路密度越高意味着交通量越大，是导致城市 PM2.5 浓度上升的主要原因。城镇化率和城市经济中第二产业的比例在 OLS 模型中分别和 PM2.5 浓度呈现显著负相关和正相关，说明城镇化水平提高有利于降低城市的 PM2.5 浓度水平，而城市经济中第二产业活动的增加则会提高城市 PM2.5 的浓度水平，但相关结果在控制了因变量和随机扰动项的空间滞后变量后就不再显著了。在 SAR 和 SAC 模型中，因变量空间滞后变量和随机扰动项的空间滞后变量系数都显著为正，这说明城市间的空气质量高度相关且相互依赖，加入周边城市的PM2.5浓度可以有效解释本地区的PM2.5浓度水平。

表4-6 不同类型空间结构对城市PM2.5影响的回归结果

变量	OLS		SAR		SAC	
	模型1	模型2	模型3	模型4	模型5	模型6
常数项	36.14*** （5.21）	17.99*** （4.11）	9.05*** （2.26）	−0.57 （2.22）	21.12*** （2.33）	13.07*** （2.50）
density	7.24*** （2.44）	−1.43 （2.30）	3.30*** （1.01）	−0.89 （1.19）	4.16*** （1.04）	1.29 （1.10）
pop	−1.14 （2.40）	0.33 （0.52）	−0.04 （0.97）	0.18 （0.27）	0.82 （0.83）	0.49** （0.20）
urbanization		−0.19*** （0.06）		0.05 （0.03）		0.01 （0.03）
road		23.58*** （2.28）		7.97*** （1.28）		8.47*** （1.14）
S2		0.22*** （0.07）		0.01 （0.04）		0.06 （0.03）
type2	9.14 （10.01）		4.15 （4.07）		3.99 （3.23）	
type3	−18.67 （9.75）		−7.75 （3.96）		−6.56** （3.08）	
type4	−1.35 （6.56）		−6.73** （2.68）		−2.56 （2.26）	
type5	15.98** （6.39）		0.03 （2.64）		4.19 （2.26）	
type6	6.47 （6.55）		−3.57 （2.69）		0.48 （2.25）	
type2×pop	−4.82 （4.50）		−4.19** （1.83）		−3.11** （1.46）	
type3×pop	8.81 （4.78）		1.33 （1.95）		1.65 （1.58）	
type4×pop	1.94 （2.51）		0.92 （1.02）		−0.02 （0.86）	
type5×pop	1.01 （2.41）		−0.07 （0.98）		−1.02 （0.83）	
type6×pop	0.42 （2.47）		−0.09 （1.01）		−0.68 （0.81）	
poly		1.48** （0.72）		0.35 （0.38）		0.52 （0.30）
poly×pop		−0.06 （0.05）		−0.03 （0.03）		−0.06*** （0.02）

续表

变量	OLS		SAR		SAC	
	模型 1	模型 2	模型 3	模型 4	模型 5	模型 6
WY			0.84*** （0.02）	0.77*** （0.03）	0.48*** （0.06）	0.41*** （0.05）
Wε					0.84*** （0.04）	0.85*** （0.04）
R^2	0.23	0.52	0.87	0.87	0.91	0.92
AIC			1964.12	1936.72	1880.01	1827.32
F 统计量	6.96***	42.76***				

注：括弧中为估计值的标准误。*density* 表示城市人口密度，*pop* 表示城市人口规模，*urbanization* 表示以城镇人口占总人口的比例反映的城镇化率，*road* 表示城市路网密度，*S*2 表示城市第二产业增加值占 GDP 的比例，*type*2、*type*3、*type*4、*type*5 和 *type*6 分别是代表分散单中心、单中心、集聚多中心、多中心和分散多中心结构的虚拟变量，*poly* 表示多中心指数，*WY* 表示因变量的空间滞后变量，*Wε* 表示随机扰动项的空间滞后变量。

** p<0.05；*** p<0.01。

最后，检验不同类型空间结构对城市交通拥堵的影响，表 4-7 列出了相关的回归结果。由结果可见，在各种类型的空间结构中，只有分散多中心空间结构虚拟变量的回归系数在三种模型形式下稳健显著为负。这说明分散化的多中心空间发展可能有助于缓解城市的交通拥堵。现有研究普遍发现，多中心空间结构对城市交通拥堵的影响并不确定，而本研究的结果说明，在多中心空间结构中可能只有分散化的多中心空间结构才有利于缓解城市的交通拥堵。从不同类型空间结构虚拟变量和城市人口规模交互项的回归系数来看，多中心和分散多中心空间结构虚拟变量与城市人口规模交互项的回归系数在三种模型形式下都稳健显著为正。这意味着，对于大城市来说，多中心空间发展可能不利于缓解城市交通拥堵，且分散多中心空间结构对交通拥堵的缓解作用在大城市中也会变弱。这说明，对于大城市而言，仅仅依赖多中心或分散化多中心空间发展来缓解城市交通拥堵的效果是有限的。直接使用多中心指数作为核心解释变量的结果发现，城市多中心性的提高似乎有助于缓解城市的交通拥堵，但结合前面对不同类型空间结构效应的分析，应该是分散化的多中心空间结构更有效。

从模型控制变量来看，城市人口规模越大，交通拥堵程度越高，而提高城市人口密度和道路密度有助于缓解城市的交通拥堵。因此，城市交通拥堵水平和城市人口规模显著正相关，但和城市人口密度的关系则需要结合空间结构特征来考虑，在控制了城市空间结构特征后，城市人口密度增加有助于缓解城市的交通拥堵，且增加道路供给显然也有助于缓解城市交通拥堵。在 SAR 和 SAC 模型中，因变量的空间滞后变量的系数显著为负，这显示了周边城市的交通拥堵状况一般和本地区交通拥堵状况之间存在负向空间依赖。但随机扰动项的空间滞后变量系数仍显著为正，说明截面数据回归中仍存在显著的正向空间自相关。

表 4-7 不同类型空间结构对城市交通拥堵影响的回归结果

变量	OLS		SAR		SAC	
	模型 1	模型 2	模型 3	模型 4	模型 5	模型 6
常数项	1.56*** （0.06）	1.52*** （0.05）	1.57*** （0.06）	1.58*** （0.06）	1.58*** （0.05）	1.53*** （0.05）
density	−0.04** （0.02）	−0.03 （0.02）	−0.03** （0.01）	−0.02 （0.02）	−0.02 （0.01）	−0.02 （0.02）
urbanization		0.00 （0.00）		−0.00 （0.00）		0.00 （0.00）
road		−0.05** （0.02）		−0.05** （0.02）		−0.03 （0.02）
pop		0.02*** （0.00）		0.02*** （0.00）		0.02*** （0.00）
*type*2	−0.15 （4.19）		1.42 （3.93）		0.61 （3.70）	
*type*3	−0.12 （0.10）		−0.09 （0.09）		−0.10 （0.09）	
*type*4	−0.05 （0.07）		−0.04 （0.07）		−0.04 （0.06）	
*type*5	−0.14** （0.07）		−0.11 （0.06）		−0.09 （0.06）	
*type*6	−0.21*** （0.07）		−0.18*** （0.07）		−0.17*** （0.06）	
*type*2×*pop*	0.11 （2.07）		−0.67 （1.94）		−0.28 （1.83）	
*type*4×*pop*	0.01 （0.01）		0.01 （0.01）		0.01 （0.01）	
*type*5×*pop*	0.01*** （0.00）		0.01*** （0.00）		0.01*** （0.00）	
*type*6×*pop*	0.03*** （0.01）		0.03*** （0.01）		0.03*** （0.01）	
poly		−0.02*** （0.01）		−0.02*** （0.01）		−0.01** （0.01）
poly×*pop*		−0.00 （0.00）		−0.00 （0.00）		−0.00 （0.00）

续表

变量	OLS		SAR		SAC	
	模型 1	模型 2	模型 3	模型 4	模型 5	模型 6
WY			−0.03** （0.01）	−0.03** （0.01）	−0.04** （0.01）	−0.04** （0.02）
Wε					0.33*** （0.10）	0.30*** （0.10）
R^2	0.38	0.30	0.40	0.34	0.47	0.40
AIC			−211.60	−211.58	−217.01	−215.87
F 统计量	4.72***	6.49***				

注：括弧中为估计值的标准误。*density* 表示城市人口密度，*urbanization* 表示以城镇人口占总人口的比例反映的城镇化率，*road* 表示城市路网密度，*pop* 表示城市人口规模，*type*2、*type*3、*type*4、*type*5 和 *type*6 分别是代表分散单中心、单中心、集聚多中心、多中心和分散多中心结构的虚拟变量，*poly* 表示多中心指数，*WY* 表示因变量的空间滞后变量，*Wε* 表示随机扰动项的空间滞后变量。

** $p<0.05$；*** $p<0.01$。

总体而言，本节的实证分析结果有助于评判多中心城市空间发展的综合绩效。首先，多中心空间结构是更具经济效率的城市空间组织形式，但过于集聚或过于分散的多中心空间结构都不利于城市经济效率的提升。其次，多中心空间发展似乎并不有利于改善城市环境质量，紧凑的城市形态会更有利于城市环境质量的提高，但在大城市中，分散或多中心的空间发展可能会有利于城市环境质量的改善。最后，分散化的多中心空间发展可能有利于缓解城市的交通拥堵，但对于大城市而言，仅仅依赖多中心或分散化多中心空间发展来缓解城市交通拥堵的效果可能是有限的。

本章参考文献

李国平, 孙铁山. 2013. 网络化大都市: 城市空间发展新模式. 城市发展研究, 20(5): 83-89.

Arribas-Bel D, Sanz-Gracia F. 2014. The validity of the monocentric city model in a polycentric age: US metropolitan areas in 1990, 2000 and 2010. Urban Geography, 35(7): 980-997.

Gordon P, Richardson H W. 1996. Beyond polycentricity: the dispersed metropolis, Los Angeles, 1970-1990. Journal of the American Planning Association, 62(3): 289-295.

Hajrasouliha A H, Hamidi S. 2017. The typology of the American metropolis: monocentricity, polycentricity, or generalized dispersion? Urban Geography, 38(3): 420-444.

Han S S, Sun B D, Zhang T L. 2020. Mono- and polycentric urban spatial structure and $PM_{2.5}$ concentrations: regarding the dependence on population density. Habitat International, 104: 102257.

Lang R E, LeFurgy J. 2003. Edgeless cities: examining the noncentered metropolis. Housing Policy Debate, 14(3): 427-460.

Lee B, Gordon P. 2007. Urban Spatial Structure and Economic Growth in US Metropolitan Areas. https://lusk.usc.edu/research/working-papers/urban-spatial-structure-and-economic-growth-us-metropolitan- areas[2023-05-20].

LeSage J, Pace R K. 2009. Introduction to Spatial Econometrics. Boca Raton: Chapman and Hall/CRC.

Li Y C, Liu X J. 2018. How did urban polycentricity and dispersion affect economic productivity? A case study of 306 Chinese cities. Landscape and Urban Planning, 173: 51-59.

Li Y C, Xiong W T, Wang X P. 2019. Does polycentric and compact development alleviate urban traffic congestion? A case study of 98 Chinese cities. Cities, 88: 100-111.

Li Y C, Zhu K, Wang S J. 2020. Polycentric and dispersed population distribution increases $PM_{2.5}$ concentrations: evidence from 286 Chinese cities, 2001-2016. Journal of Cleaner Production, 248: 119202.

Meijers E J, Burger M J. 2010. Spatial structure and productivity in US metropolitan areas. Environment and Planning A: Economy and Space, 42(6): 1383-1402.

Sha W, Chen Y, Wu J S, et al. 2020. Will polycentric cities cause more CO_2 emissions? A case study of 232 Chinese cities. Journal of Environmental Sciences, 96: 33-43.

Sun B D, Han S S, Li W. 2020. Effects of the polycentric spatial structures of Chinese city regions on CO_2 concentrations. Transportation Research Part D: Transport and Environment, 82: 102333.

Sun B D, He Z, Zhang T L, et al. 2016. Urban spatial structure and commute duration: an empirical study of China. International Journal of Sustainable Transportation, 10(7): 638-644.

van Donkelaar A, Hammer M S, Bindle L, et al. 2021. Monthly global estimates of fine particulate matter and their uncertainty. Environmental Science & Technology, 55(22): 15287-15300.

Wang M S, Derudder B, Liu X J. 2019. Polycentric urban development and economic productivity in China: a multiscalar analysis. Environment and Planning A: Economy and Space, 51(8): 1622-1643.

第五章　中国城市空间结构演变

在技术、制度和生产组织变革的影响下，城市空间结构不断发展演化。虽然分散化和多中心化已成为当前城市空间发展的普遍趋势，但对于未来城市空间发展的主导性趋势到底是分散化还是多中心化还存在争论。一种可能是城市经济的空间组织仍受到集聚经济的影响，城市空间发展将趋于多中心化，另一种可能是在技术进步、生产组织变革的影响下，城市经济的空间组织不再受集聚经济的影响，城市空间发展将趋于一般性分散。回答关于城市空间发展的主导性趋势到底是什么，需要对城市空间结构的长期演化进行分析。本章以北京为例，基于时序数据讨论 2000 年以后中国城市空间结构的演变趋势和特征。

第一节　郊区化中的就业分散化与再集聚

产业的郊区化是城市经济空间重构的重要驱动力，产业活动由城市中心区向郊区扩散并在城市内重新分布，这使城市经济的空间组织和结构发生转变。但是产业郊区化会带来城市内产业活动的一般性分散，还是产业活动会在郊区再度集聚，仍值得讨论（孙铁山，2015）。一种观点认为，产业活动为了获取集聚经济效益，在郊区化后仍倾向于在特定地区集中，形成新的集聚中心（Lee，2007）。另一种观点则认为，随着交通、信息技术的发展和生产组织的变革，空间邻近性变得没有那么重要，产业活动可以在更大空间范围内，通过垂直分离、分工协作，仍然获取集聚经济效益，因此布局必将变得更加分散（Gordon & Richardson，1996）。本节主要通过分析 2000 年以来北京都市区就业分散化特征及其再集聚的趋势来讨论这一问题。

一、郊区化中的就业分散化：趋势和行业差异

郊区化中的就业分散化体现了产业活动的分布由城市中心区向外围地区的扩散，可以通过就业在城市中各圈层分布的变动情况来加以考察。本章以北京为例，北京是国内最早出现郊区化的城市之一，其空间发展特征和趋势具有代表性。本章的分析基于北京都市区范围，由北京中心城区（城六区）及其相邻郊区各区组成，共包括北京的 12 个城区。北京都市区可以依据距城市中心距离的远近划分为 3 个圈层，即由东城区和西城区组成的城市核心区作为第一圈层，由朝阳区、海淀区、丰台区和石景山区组成的城市中心区作为第二圈层，以及由昌平区、顺义区、通州区、大兴区、房山区和门头沟区组成的城市郊区作为第三圈层。

为了反映北京都市区就业分散化的趋势，本研究根据《北京第二次基本单位普查公报》以及历次《北京经济普查年鉴》整理了 2001 年、2004 年、2008 年和 2013 年北京各区从业人员数量，并按上述 3 个圈层分别计算了就业在各圈层的分布情况。图 5-1 显示了 2001～2013 年北京各圈层就业占都市区的比例及其变化。由图可见，13 年间北京就业分散化的趋势较明显。首先，第一圈层核心区就业占都市区总就业的比例持续下降，从 2001 年的 25.0%下降到 2013 年的 19.2%，虽然核心区尚未出现就业数量的绝对减少，但其占都市区比例的下降已说明产业活动正逐步向核心区以外地区转移和布局。其次，第二圈层中心区的就业占都市区总就业的比例超过 50%，在 2008 年之前先降后升，在 2008～2013 年则保持稳定，总体上占比有所增加，说明这一圈层是北京产业活动的主要承载区，但产业集聚的趋势正在趋于稳定。最后，第三圈层郊区的就业占比则一直缓慢增加，尤其是 2008～2013 年，在第二圈层中心区产业集聚趋于稳定的情形下，郊区就业占比有较大幅度增加，说明产业活动有向郊区进一步转移和扩散的布局趋势。

在郊区化的不同阶段，各行业的就业分散化过程存在差异，不同行业的就业在不同阶段先后向郊区扩散，顺序一般依次为制造业、商业和零售业、办公业和高技术产业等（Coffey & Shearmur，2001）。在 20 世纪 90 年代后，北美城市出现的新郊区化则表现为一些更高等级的城市职能和产业活动向郊区转移，比如生产性服务业等（Stanback，1991）。为了反映北京都市区就业分散化的行业差异，本研究根据《北京经济普查年鉴》整理了 2004 年和 2013 年北京各区分行业门类的从业人员数量，并按 3 个圈层分别计算了分行业就业的圈层分布情况。为了更好

地比较各行业就业的圈层分布特征，本研究以3个圈层就业占都市区总就业的比例为基准，计算各行业就业在3个圈层的区位商，即每个行业就业在各圈层的分布比例除以总就业在各圈层的分布比例。区位商反映了各行业就业相比于总就业在各圈层分布的相对集中程度，结果如表5-1所示。

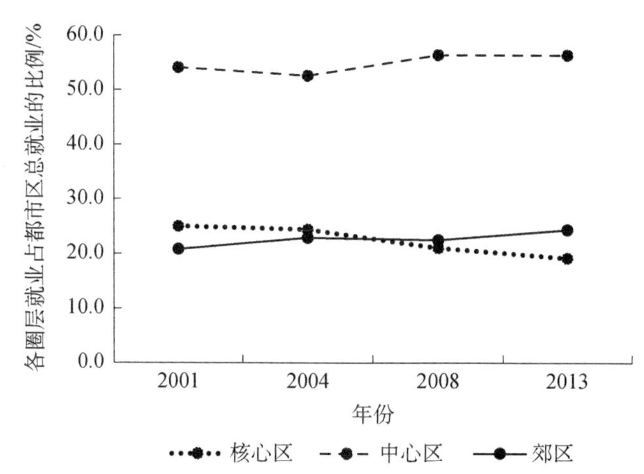

图5-1　2001～2013年北京都市区各圈层就业占都市区总就业的比例及变化

表5-1　北京都市区分行业就业圈层分布特征及变化趋势

行业	2013年各圈层就业区位商			2004～2013年各圈层就业份额变动/个百分点		
	核心区	中心区	郊区	核心区	中心区	郊区
制造业	0.1	0.5	2.8	−2.1	−14.8	16.8
电力、热力、燃气及水生产和供应业	3.0	0.4	0.7	−4.9	−0.3	5.2
建筑业	0.6	0.9	1.5	−3.6	−2.9	6.5
交通运输、仓储和邮政业	0.8	1.0	1.3	−22.7	7.1	15.6
信息传输、软件和信息技术服务业	0.5	1.5	0.3	−8.8	7.2	1.6
批发和零售业	1.0	1.1	0.8	−6.5	−1.0	7.5
住宿和餐饮业	1.6	0.9	0.7	−2.8	−1.8	4.6
金融业	3.3	0.6	0.2	−7.4	5.2	2.2
房地产业	1.3	1.0	0.8	−2.9	0.5	2.4
租赁和商务服务业	1.0	1.1	0.6	−20.2	13.7	6.5
科学研究和技术服务业	0.8	1.3	0.5	−5.3	−0.7	6.0
水利、环境和公共设施管理业	0.8	1.0	1.1	−7.2	0.2	7.0
居民服务、修理和其他服务业	0.9	1.1	0.9	−5.3	−3.8	9.1

续表

行业	2013 年各圈层就业区位商			2004～2013 年各圈层就业份额变动/个百分点		
	核心区	中心区	郊区	核心区	中心区	郊区
教育	0.7	1.1	0.9	−4.3	6.0	−1.7
卫生和社会工作	1.5	0.9	0.9	−8.9	6.5	2.4
文化、体育和娱乐业	1.6	1.1	0.4	−9.8	7.5	2.3
公共管理、社会保障和社会组织	1.8	0.7	1.2	−1.8	1.2	0.5

分行业来看，不同行业就业的圈层分布特征差异较大，呈现出不同的就业分散化水平。其中，就业分散化程度最高的是制造业，有 67.4%的制造业就业分布在城市郊区即第三圈层，说明绝大部分制造业活动已分散到城市外围地区。制造业在郊区的区位商高达 2.8，因此相比于总体产业的分布，制造业已高度郊区化。此外，类似于制造业，在郊区分布相对更集中的行业还有建筑业，交通运输、仓储和邮政业，以及水利、环境和公共设施管理业。这些行业在郊区的区位商都大于 1 且高于其他 2 个圈层，即就业分布更加郊区化。建筑业和制造业同属于第二产业，是较早开始郊区化的行业之一。服务业中的交通运输、仓储和邮政业，以及水利、环境和公共设施管理业主要随交通、水利、环境等公共基础设施布局而分布，因此也呈现较高程度的郊区化特征。

相比于制造业、建筑业等第二产业，服务业的分布总体上更集中在城市核心区和中心区 2 个圈层，就业分散化水平相对较低，但不同的服务业仍会有一定差异。服务业中的金融业就业高度集中在城市核心区，有 63.9%的就业分布在城市核心区即第一圈层，这和北京金融业总部高度集中在城市核心区有关。类似的还有电力、热力、燃气及水生产和供应业，也有 58.0%的就业分布在核心区。除此之外，从区位商来看，就业分布相对更集中在城市核心区的行业主要有三类：一是住宿和餐饮业，文化、体育和娱乐业等旅游和文娱行业；二是房地产业；三是卫生和社会工作以及公共管理、社会保障和社会组织等公共服务行业。这些行业郊区化程度较低，就业分布相比于总体产业的分布更集中在城市核心区，这也体现出北京核心区主要承载文化娱乐、旅游交往、公共管理等服务功能。

服务业中另一些行业的就业分布则更多集中在城市中心区即第二圈层，主要有和居民消费相关的批发和零售业，居民服务、修理和其他服务业，以及教育，还有绝大多数生产性服务业，包括信息传输、软件和信息技术服务业，租赁和商务服务业，以及科学研究和技术服务业。这体现出北京中心区这一圈层主要承载和人口相关的消费性服务以及和企业相关的生产性服务等服务功能。值得注意的是，除金融业外，生产性服务业高度集中在这一圈层，比如 83.6%的信息传输、软件和信息技术服务业就业，71.0%的科学研究和技术服务业就业，以及 64.4%的租赁和商务服务业就业都分布在北京中心区，体现出近域郊区化的特点。

总体而言，北京都市区分行业就业的圈层分布体现了郊区化的阶段性行业特征，就业分散化程度最低的是金融、文化、公共服务等服务业，近域郊区化的主要是批发和零售业、租赁和商务服务业以及信息、科研、技术服务等生产性服务业，而就业分散化程度最高的是制造业、建筑业等第二产业以及交通、水利、环境等公共设施服务业。

从 2004～2013 年北京各圈层就业份额的变动趋势来看（表 5-1），所有行业的就业在核心区即第一圈层的占比都出现了下降，即所有行业都体现出一定程度的就业分散化趋势。其中，下降幅度最大的是交通运输、仓储和邮政业以及租赁和商务服务业，核心区占比分别下降了 22.7 个百分点和 20.2 个百分点。但不同行业就业分散化的空间范围并不相同，有些行业主要向中心区即第二圈层扩散，而有些行业则进一步向郊区即第三圈层扩散。向第二圈层扩散的主要有两类行业，一是包括金融业、租赁和商务服务业以及信息传输、软件和信息技术服务业的生产性服务业，二是包括教育，卫生和社会工作，文化、体育和娱乐业以及公共管理、社会保障和社会组织的公共服务业。这说明生产性服务业和公共服务业虽然也在郊区化，但就业分散化的空间范围仍相对有限，主要是近域郊区化。向第三圈层扩散的主要是包括制造业、建筑业以及电力、热力、燃气及水生产和供应业的第二产业，以及部分服务业。服务业主要有两类，一是和居民消费相关的批发和零售业、住宿和餐饮业，以及居民服务、修理和其他服务业、房地产业等，二是交通运输、仓储和邮政业，水利、环境和公共设施管理业。此外，科学研究和技术服务业也主要向第三圈层扩散。这说明第二产业以及服务业中和居民消费相关或和公共设施服务相关的行业，以及部分生产性服务业比如科学研究和技术服务业出现了更大空间范围的郊区化。

二、就业分散化与再集聚

为了进一步分析北京都市区就业分散化对就业分布的集聚程度的影响，回答就业分散化是带来产业活动的一般性分散还是伴随有再集聚，本研究根据北京第二次基本单位普查以及第一次、第二次和第三次经济普查资料整理了 2001 年、2004 年、2008 年和 2013 年北京都市区各街道乡镇从业人员数量，从更细的空间粒度分析了北京都市区就业分散化和再集聚的趋势与特征。

首先，将北京都市区范围内 245 个街道乡镇按其到城市中心的距离划分为 5 个圈层，即距城市中心距离小于等于 5 千米、5～10（含）千米、10～20（含）千米、20～40（含）千米和大于 40 千米，然后汇总了各圈层就业占都市区总就业的比例，并分析其在 2001～2013 年的变化趋势，结果如图 5-2 所示。由图 5-2 可见，2004 年以后，距城市中心 5 千米范围内的就业占都市区总就业的比例持续下降，表现出就业分散化趋势。在 2004～2008 年，距城市中心 5～10 千米和 10～20 千米的就业占都市区总就业的比例明显上升，分别从 29.2%上升到 32.0%，和从 26.4%上升到 27.4%。说明在 2004～2008 年的阶段，北京都市区出现了就业分散化，就业主要由距城市中心 5 千米范围内向距城市中心 5～20 千米分散，总体为近域郊区化。但在 2008～2013 年，距城市中心 5 千米以内和 5～10 千米的就业占都市区总就业的比例都开始下降，而在距城市中心 10～20 千米和 20～40 千米的就业占都市区总就业的比例则出现上升，分别从 27.4%上升到 29.5%，和从 17.0%上升到 18.1%。这显示北京都市区就业分散化的空间范围进一步扩大，郊区化进程不断加深。

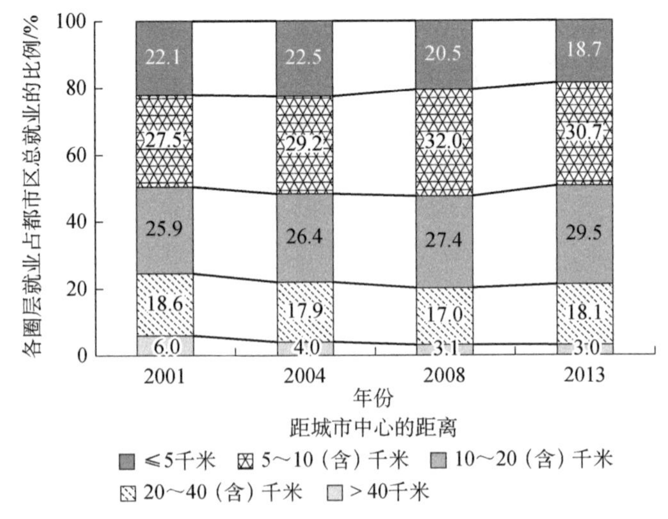

图 5-2 按距城市中心的距离划分的各圈层街道乡镇就业占都市区总就业的比例及变动

为了讨论就业分散化过程中就业分布的再集聚趋势，按所有街道乡镇就业密度的四分位数，将街道乡镇划分为四个类别，第一类别为就业密度高于或等于第一四分位数的所有街道乡镇，即都市区内就业密度最高（集聚水平最高）的前25%的街道乡镇，第二类别为就业密度低于第一四分位数但高于或等于第二四分位数（中位数）的街道乡镇，第三类别为就业密度低于第二四分位数但高于或等于第三四分位数的街道乡镇，第四类别为就业密度低于第三四分位数的街道乡镇。图5-3显示了四种类别街道乡镇的就业占都市区总就业的比例及变化趋势。

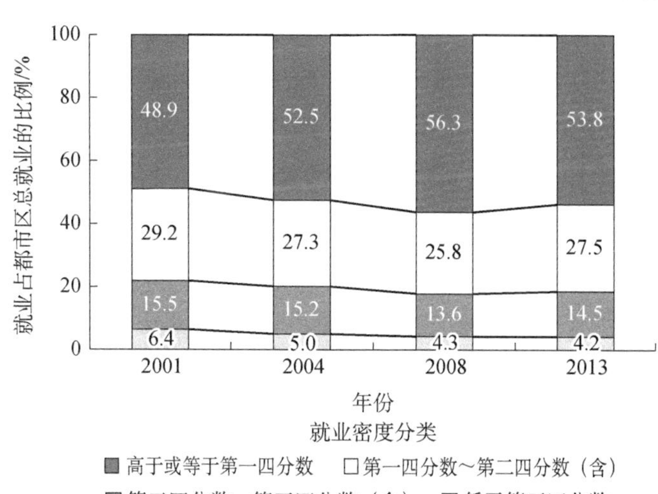

图5-3　按街道乡镇就业密度分位数划分的各类别街道乡镇就业占都市区总就业的比例及变动

由图5-3可知，2001～2008年，就业密度最高的第一类别街道乡镇的就业占都市区总就业的比例不断上升，由48.9%上升到56.3%。说明这一阶段，就业分布在近域郊区化的同时，主要向都市区内高密度的地区集中，从而使就业分布的整体集聚水平提高，即就业分散化伴随着就业分布的再集聚。在2008～2013年，随着就业分散化进程加深，空间范围扩大到距城市中心40千米后，都市区就业分布的集聚水平有所下降，体现为就业密度最高的第一类别街道乡镇的就业占都市区总就业的比例开始下降，从56.3%下降到53.8%，而中高密度和中低密度的第二和第三类别街道乡镇的就业占都市区总就业的比例都有所增加，分别从25.8%上升到27.5%，以及从13.6%上升到14.5%。这说明，在这一阶段，随着就业分散化空间范围的扩大，都市区就业分布更加趋向于向中高和中低密度地区集中，就业分布开始变得更加分散，即就业郊区化的加深推动了就业分布向一般性分散发展。

总体上，2000 年以来北京都市区就业的空间分布变动体现了城市空间结构演化的阶段性趋势，即在以近域郊区化为主的就业分散化阶段，就业分布呈现了再集聚的发展趋势，由此导致城市空间结构向多中心结构演变。随着就业分散化进程加深，北京郊区化空间范围扩大伴随着就业分布进一步分散，空间结构向一般性分散演变。图 5-4（a）绘制了基于 2001 年和 2013 年北京街道乡镇就业占比累积分布曲线，也可以看到在研究期内，累积分布曲线显示北京都市区就业分布变得更加集中，即的确存在就业空间分布的集聚趋势。进一步计算 2001 年、2004 年、2008 年和 2013 年 4 个年份街道乡镇就业分布的区位系数，区位系数主要测度就业在各街道乡镇分布的均衡程度，比较的基准是就业在所有街道乡镇间平均分布。由图 5-4（b）可见，区位系数同样显示出，北京都市区就业分布在 2001～2008 年呈现集聚趋势，但在 2008～2013 年的阶段开始趋于分散。这说明，北京都市区的就业分散化的确伴随有就业再集聚，但集聚趋势随着就业分散化的加深会所有减弱，即多中心化和一般分散化趋势此消彼长，共同推动城市空间结构的演变。从目前趋势来看，就业再集聚和多中心化仍是北京都市区就业空间分布演化的主体趋势，但也体现出进一步向一般性分散发展的可能。

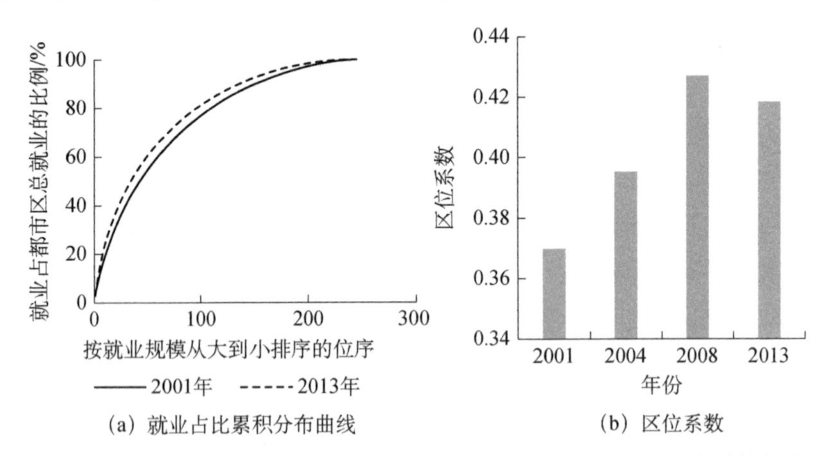

图 5-4 2001～2013 年北京街道乡镇就业占比累积分布曲线和区位系数变动

注：就业占比累积分布曲线是将街道乡镇按其就业规模从大到小排序后绘制的街道乡镇就业占都市区总就业的比例随位序的累积分布曲线；区位系数的计算公式参见本书第一章表 1-1

第二节　城市就业次中心增长与空间动态

就业分散化与再集聚推动城市空间结构由单中心向多中心结构演变。北京都市区的就业分散化伴随着明显的就业分布再集聚的趋势，说明产业活动在郊区化时会形成郊区就业次中心。本节主要基于2001年、2004年、2008年和2013年各街道乡镇就业密度和规模，识别了北京都市区的就业中心，分析了就业次中心的增长和空间发展过程。

一、就业中心的识别及分析方法

就业中心可以被理解为城市就业密度平面的局部突起，即就业密度显著高于周边地区的局部区域。就业中心能够对周边地区的就业密度产生显著影响，从而使密度梯度出现局部变化。本章仍然应用McMillen（2001）提出的局部加权回归方法来识别就业中心。第一步，使用局部加权回归来平滑城市就业密度平面。借鉴McMillen（2001）的方法，本研究使用50%的平滑因子，就业密度平面中显著的局部突起是那些在5%显著性水平下残差大于零的地区，这些区域可以被判定为潜在的就业中心。第二步，进一步考察潜在的就业中心对其周边区域密度分布的影响。本章参考Lee（2007）的方法，以中心的就业规模判定其对周边区域就业分布的影响，即就业中心应是那些局部密度较高且整体就业规模较大从而能够影响整个城市就业分布的区域。第三步，计算第一步中确定的潜在就业中心的就业规模，边界相邻的街道乡镇被合并为一个中心，如果就业中心的就业量占都市区总就业的比例超过0.5%，则被识别为最终的就业中心。在某些情况下，如果相邻的街道乡镇形成的就业中心区域过大且跨越区县行政边界，会将其在区县行政边界处断开。

在确定就业中心之后，本研究进一步分析了2001～2013年就业次中心的增长情况，并探查了就业次中心的空间发展动态。借鉴Kane等（2016）的方法，计算就业中心的稳定性指数。就业中心的稳定性取决于其面积和边界随时间的变化程度，稳定性指数计算如下：

$$ps = \frac{a_t \cap a_{t+1} \cap \cdots \cap a_{t+n}}{a_t \cup a_{t+1} \cup \cdots \cup a_{t+n}} \quad (5\text{-}1)$$

其中，ps 是稳定性指数，a_t、a_{t+1}、…、a_{t+n} 是各年份就业中心的面积，分子是研究期内 4 个年份中就业中心中稳定存在的街道乡镇的面积，分母是 4 个年份中就业中心出现的所有街道乡镇的面积。借助于稳定性分析，可以揭示北京都市区就业次中心的空间发展动态。

二、就业次中心的分布和规模增长

依据上述方法识别北京都市区的就业中心，结果显示：北京都市区在城市核心区存在 2 个就业中心，一个是从东城区延伸到朝阳区，以朝阳区 CBD 为核心的就业中心，另一个是西城区以金融街为核心的就业中心，这 2 个中心可以视作北京都市区的就业主中心。除了就业主中心，在城市中心区和郊区 2 个圈层还存在多个就业次中心。2001 年、2004 年、2008 年和 2013 年就业次中心的数量分别为 14 个、15 个、17 个和 17 个。在城市中心区，海淀区有 2 个稳定存在的就业次中心，分别以中关村和上地为核心；朝阳区也有 2 个稳定存在的就业次中心，分别以安贞和酒仙桥为核心；石景山区有 1 个稳定存在的就业次中心，以首钢地区为核心。丰台区在 2001 年时没有明显的就业次中心，在之后逐步形成了 2 个就业次中心，分别以和义和东铁匠营为核心。在城市郊区，各区的区政府所在地和新城位置都形成了就业次中心，此外在昌平区的沙河地区、房山区的燕化地区、大兴区的亦庄经开区也都形成了就业次中心。总体而言，北京的郊区就业次中心主要位于重点科技园区、开发区以及郊区新城等位置，显示科技园区、开发区和新城新区等大规模郊区开发项目是推动城市多中心化的主要因素。

图 5-5 绘制了这些就业中心的就业规模及其在 2001～2013 年的增长趋势。从规模来看，首先，有 3 个中心的就业规模较为突出，就业量远高于其他就业中心。这 3 个中心中，有 2 个是核心区内的就业主中心，还有 1 个是以海淀区中关村为核心的就业次中心，这 3 个中心已成为北京最主要的 3 个就业中心。尤其是，2008 年以后中关村就业次中心的就业规模已超过金融街主中心，成为与城市主中心相当的就业次中心。其次，在其他的就业次中心中，有几个次中心的就业规模增长

非常迅速，分别是围绕顺义新城和首都机场的顺义—机场次中心、围绕北京经济技术开发区和上地开发区的亦庄经济技术开发区和海淀—上地次中心，以及围绕昌平新城的昌平次中心。

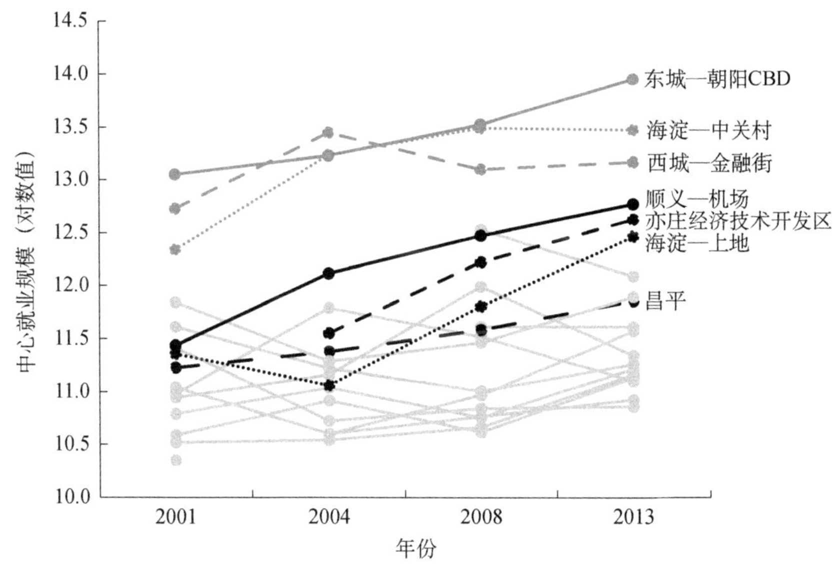

图 5-5　北京就业中心的就业规模及其在 2001～2013 年的变动

Giuliano 和 Small（1991）指出，城市内的就业中心的规模分布类似于区域中的城镇体系，也具有位序规模分布特征。图 5-6 将 2001 年和 2013 年北京都市区的就业中心按其就业规模从大到小排序，并绘制中心就业规模的对数值与规模位序的散点图。由图可见，2001 年时就业中心的规模分布相对极化，首位分布特征明显，以中心就业规模的对数值和规模位序拟合的回归系数的绝对值为 0.180。2013 年时，随着就业次中心的不断发育和增长，就业中心的规模分布逐渐趋于均衡，呈现更加明显的位序规模分布特征，以中心就业规模的对数值和规模位序拟合的回归系数的绝对值下降到 0.165。这说明随着就业分布再集聚和多中心化发展，北京的就业次中心逐渐形成了更加平衡的空间体系。

三、就业次中心的空间发展动态

为了进一步分析北京都市区就业次中心的空间发展动态，表 5-2 列出了所有就业中心到城市中心（天安门）的距离、所在圈层，以及属于稳定存在、新增还

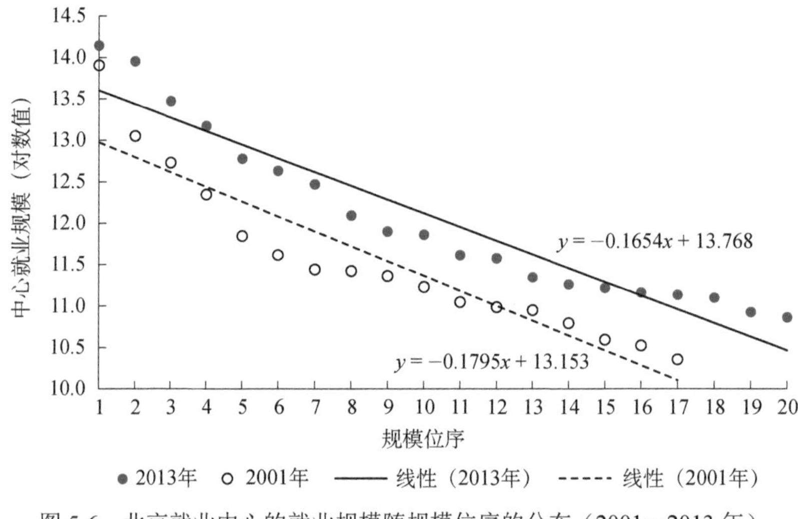

图 5-6 北京就业中心的就业规模随规模位序的分布（2001～2013 年）

是消亡的中心，并显示了 2001～2013 年 4 个年份就业中心的面积变化情况及稳定性指数和 2001～2013 年中心就业密度增长率。从就业中心的位置变动来看，就业中心的位置总体上是相当稳定的。这与 Redfearn（2009）提出的由于集聚经济的重要作用，城市就业中心和空间结构具有长期稳定性的观点是一致的。在研究期内，北京只有 4 个新增的就业次中心和 1 个消亡的就业次中心，大部分就业次中心都是稳定存在的。新增的就业次中心大多位于南郊的丰台区和大兴区，其中最有代表性的是在东南郊围绕亦庄经济技术开发区形成的就业次中心，也是研究期内增长最快的次中心之一。唯一消亡的次中心位于朝阳区，主要是随着城市主中心的扩张，逐步融入了城市主中心。

虽然就业中心的位置相对稳定，但其边界和面积在研究期内有很大的变化，体现出了发展动态性。2001～2013 年，就业中心的总面积从 443.6 平方千米增加到 587.8 平方千米，而其中稳定存在的街道乡镇的面积共有 315.5 平方千米，稳定性指数仅为 0.399。本研究的结果与 Kane 等（2016）对洛杉矶的研究发现一致，即尽管就业中心在位置上具有稳定性，但随着就业中心的增长，这些中心的集聚规模和空间范围仍可能具有复杂的发展动态。由表 5-2 可见，在所有就业中心中，仅有 4 个次中心在研究期内没有经历任何边界变化，其稳定性指数为 1。而且，这 4 个中心主要是距城市中心较远的外围郊区规模较小的就业次中心。值得注意的是，与美国城市不同，北京的就业主中心的边界并不十分稳定，这主要是因为随着郊区化和内城的城市更新，位于城市核心区的就业主中心同样经历了剧烈的就业分布变动。总体而言，位于城市中心区即第二圈层的就业次中心发展波动最大，不仅新增和消亡的就业次中心均发生在这一圈层，而且在这一圈层中，持续存在的就业次中心的边界也发生了较大的变化，稳定性指数相对较低。相对而言，离城市中心越远的就业次中心边界似乎越稳定，但其就业密度增长也相对较慢。就业密度增长较快的次中心大多位于距城市中心 20 千米的范围内，即在北京就业分散化的主要空间范围内，其边界变化也更为剧烈。这意味着，由于新产业活动的进入和经济布局的转变，这一范围的就业次中心表现出更强的集聚增长，但同时也伴随着更多的空间动态。

表 5-2　就业中心的位置、边界变化及稳定性与密度增长

项目	距城市中心的距离/千米	圈层	类型	土地面积/平方千米				稳定性指数	2001～2013 年中心就业密度增长率/%
				2001 年	2004 年	2008 年	2013 年		
主中心	0.9	核心区	稳定	19.3	19.3	25.9	27.3	0.411	74.9
	1.4	核心区	稳定	15.1	28.1	14.6	10.7	0.127	119.8
次中心	5.8	中心区	稳定	4.8	7.6	5.4	2.9	0	86.7
	6.7	中心区	稳定	22.4	38.2	38.3	23.3	0.308	197.0
	7.2	中心区	新增			6.6	6.6	0	−35.7
	7.7	中心区	新增			7.4	7.4	0	−0.2
	8.1	中心区	消亡	3.3				0	
	9.9	中心区	稳定	5.0	5.0	14.7	5.0	0.340	48.7
	11.3	中心区	新增		7.1	7.1	7.1	0	38.2
	14.9	中心区	稳定	27.1	9.8	9.8	9.8	0.363	735.7
	16.8	中心区	稳定	26.3	14.8	20.5	20.7	0	33.8
	18.9	郊区	新增		74.6	74.6	74.6	0	193.9
	20.7	郊区	稳定	28.4	28.4	28.4	28.4	1	90.1
	20.7	郊区	稳定	23.1	12.9	23.1	39.7	0.255	−1.3
	21.8	郊区	稳定	53.7	162.5	116.1	114.6	0.194	78.6
	25.3	郊区	稳定	14.6	7.2	14.6	7.2	0.497	15.0
	25.9	郊区	稳定	55.1	55.1	55.1	55.1	1	72.1
	29.0	郊区	稳定	39.0	39.0	39.0	39.0	1	53.0
	36.6	郊区	稳定	33.3	33.3	33.3	33.3	1	88.1
	40.7	郊区	稳定	73.4	89.7	89.7	75.2	0.656	−31.5
总计				443.6	632.6	624.2	587.8	0.399	74.5

进一步将研究期划分为三个阶段，分别计算三个阶段就业中心中各种稳定性类型的街道乡镇的面积和就业占比情况，结果如表5-3所示。根据表中结果可以发现：第一，在三个阶段中，就业中心中每一阶段内当期稳定存在的街道乡镇的面积有所增加，而当期新增的街道乡镇的面积逐渐减少，从稳定性指数来看，三个阶段的稳定性指数也逐渐上升。这说明随着就业分散化的推进和多中心化发展，城市空间结构正逐步趋于稳定，结合之前的分析结果，说明了北京的就业次中心的空间体系变得更加均衡和稳定。第二、三阶段一直稳定存在的街道乡镇的就业在就业中心总就业的占比达到一半左右，这说明尽管就业中心的空间范围具有复杂的动态调整，但其核心区域具有稳定性且具有很强的集聚力，就业中心中这些一直稳定存在的区域在城市空间结构中发挥重要的作用。此外，在每个阶段当期新增的街道乡镇的就业占比越来越低，也说明就业中心逐步趋于稳定。尤其是2008～2013年，就业中心中当期新增的街道乡镇的就业仅占就业中心总就业的4.9%，这说明随着就业中心趋于稳定，就业中心的就业增长主要来自已有就业中心范围内的就业增长，而不再依赖于就业中心的空间扩张。

表5-3 分阶段就业中心中各种稳定性类型的街道乡镇的面积和就业占比

不同稳定性类型的街道乡镇	2000～2004年		2004～2008年		2008～2013年	
	面积/平方千米	就业占比/%	面积/平方千米	就业占比/%	面积/平方千米	就业占比/%
在三个阶段一直稳定存在	315.5	48.3	315.5	44.8	315.5	54.9
在每个阶段当期稳定存在	76.1	21.3	213.3	27.3	228.0	40.1
在每个阶段当期新增	240.9	30.4	95.3	27.9	44.3	4.9
在每个阶段当期消亡	52.0		103.7		80.5	
稳定性指数	0.572		0.727		0.813	

第三节 城市空间结构演变：多中心化还是一般分散化

就业中心是城市内集聚经济的体现，不仅集聚了城市内大量的产业活动，也对城市内的产业和人口分布产生了重要的影响，决定了城市经济空间结构的特征和发展趋势。本节通过检验就业次中心对城市内就业和人口分布的影响及变化，分析北京城市空间结构的演变趋势。多中心化意味着就业中心在决定城市内就业和人口分布上的作用越来越大；反之，则城市空间结构中就业中心的影响越来越小，城市形态更趋向于向一般分散化发展。

一、北京城市空间结构的变化

为分析北京都市区空间结构的变化，考察城市内就业在主中心、次中心和就业中心以外地区的分布情况及变化趋势，结果如表 5-4 所示。由结果可见，研究期内北京就业次中心的数量有所增加，尤其是在 2001～2008 年的阶段，这一阶段也是北京就业分布再集聚趋势最明显的阶段。显然，次中心数量的增加是就业分散化和再集聚的结果，导致了城市空间结构的多中心性不断增强。表 5-4 显示，尽管北京大部分（超过一半）的就业仍分布在就业中心以外的地区，但集中在就业中心的就业占都市区总就业的比例总体上在不断提高，从 2001 年的 32.4%上升到 2008 年的 48.3%，但在 2013 年略微下降到 42.9%，这和之前的分析发现的 2008 年后北京的就业分布开始呈现一般性分散趋势相一致。从就业中心来看，集中在就业次中心的就业占都市区总就业的比例要高于主中心，这说明就业次中心在北京城市空间结构中已占据重要地位。研究期内，城市主中心的就业占都市区总就业的比例在 13.3%～18.8%，而就业次中心的就业占都市区总就业的比例在 19.2%～32.4%。在 2001～2008 年，北京的多中心化趋势最明显，因为不仅次中心的数量明显增加，而且次中心的就业量增长也很显著。但在 2008～2013 年，就业分布变得更加分散，次中心的就业占比从 32.4%下降到 27.1%，而就业中心以外地区的就业占比从 51.7%提高到 57.1%。

表 5-4　北京就业在主中心、次中心和就业中心以外地区的分布情况及变化趋势

项目		2001 年	2004 年	2008 年	2013 年
就业中心数量/个	总量	16	17	19	19
	主中心	2	2	2	2
	次中心	14	15	17	17
就业中心的就业量/千人	总量	1960	2880	3757	4532
	主中心	803	1247	1236	1673
	次中心	1157	1633	2520	2859
就业中心以外地区的就业量/千人		4081	3751	4016	6024

续表

项目		2001 年	2004 年	2008 年	2013 年
都市区就业总量/千人		6041	6631	7773	10555
中心就业占都市区就业的比例/%	总量	32.4	43.4	48.3	42.9
	主中心	13.3	18.8	15.9	15.9
	次中心	19.2	24.6	32.4	27.1
中心以外地区就业占都市区就业的比例/%		67.6	56.6	51.7	57.1

城市内的不同圈层可能存在不同的空间结构演化趋势。图 5-7 显示了北京核心区、中心区和郊区 3 个圈层，集中在就业中心的就业占各圈层总就业的比例在 4 个年份的变化。相比于核心区，中心区和郊区 2 个圈层都表现出明显的就业多中心化和再集聚的趋势，尤其是在 2001～2008 年，这 2 个圈层集中在就业中心的就业占圈层就业的比例不断上升。2008～2013 年，城市中心区就业在就业中心的集聚水平开始下降，出现了分散化的趋势，同时期核心区和郊区的就业在就业中心的集聚水平则保持稳定。这说明，城市中心区这一圈层是北京就业分布变动最强烈的区域，经历了多中心化集聚而后进一步分散，因此在此范围内的就业中心也表现出更复杂的空间动态，并具有更强烈的不稳定性。

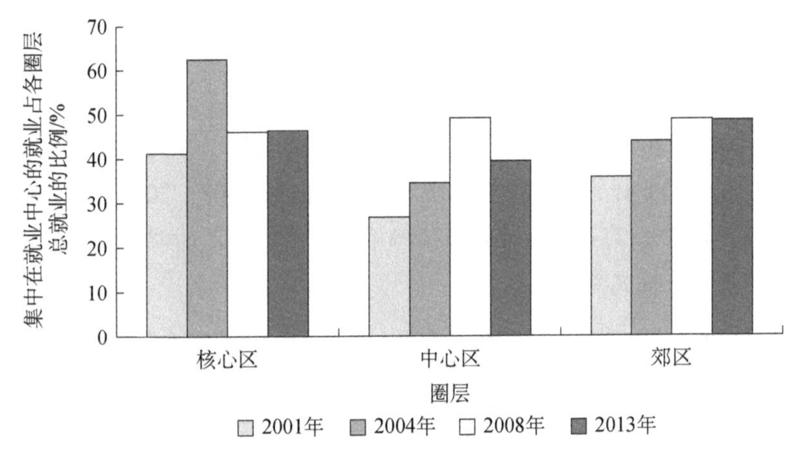

图 5-7 2001～2013 年北京 3 个圈层就业在就业中心的集聚水平变化

二、就业次中心的影响和空间结构演变

为了检验北京就业次中心对城市就业和人口分布的影响，参考 Garcia-López

和 Muñiz（2010）的研究，应用多中心密度函数估计就业次中心对城市就业或人口密度分布的影响，公式为

$$\ln D_i = \beta_0 + \beta_1 d_{\mathrm{mc},i} + \beta_2 d_{\mathrm{sc},i} + \varepsilon_i \tag{5-2}$$

其中，$\ln D_i$ 是街道乡镇 i 的就业密度或人口密度的对数值，$d_{\mathrm{mc},i}$ 是街道乡镇 i 到最近的就业主中心的距离，而 $d_{\mathrm{sc},i}$ 是街道乡镇 i 到最近的就业次中心的距离。β_1 和 β_2 分别是与就业主中心和次中心相关的密度梯度，β_0 是常数项，ε_i 是随机扰动项。密度梯度反映了城市就业中心对就业和人口分布的影响，应为负值，意味着随着远离就业中心，城市就业和人口密度会下降，因为离就业中心越远，所获取的集聚经济收益就越少。密度梯度的估计值为正值或不显著则表明就业中心缺乏对城市就业或人口分布的影响力。从空间结构演化的角度来看，如果就业次中心的密度梯度的绝对值增加，显著性水平提高，则说明城市的多中心空间结构得到加强，而如果就业中心的密度梯度不显著，则说明城市就业或人口分布不再受到就业中心的影响，就业分布呈现一般性分散。

本研究使用的北京街道乡镇的人口数据是依据北京 2000 年和 2010 年第五次全国人口普查和第六次全国人口普查数据推算得出的。具体来说，根据《北京区域统计年鉴》中提供的各区常住人口数据计算北京各区各阶段年均人口增长率，再将 2000 年和 2010 年全国人口普查资料中的街道乡镇常住人口按每个阶段其所在区的人口增长率，推算 2001 年、2004 年、2008 年和 2013 年的分街道乡镇的常住人口。

表 5-5 和表 5-6 列出了 2001 年、2004 年、2008 年和 2013 年 4 个年份针对就业密度和人口密度的就业中心的密度梯度的估计结果。由结果可见，就业主中心和次中心的密度梯度都显著为负，说明就业中心显著影响北京的就业和人口密度分布。而且，人口密度梯度的绝对值都低于就业密度梯度，因为相比于就业分布，人口分布通常较少受到集聚经济的影响，因此其布局相对更加分散。从 2001～2013 年的变化来看，城市主中心的就业和人口密度梯度的绝对值自 2004 年后均开始下降，说明城市主中心在城市就业和人口分布及其空间结构中的作用有所降低；而且，人口密度梯度绝对值的下降幅度更大，说明相比于就业，人口更大程度地远离城市主中心分布，受城市主中心的影响越来越小。另一方面，就业次中心的就业和人口密度梯度的绝对值大幅提高，尤其是在 2004 年以后。这说明，就业次中心对整个城市就业和人口分布的影响越来越大，就业中心以外地区的就业

和人口分布越来越受到这些就业次中心的支配，因此就业次中心在城市空间结构中发挥越来越重要的作用。总体上，北京都市区的空间结构是向着多中心化的方向发展的，不仅就业次中心的数量不断增加，就业次中心的就业占都市区总就业的比例不断提高，而且就业次中心对城市就业和人口分布的影响也在不断提升。

表 5-5　2001～2013 年北京就业中心的就业密度梯度

自变量	因变量：就业密度对数值			
	2001 年	2004 年	2008 年	2013 年
$d_{mc,i}$	−0.0952*** （−17.78）	−0.103*** （−18.42）	−0.102*** （−16.27）	−0.0992*** （−16.00）
$d_{sc,i}$	−0.0605*** （−5.16）	−0.0559*** （−4.37）	−0.0768*** （−5.50）	−0.0835*** （−6.07）
常数项	9.445*** （86.15）	9.559*** （84.90）	9.659*** （88.64）	9.948*** （91.57）
调整后 R^2	0.771	0.779	0.800	0.800

注：括号内为 t 值。

* p<0.05；** p<0.01；*** p<0.001。

表 5-6　2001～2013 年北京就业中心的人口密度梯度

自变量	因变量：人口密度对数值			
	2001 年	2004 年	2008 年	2013 年
$d_{mc,i}$	−0.0844*** （−17.54）	−0.0867*** （−18.88）	−0.0808*** （−16.00）	−0.0767*** （−15.73）
$d_{sc,i}$	−0.0361*** （−3.42）	−0.0416*** （−3.96）	−0.0670*** （−5.95）	−0.0732*** （−6.76）
常数项	9.938*** （100.84）	10.12*** （109.54）	10.22*** （116.26）	10.36*** （121.20）
调整后 R^2	0.743	0.781	0.802	0.805

注：括号内为 t 值。

* p<0.05；** p<0.01；*** p<0.001。

为了检验不同圈层的就业次中心对城市就业和人口分布的差异化影响，需进一步构建 3 个圈层的虚拟变量，以及就业次中心距离变量与虚拟变量间的 3 个交互项。这些交互项的系数可以反映就业次中心在不同圈层对城市就业和人口分布影响的差异。表 5-7 和表 5-8 列出了估计结果。结果显示，城市核心区就业次中心的就业和人口密度梯度全部为正值或不显著，说明在核心区就业和人口的分布主要受城市主中心的影响，因为和城市主中心距离较近，就业次中心的影响并不明显。在城市中心区，研究期内就业次中心对就业和人口的密度梯度的绝对值都大幅提高，说明在这一圈层，就业次中心对城市就业和人口分布的影响越来越大，支配性越来越强。在城市郊区，就业次中心对就业的密度梯度变化不大，但对人口的密度梯度的绝对值大幅增加，这说明在郊区，就业次中心不仅决定了就业分布，还吸引人口不断向就业次中心附近集中，且对人口的吸引效应不断增强。总体而言，在3个圈层中，中心区的就业次中心对就业和人口分布的影响最强，尤其是在2008～2013年的阶段。这也说明中心区作为北京就业分散化的主要空间范围和就业次中心增长和变动最剧烈的区域，这里的就业次中心的发展对经济空间组织发挥着越来越重要的作用。

表5-7　2001～2013年北京分圈层就业次中心的就业密度梯度

自变量	因变量：就业密度对数值			
	2001年	2004年	2008年	2013年
$d_{mc,i}$	−0.0793*** （−10.61）	−0.0888*** （−10.17）	−0.101*** （−11.82）	−0.101*** （−11.96）
$d_{sc,i}$×*inner city*	0.0848** （2.72）	0.0758* （2.09）	0.0426 （0.82）	0.0109 （0.21）
$d_{sc,i}$×*inner suburbs*	−0.0875*** （−4.06）	−0.0783** （−3.26）	−0.140*** （−5.35）	−0.148*** （−5.61）
$d_{sc,i}$×*outer suburbs*	−0.0811*** （−6.30）	−0.0751*** （−5.00）	−0.0766*** （−4.98）	−0.0800*** （−5.29）
常数项	9.155*** （54.75）	9.295*** （48.20）	9.692*** （54.41）	10.04*** （56.50）
调整后 R^2	0.798	0.795	0.814	0.812

注：括号内为*t*值。

* $p<0.05$；** $p<0.01$；*** $p<0.001$。

*inner city*表示城市核心区即第一圈层的虚拟变量，*inner suburbs*表示城市中心区即第二圈层的虚拟变量，*outer suburbs*表示城市郊区即第三圈层的虚拟变量。

表5-8　2001～2013年北京分圈层就业次中心的人口密度梯度

自变量	因变量：人口密度对数值			
	2001年	2004年	2008年	2013年
$d_{mc,i}$	−0.0677*** （−9.92）	−0.0726*** （−10.00）	−0.0752*** （−10.62）	−0.0743*** （−10.92）
$d_{sc,i}$×*inner city*	0.0900** （3.16）	0.0605* （2.00）	0.0257 （0.59）	−0.00252 （−0.06）
$d_{sc,i}$×*inner suburbs*	−0.0402* （−2.04）	−0.0416* （−2.09）	−0.0813*** （−3.74）	−0.0942*** （−4.44）

续表

自变量	因变量：人口密度对数值			
	2001 年	2004 年	2008 年	2013 年
$d_{sc,i}$×*outer suburbs*	−0.0571*** （−4.86）	−0.0600*** （−4.80）	−0.0734*** （−5.77）	−0.0757*** （−6.22）
常数项	9.602*** （62.83）	9.829*** （61.30）	10.11*** （68.59）	10.32*** （72.28）
调整后 R^2	0.766	0.792	0.806	0.809

注：括号内为 *t* 值。*inner city* 表示城市核心区即第一圈层的虚拟变量，*inner suburbs* 表示城市中心区即第二圈层的虚拟变量，*outer suburbs* 表示城市郊区即第三圈层的虚拟变量。

* p <0.05；** p <0.01；*** p <0.001。

三、小结

通过对 2000 年以来北京的就业分散化、再集聚及空间结构演变趋势的讨论，可以总结中国城市空间结构演变的一些基本特征。

第一，产业活动的郊区化是一个长期过程，并带来了城市经济空间布局和结构的转变。对北美城市的研究发现，就业的郊区化往往伴随就业分布的去集聚和一般性分散，但从北京的案例来看，中国城市则表现出就业分散化伴随就业分布的再集聚，因此郊区就业次中心的发育和城市的多中心化发展可能是现阶段中国城市空间结构演化的主体趋势。从对北京案例的分析可以看到，在过去十余年间，就业次中心在北京核心区以外的地区不断发育，不仅出现了新的郊区就业次中心，而且次中心的就业增长也十分显著，且次中心对城市内就业和人口分布的支配作用越来越明显。

但北京经济空间布局的发展趋势也体现出，随着郊区化进程的加深，就业分散化空间范围不断扩大，城市就业分布再集聚的趋势也开始减缓。因此多中心化和一般分散化两种趋势此消彼长，共同推动了城市空间结构的演化，未来的演化趋势从根本上仍取决于集聚经济和郊区化的分散力的相互作用。从目前来看，就业分散化还未引起北京城市空间结构的一般性分散，尤其是从就业次中心对城市内就业和人口分布的影响来看，就业次中心在城市空间结构中的作用和地位还在不断增强。但也存在城市空间结构在未来进一步向一般性分散发展的可能，在 2008 年以后北京已体现出这种发展趋势。

第二，城市空间结构具有较强的稳定性，说明推动产业活动集聚的市场力量和政府作用在城市经济空间组织中发挥着重要作用。从对北京案例的分析可以发现，城市就业次中心的形成和发展在空间位置上是相对稳定的，但其集聚规模和空间范围随着产业郊区化和就业次中心的增长会出现比较复杂的动态调整，尤其是在郊区化辐射的空间范围内，新产业的进入和就业次中心的形成与增长都比较剧烈，就业次中心的空间形态也表现出较强的不稳定性。但对北京案例的分析也发现，随着就业次中心的增长和发育，就业中心会逐步形成类似于区域城镇体系的相对均衡的位序规模分布体系，而且就业次中心自身的集聚规模和空间范围也会逐步趋于稳定。这说明郊区化导致的经济布局调整带来了就业次中心的发展，城市的确具有复杂的空间动态，但总体上城市的空间结构会逐步趋于稳定且具有长期的稳定性。

第三，城市内不同圈层的空间结构演化趋势并不相同。从北京案例的分析来看，介于城市核心区和郊区之间的中间圈层是产业郊区化主要的承载空间，也是就业次中心发育和增长最剧烈的区域，这里的就业次中心对城市就业和人口分布的影响和支配作用也最明显。在郊区，就业次中心对就业分布的影响相对稳定，但体现出对人口分布的逐渐增强的支配效应，吸引人口不断向就业次中心附近地区集中。这说明在郊区，就业次中心不仅有利于促进产业集聚，而且会通过引导人口向就业中心及其周边地区集中来促进区域内的职住平衡。

第四，中国城市空间结构的演变除了受到市场机制的驱动，在很大程度上更受到政府及规划引导的影响，在一定程度上这也是中国城市郊区化过程中就业分布出现再集聚的重要原因。从对北京案例的分析可以看到，郊区就业次中心在很大程度上位于郊区的开发区、科技园区和新城新区等地区，因此政府的规划引导和对郊区的集中开发驱动了城市多中心空间结构的形成，这在一定程度上避免了城市在郊区化过程中出现过度的城市蔓延和一般性分散。但也应注意到，在市场机制的影响下，郊区化进程的加深势必将带来城市经济空间布局的进一步分散，所以未来在规划引导上，中国城市仍需要加强多中心化的集聚开发模式，以避免类似北美城市出现的空间结构过度分散及由此带来的各种城市病问题。

本章参考文献

孙铁山. 2015. 郊区化进程中的就业分散化及其空间结构演化——以北京都市区为例. 城市规划, 39(10): 9-15, 30.

Coffey W J, Shearmur R G. 2001. The identification of employment centres in Canadian metropolitan areas: the example of Montreal, 1996. The Canadian Geographer, 45(3): 371-386.

Garcia-López M-À, Muñiz I. 2010. Employment decentralisation: polycentricity or scatteration? The case of barcelona. Urban Studies, 47(14): 3035-3056.

Giuliano G, Small K A. 1991. Subcenters in the Los Angeles region. Regional Science and Urban Economics, 21(2): 163-182.

Gordon P, Richardson H W. 1996. Beyond polycentricity: the dispersed metropolis, Los Angeles, 1970-1990. Journal of the American Planning Association, 62(3): 289-295.

Kane K, Hipp J R, Kim J H. 2016. Los Angeles employment concentration in the 21st century. Urban Studies, 55(4): 844-869.

Lee B. 2007. "Edge" or "edgeless" cities? Urban spatial structure in US metropolitan areas, 1980 to 2000. Journal of Regional Science, 47(3): 479-515.

McMillen D P. 2001. Nonparametric employment subcenter identification. Journal of Urban Economics, 50(3): 448-473.

Redfearn C L. 2009. Persistence in urban form: the long-run durability of employment centers in metropolitan areas. Regional Science and Urban Economics, 39(2): 224-232.

Stanback T M. 1991. The New Suburbanization: Challenge to The Central City. Boulder: Westview Press.

第六章　中国城市地域功能组织与演化

城市地域功能格局是城市空间结构的重要方面，主要指各类城市功能在城市中的分布特征和组合关系。随着城市空间发展，不仅城市经济总体的空间结构会发生变化，而且不同城市活动和功能的布局也会随之改变。比如，城市功能不断向郊区、边缘区扩散，郊区出现新的功能中心，形成城郊之间、功能区之间差异化的功能特征和分工关系等。合理的城市地域功能格局是城市发展的助推器，使城市经济整体实现功能整合、协同发展。本章以北京市为例，分析了中国城市空间发展过程中地域功能组织的变化，包括郊区化如何推动城市地域功能重组，以及郊区次中心如何重构城市地域分工格局。

第一节　郊区化和城市地域功能重组

郊区化过程中产业活动和城市功能由城市中心区向郊区的转移和扩散是城市地域功能重组的重要驱动力。产业活动向郊区布局，不仅改变了郊区的功能特征和格局，也会带来城区功能的调整及其与郊区功能关系的变化。本节分析了郊区化城-郊功能的专业化和多样化，以及郊区化中北京地域功能的重组。

一、郊区化与城-郊功能的专业化和多样化

郊区化引起城市产业和功能的再布局，会改变城-郊的地域功能特征和关系。郊区化中一些产业活动会在郊区形成新的专业化的功能中心，从而推动郊区地域

功能的专业化发展。但郊区化也可能带来郊区各类功能的整体增长，促使郊区地域功能多样化（Gilli，2009）。同时，随着产业活动向外疏解，城市中心区的功能也会不断优化提升，可能会更专业化于高等级的核心城市功能。

为分析郊区化如何影响北京城-郊地域功能的专业化和多样化发展，将北京划分3个圈层，即核心区、中心区和郊区，并分析2004～2018年各圈层就业占全市总就业的比例变动，以反映产业郊区化的趋势。同时，采用赫芬达尔指数测度各圈层地域功能的专业化程度，计算公式如下：

$$H=\frac{\sum_{c=1}^{m}\left(e_{cj}/e_{j}\right)^{2}-1/m}{1-1/m} \tag{6-1}$$

其中，H为赫芬达尔指数，e_{cj}表示地区j行业c的就业人数，e_j表示地区j的总就业人数，m为反映各类城市功能的行业个数，这里采用除农、林、牧、渔业和国际组织以外的18个国民经济部门进行分析。赫芬达尔指数越高，说明地域功能的专业化程度越高。相关数据使用2004年、2008年、2013年和2018年《北京经济普查年鉴》中分区县分行业的从业人员数。

表6-1列出了2004～2018年北京3个圈层的就业占比及赫芬达尔指数。由表6-1可见，2004年以来北京产业活动郊区化趋势比较明显。核心区的就业占全市总就业的比例从2004年的23.0%下降到2018年的15.7%，同时中心区和郊区的就业占全市总就业的比例分别从49.6%上升到53.8%和从27.4%上升到30.4%。需要注意的是，2008年之前的阶段，产业郊区化主要体现为核心区就业占全市总就业的比例下降，中心区就业占全市总就业的比例上升，同时郊区就业占全市总就业的比例也有所下降，即产业活动主要向中心区的圈层集中，此时郊区化的空间范围比较有限。但2008年之后，核心区的就业占全市总就业的比例持续下降，中心区的就业占全市总就业的比例则趋于稳定，而郊区的就业占全市总就业的比例持续上升，反映了产业活动进一步向郊区扩散和布局，郊区化的空间范围有所扩大。

从赫芬达尔指数来看，2004～2018年核心区的赫芬达尔指数持续上升，说明随着产业和城市功能向外围地区疏解，核心区的地域功能专业化水平不断上升。2008年以后，中心区也有类似的趋势。这说明随着产业郊区化，城区的地域功能在不断优化调整，并趋向于专业化发展。在郊区，随着产业和城市功能的集聚，郊区的赫芬达尔指数出现大幅下降，说明郊区化带来郊区各类功能的整体增长，促使郊区地域功能变得更加多样化。

表 6-1　北京各圈层就业占比及赫芬达尔指数（2004～2018 年）

项目	区域	2004 年	2008 年	2013 年	2018 年
就业占全市总就业的比例/%	核心区	23.0	20.0	18.2	15.7
	中心区	49.6	53.7	53.6	53.8
	郊区	27.4	26.3	28.2	30.4
赫芬达尔指数	核心区	0.028	0.031	0.033	0.035
	中心区	0.039	0.035	0.040	0.044
	郊区	0.177	0.146	0.092	0.042

从以上分析发现，郊区化中核心区产业和城市功能的疏解带来其地域功能的优化调整，导致其地域功能趋于专业化，而郊区伴随着产业活动和城市功能的增加，地域功能整体变得更加多样化。进一步以北京 16 个区为例，计算 2004～2008 年、2008～2013 年和 2013～2018 年三个阶段各区就业占全市总就业的比例，反映各地区产业和城市功能的增长和退出情况，并计算三个阶段各区赫芬达尔指数的变动情况，图 6-1 绘制了两者之间的散点图。由图可见，2004～2008 年，各地区就业占全市总就业的比例变动和赫芬达尔指数变动之间没有明显的相关关系，可能是因为这一时期北京郊区化的空间范围仍比较有限。但在 2008 年以

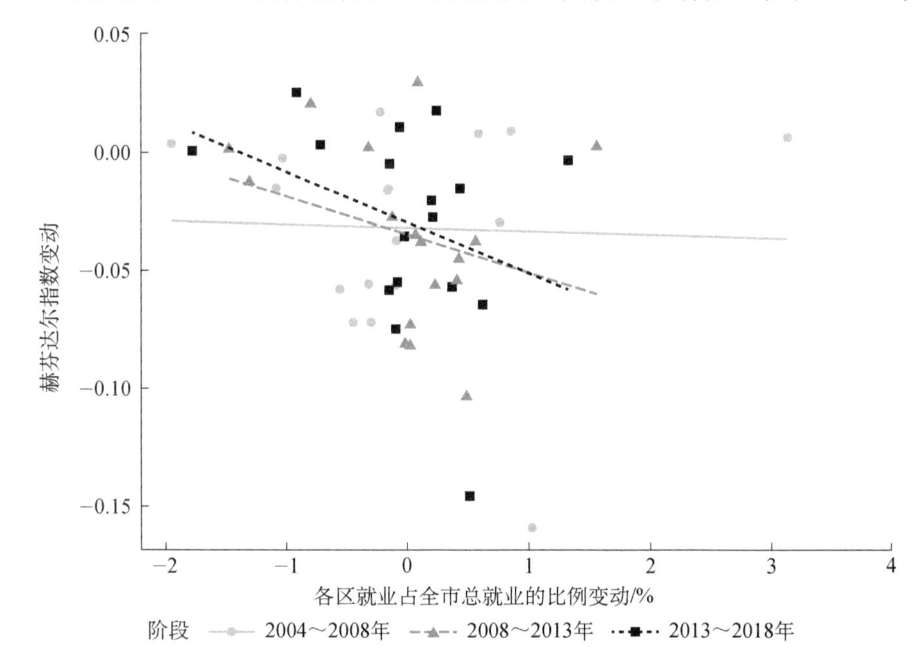

图 6-1　分阶段北京各区就业占比变动和赫芬达尔指数变动之间的关系

后的两个阶段，各地区就业占全市总就业的比例变动和赫芬达尔指数变动之间存在明显的负相关关系，且相关程度有所增强，显示出城市功能疏解的地区倾向于地域功能变得更加专业化，而城市功能增加的地区倾向于地域功能变得更加多样化。

郊区化虽然在整体上推动了北京郊区地域功能的多样化和城区地域功能的专业化，但其到底如何影响不同区域的地域功能，又怎样改变城-郊之间的功能关系，需要进一步分析郊区化中北京地域功能的重组特征。

二、郊区化中城市地域功能的重组

为了分析郊区化中北京地域功能的重组特征，我们使用因子分析和聚类分析对北京各区地域功能进行识别和分类，并分析其变化，分析主要针对2008～2018年的阶段。使用的数据是《北京经济普查年鉴》中17个区的分行业大类的从业人员数。行业大类是更细分的行业分类，可以更详细地确定各区的功能特征，2008年、2013年和2018年各涉及84个、90个和85个行业大类。具体而言，首先对各区行业大类的从业人员数进行因子分析，通过因子分析提取主因子来反映城市主体功能，并对各区计算因子得分，以识别各区的主体功能特征。随后，根据因子得分进一步通过聚类分析对北京地域功能分区格局进行识别，总结地域功能结构模式及变化特征。

（一）因子分析的结果

因子分析的基本思想是，在保证数据信息丢失最少的原则下，利用降维的思想，通过研究众多变量之间的内部依赖关系，在找出真正相关的变量后把相关性较强的变量归为一类，最终将形成的几类假想变量称为主因子。因子分析就是寻找这种内在结构，并解释每个因子的含义。因子分析的一般模型中，经标准化处理后均值为0、标准差为1的指标y_u可表示为

$$\begin{cases} y_1 = \beta_{11}f_1 + \beta_{12}f_2 + \cdots + \beta_{1v}f_v + \varepsilon_1 \\ y_2 = \beta_{21}f_1 + \beta_{22}f_2 + \cdots + \beta_{2v}f_v + \varepsilon_2 \\ \quad\cdots\cdots\cdots\cdots \\ y_u = \beta_{u1}f_1 + \beta_{u2}f_2 + \cdots + \beta_{uv}f_v + \varepsilon_u \end{cases} \tag{6-2}$$

其中，f_v被称为主因子，β_{uv}被称为因子载荷，反映了y_u和f_v之间的相关程度。ε_u被称为特殊因子，是不能被主因子包含的部分，代表主因子以外的其他因素影响，实际分析时可忽略不计。主因子既能够反映原始指标的信息，又可以通过主因子之间的差异揭示地区发展的内在特征。而且，每个主因子的权重由它对综合评价的贡献率决定，消除了在综合评价时人为确定权数的主观因素（李倢，2005）。

利用因子分析对 2008 年和 2018 年北京各区分行业大类的从业人员数矩阵进行分析，在提取方法上选择主成分分析法提取主因子，为了使因子结构层次更清晰，利用方差最大法进行正交旋转，以方差累积贡献率达到 80%为标准，对 2008 年和 2018 年北京各区分行业大类的从业人员数矩阵都分别提取了前 7 个主因子，基本上能够反映北京城市的主体功能，因子结构也比较清晰。根据经旋转后的主因子载荷矩阵中绝对值较大的相关系数对应的行业大类，对各主因子命名，最大限度地反映各主因子的信息特征。

结果显示，从 2008 年和 2018 年北京各区分行业大类的从业人员数矩阵中识别的主因子构成总体比较稳定，以 2018 年为例，表 6-2 列出了 7 个主因子包含的因子载荷大于 0.7 的所有行业。

主因子 1 为服务业综合因子，特征值为 22.1，解释变量方差的贡献率为 26.0%。该因子与娱乐业、租赁业、居民服务业、批发业、商务服务业等各类服务行业高度相关。

主因子 2 为信息与科教产业因子，特征值为 13.5，解释变量方差的贡献率为 15.8%。该因子与软件和信息技术服务业、互联网和相关服务、教育等行业高度相关。

主因子 3 为金融业与公共管理因子，特征值为 10.3，解释变量方差的贡献率为 12.1%。该因子与中国共产党机关，货币金融服务，人民政协、民主党派等行业高度相关。

主因子 4 为航空运输与一般性制造业因子，特征值为 8.7，解释变量方差的贡献率为 10.2%。该因子与航空运输业，酒、饮料和精制茶制造业，装卸搬运和仓储业等行业高度相关。

主因子 5 为都市型制造业因子，特征值为 6.7，解释变量方差的贡献率为 7.9%。该因子与皮革、毛皮、羽毛及其制品和制鞋业，木材加工和木、竹、藤、棕、草制品业，家具制造业，文教、工美、体育和娱乐用品制造业等行业高度相关。

主因子 6 为高技术制造业因子，特征值为 5.9，解释变量方差的贡献率为 7.0%。该因子与医药制造业、电气机械和器材制造业、专用设备制造业、化学原料和化学制品制造业、通用设备制造业等行业高度相关。

主因子 7 为建筑业与道路运输及制造业因子，特征值为 5.5，解释变量方差的贡献率为 6.4%。该因子与建筑安装业，道路运输业，铁路、船舶、航空航天和其他运输设备制造业，房屋建筑业等行业高度相关。

表 6-2　2018 年北京城市功能主因子

项目	行业大类
主因子 1	娱乐业（0.986）；开采专业及辅助性活动（0.984）；管道运输业（0.984）；租赁业（0.972）；居民服务业（0.958）；批发业（0.931）；体育（0.926）；商务服务业（0.917）；房地产业（0.909）；保险业（0.908）；广播、电视、电影和录音制作业（0.860）；社会工作（0.849）；水上运输业（0.827）；文化艺术业（0.818）；资本市场服务（0.817）；零售业（0.804）；卫生（0.772）；公共设施管理业（0.767）；其他服务业（0.762）；多式联运和运输代理业（0.762）；机动车、电子产品和日用产品修理业（0.755）；餐饮业（0.754）
主因子 2	软件和信息技术服务业（0.944）；互联网和相关服务（0.919）；生态保护和环境治理业（0.886）；教育（0.881）；研究和试验发展（0.839）；燃气生产和供应业（0.828）；仪器仪表制造业（0.797）；电信、广播电视和卫星传输服务（0.775）；专业技术服务业（0.72）；科技推广和应用服务业（0.707）；有色金属冶炼和压延加工业（0.702）
主因子 3	中国共产党机关（0.96）；货币金融服务（0.958）；人民政协、民主党派（0.908）；邮政业（0.894）；电力、热力生产和供应业（0.871）；群众团体、社会团体和其他成员组织（0.788）；国家机构（0.768）；其他金融业（0.763）；新闻和出版业（0.756）
主因子 4	航空运输业（0.976）；金属制品、机械和设备修理业（0.966）；酒、饮料和精制茶制造业（0.930）；黑色金属冶炼和压延加工业（0.910）；装卸搬运和仓储业（0.888）
主因子 5	皮革、毛皮、羽毛及其制品和制鞋业（0.923）；木材加工和木、竹、藤、棕、草制品业（0.920）；家具制造业（0.843）；金属制品业（0.814）；文教、工美、体育和娱乐用品制造业（0.731）
主因子 6	医药制造业（0.967）；电气机械和器材制造业（0.797）；专用设备制造业（0.779）；化学原料和化学制品制造业（0.75）；通用设备制造业（0.705）
主因子 7	建筑安装业（0.941）；道路运输业（0.929）；其他制造业（0.797）；铁路、船舶、航空航天和其他运输设备制造业（0.732）；房屋建筑业（0.717）

注：括号中数值为因子载荷，此表仅展示每个主因子中因子载荷大于 0.7 的行业大类。

（二）聚类分析的结果

聚类分析是在没有先验知识的情况下，根据样品或变量的相似性对它们进行分类。层次聚类的思想是一开始将样品各视为一类，根据类与类之间的相似程度将最相似的类加以合并，再计算新类与其他类之间的相似程度，并选择最相似的类加以合并，不断继续这一过程，直到所有样品合并为一类为止。

选用层次聚类，根据因子分析中7个主因子在各区的因子得分，对北京进行城市地域功能分区。由于因子得分提取了原有数据以主因子为代表的核心信息，而忽略了次要信息的干扰，因此其聚类结果也是数据核心特征的体现。选择余弦相似性度量北京各区因子得分的相似程度，余弦相似性的表达式为

$$C_{ab}=\frac{\sum_{k=1}^{K}x_{ka}x_{kb}}{\left[\left(\sum_{k=1}^{K}x_{ka}^{2}\right)\left(\sum_{k=1}^{K}x_{kb}^{2}\right)\right]^{\frac{1}{2}}} \tag{6-3}$$

其中，C_{ab}表示样本a和样本b的夹角余弦相关系数，K为变量的个数，x_{ka}和x_{kb}分别为样本a和样本b第k个变量的值。C_{ab}的值越大，说明样本a和样本b之间的相似程度越高。同时，选用组间联系度量小类和小类（或样本和小类）之间的相似程度，即定义两个小类之间的距离为所有样本对的平均距离，具体算法为用两类元素两两之间的平均平方距离来定义两类间的距离平方，表达式为

$$d_{pq}^{2}=\frac{1}{N_{p}N_{q}}\sum_{x\in p}\sum_{x\in q}d_{ab}^{2} \tag{6-4}$$

其中，p和q为两类，d_{ab}为两类中各个样本对间的距离，N_p和N_q分别为两类的样本个数。

运用聚类分析，根据各区的因子得分对各区进行层次聚类，识别地域功能分区特征，图6-2和图6-3显示了2008年和2018年的聚类结果。从2008年的聚类结果来看，北京的城-郊地域功能有一定分化，但也有一些交错。城区中的东城区、西城区、朝阳区和海淀区，以及郊区中的顺义区在金融业与公共管理因子、服务业综合因子、信息与科教产业因子、航空运输与一般性制造业因子上得分最高，以服务业功能为主，且各有特色，被归为一个类别。郊区中的昌平区、开发区、通州区、大兴区和城区中的丰台区，则更多专业化于制造业。比如，昌平区和开发区在高技术制造业因子上得分最高，通州区和大兴区在都市型制造业因子上得分最高，丰台区在建筑业与道路运输及制造业因子上得分最高，这些区被归为一类。最后是郊区中的门头沟区、延庆区（原延庆县）、房山区、怀柔区、密云区（原密云县）、平谷区，以及城区中的石景山区，这些区尚未形成明确的地域功能，在7个主因子中没有得分较高的主因子，因此被归为一类。总体上，北京的地域功能可以大致分为3个功能区，城区以服务业功能为主，且区域间功能各具特色，而郊区中一部分区域以制造业功能为主，且存在功能分异，另一部分区域则没有突出的产业功能。

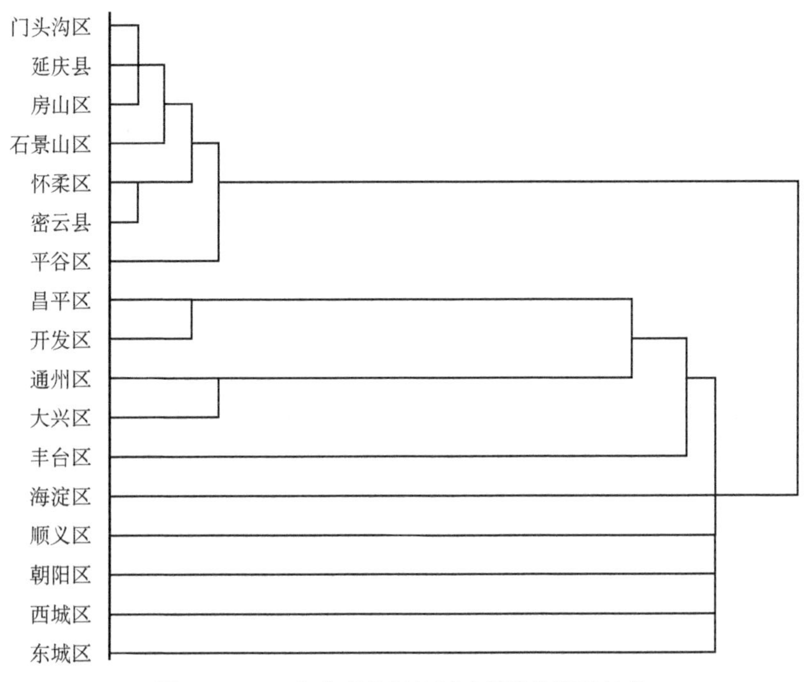

图 6-2 2008 年北京各区地域功能层次聚类结果

2008 年之后，北京的郊区化不断深化，推动了城区和郊区地域功能的优化和调整。从 2018 年的聚类结果来看，北京的城-郊地域功能分化更加明显。从各区主体功能来看（表 6-3），城区中的东城区和西城区（即核心区）功能不断优化，主要集中在金融业与公共管理服务功能上，被归为一类。中心区中的朝阳区和核心区功能比较接近，主要集中在综合服务功能上，而海淀区和丰台区功能更加接近，集中在信息与科教产业、建筑业与道路运输及制造业等和科技、制造相关的功能上。总体上，城区的地域功能趋于分化，体现出核心区和中心区的功能差异，而中心区各区在功能上也各具特色。郊区中仍然有一部分区域专业化于制造业，主要是昌平区和开发区专业化于高技术制造业，通州区和大兴区专业化于都市型制造业，而顺义区的制造业功能不断加强，也归入此类，专业化于航空运输与一般性制造业。剩下的 7 个区仍然归为一类，总体上功能特色不突出，但其中怀柔区正逐步脱离其他各区，主要专业化于信息与科教产业功能，这和怀柔科学城的发展有关，也体现出随着郊区化的发展，部分产业功能开始向更远的郊区转移，并形成专业化地域功能。

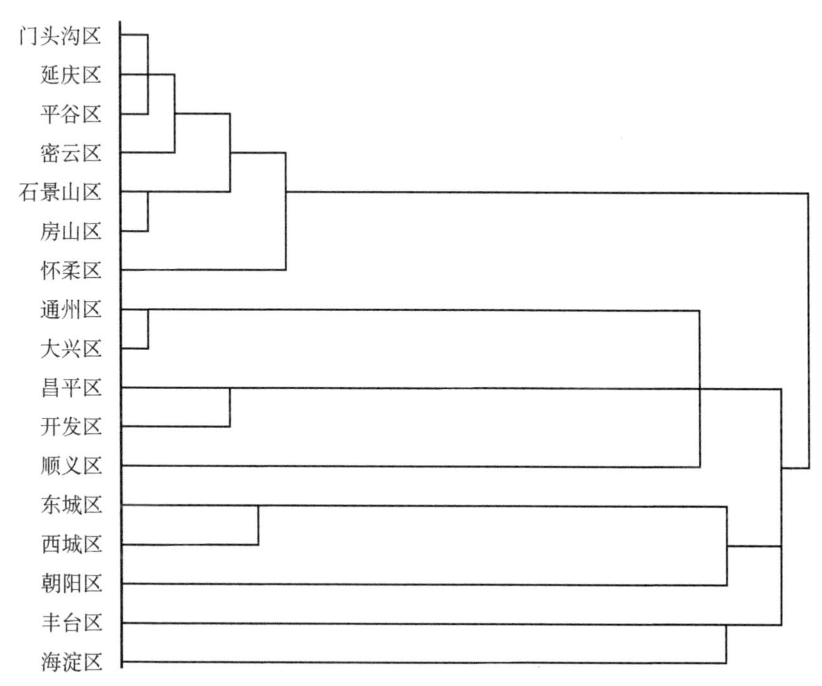

图 6-3　2018 年北京各区地域功能层次聚类结果

表 6-3　2018 年北京各区主体功能及因子得分

区域	主体功能	区域	主体功能	区域	主体功能
东城区	金融业与公共管理因子（1.109）	通州区	都市型制造业因子（3.190）	门头沟区	无
西城区	金融业与公共管理因子（3.516）	大兴区	都市型制造业因子（1.558）	怀柔区	信息与科教产业因子（0.112）
朝阳区	服务业综合因子（3.820）	昌平区	高技术制造业因子（0.887）	延庆区	无
丰台区	建筑业与道路运输及制造业因子（3.759）	开发区	高技术制造业因子（3.394）	平谷区	无
海淀区	信息与科教产业因子（3.828）	顺义区	航空运输与一般性制造业因子（3.775）	密云区	无
石景山区	无	房山区	无		

注：此表仅列出各区因子得分大于 0 且在 7 个主因子中得分最高的主因子。

总体上，从 2008～2018 年北京地域功能的分区重组来看，北京城-郊功能分异变得更加明显，城区内部功能也在不断分化，整体地域功能格局有所优化。表现为核心区功能不断提升，更加突出政治中心的功能，而核心区以外的中心区主要发展各具特色的现代服务业，集中承载了文化中心、国际交往中心和科技创新中心等城市功能，从而使城区内部形成了层次清晰的地域功能格局。郊区的地域功能则不断聚集到平原各区，这些区域承接了城区外溢功能，并承载各类制造业功能，形成了各具特色的功能区，其余各区则以生态涵养功能为主，并没有发展出突出的产业功能，从而在郊区也形成了层次清晰的地域功能格局。

第二节 郊区次中心和地域功能重构

郊区化中产业活动从城市中心区向郊区扩散后，为了获取集聚经济效益，可能在特定区位再度集中，形成新的集聚中心，也称郊区次中心。郊区次中心一般具有专业化的地域功能，但随着自身规模不断扩大，也可能发展出和主中心类似的高等级和复合城市功能，是城市地域功能结构的重要组成要素。因为不同产业活动对集聚经济的要求不同，也有不同的区位偏好，郊区化中具有相同区位指向并倾向于集聚的产业活动可能集中在一起，形成专业化的集聚中心，且相互之间可能形成地域分工关系，从而影响城市的地域功能组织。本节将识别北京的就业集聚中心，并分析就业中心的专业化和多样化发展及其地域功能的演变。

一、就业中心的集聚特征

本节以北京都市区为研究区域，其范围包括北京的城六区和与之相邻的郊区各区，共 12 个市辖区。首先识别北京的就业集聚中心，包括城市主中心和郊区次中心，所用的就业数据来自 2004 年和 2018 年的北京经济普查资料，分析的基本空间单元是街道乡镇。

本节使用局部空间自相关分析识别就业中心，就业中心指就业规模或密度显著的高值集聚区域（秦波和王新峰，2010）。具体而言，采用局部 G 统计考察就业分布的局部空间自相关，以此识别就业分布的局部空间集聚，即就业集聚中心。局部 G 统计计算如下：

$$G_i^* = \frac{\sum_{j=1}^{n} w_{ij} e_j - \bar{e} \sum_{j=1}^{n} w_{ij}}{S \sqrt{\frac{n \sum_{j=1}^{n} w_{ij}^2 - \left(\sum_{j=1}^{n} w_{ij} \right)^2}{n-1}}} \tag{6-5}$$

$$\bar{e} = \frac{\sum_{j=1}^{n} e_j}{n} \tag{6-6}$$

$$S = \sqrt{\frac{\sum_{j=1}^{n} e_j^2}{n} - (\bar{e})^2} \tag{6-7}$$

其中，e_j表示地区j的就业人数，w_{ij}是空间权重矩阵$\boldsymbol{W}$第i行j列的元素，这里我们使用距离倒数权重矩阵。G_i^*服从标准正态分布，其显著性检验采用Z检验，即G_i^*大于1.96代表在5%的显著性水平下显著集聚。分别计算2004年和2018年各空间单元就业人数的局部G统计，就业集聚中心是由G_i^*大于1.96的相邻空间单元组成。

结果显示（表6-4），2004年识别的就业中心共有19个街道，主要集中在城市中心区沿长安街从国贸到公主坟一线（包括建国门外、建国门、东华门、西长安街、二龙路、月坛、羊坊店、广安门外等街道），以及沿西北二环和三环路之间的地区（包括甘家口、展览路、紫竹院、北下关、海淀等街道），形成连续带状分布。外围的就业中心主要集中在石景山区的古城街道、海淀区的花园路街道和学院路街道、丰台区的卢沟桥和花乡地区，以及大兴区的亦庄地区。2004年，就业中心共集聚就业人口207万人，19个街道集中了都市区31.2%的就业。

2018年，识别的就业中心的街道数量有所减少，共有16个街道，且就业中心的分布也发生了较大的变化。首先，城市中心区沿长安街一线的就业集聚程度大幅降低，就业中心不再连续分布，而是形成了几个独立的集聚中心（建外街道、呼家楼街道、东华门街道和金融街街道），围绕朝阳区CBD和西城区金融街的双中心结构更加清晰。其次，随着中关村就业中心的出现，西北部的就业集聚区进一步向西北方向延伸，扩展到西北三环至五环路以外的地区（进一步增加了中关村街道和上地街道）。东北方向也新增加了来广营地区和望京街道2个就业中心。总体上，就业中心明显由城市中心区向北部外围地区分散，但仍都集中在距城市中心30千米的范围内。2018年，就业中心集聚就业人口390万人，16个街道集中了都市区30.8%的就业。

总体上，北京的就业中心呈现分散化集聚的发展特征，城市中心区的就业集聚程度在降低，中心数量在减少，多个新的集聚中心出现在外围地区。虽然就业中心的街道数量有所减少，但就业中心集聚就业的水平仍保持在30%以上，更少的就业中心集聚了近似占比的就业人口，说明就业中心的集聚程度在增强。

表 6-4 2004 年和 2018 年北京就业中心的基本情况

项目	2004 年	2018 年
都市区总就业人口/万人	663	1219
就业中心就业人口/万人	207	390
就业中心街道个数/个	19	16
就业中心就业占都市区总就业的比例/%	31.2	30.8

二、就业中心与地域功能的专业化和多样化

对美国城市的研究显示，郊区化过程中形成的郊区次中心往往具有类似区域城镇体系的规模等级结构和专业化的地域分工格局（Anderson & Bogart，2001）。为了进一步分析北京郊区化过程中就业中心的专业化和多样化发展，我们仍采用赫芬达尔指数测度就业中心地域功能的专业化程度。赫芬达尔指数的计算采用除农、林、牧、渔业和国际组织以外的 18 个国民经济部门进行分析。

结果显示（表 6-5），2004～2008 年北京都市区各街道乡镇就业结构的平均专业化水平有所降低，都市区全部空间单元赫芬达尔指数均值从 2004 年的 0.189 下降到 2018 年的 0.126。从就业中心来看，就业中心所在空间单元赫芬达尔指数均值也从 2004 年的 0.151 下降到了 2018 年的 0.138。但其专业化水平下降幅度明显低于就业中心以外空间单元赫芬达尔指数均值的降幅（从 2004 年的 0.193 下降到 2018 年的 0.126）。同时，就业中心所在空间单元赫芬达尔指数均值水平也从低于都市区全部空间单元赫芬达尔指数均值转变为高于都市区全部空间单元赫芬达尔指数均值。这说明随着郊区化和就业的增长，都市区内各地区的地域功能整体上是趋于多样化的，但是就业中心更倾向于保持地域功能的专业化发展。

表 6-5　2004 年和 2018 年北京就业中心功能专业化水平

项目	2004 年	2018 年
都市区全部空间单元赫芬达尔指数均值	0.189	0.126
就业中心所在空间单元赫芬达尔指数均值	0.151	0.138
就业中心以外空间单元赫芬达尔指数均值	0.193	0.126

三、就业中心的地域功能演变

使用区位商进一步考察就业中心的专业化部门。具体而言，就业中心（街道）某一行业的区位商是该地区这一行业的就业占该地区总就业的比例与北京都市区该行业的就业占都市区总就业的比例的比值，反映了就业中心该行业在都市区内生产的专业化水平和相对规模优势。区位商大于 1.5 的行业部门可以判定为该地区的专业化部门。表 6-6 列出了 2004 年和 2018 年北京都市区就业中心就业结构的专业化程度（赫芬达尔指数）以及专业化部门（区位商大于 1.5 的行业部门）。2004～2018 年，在稳定存在的就业中心中，除花乡地区和亦庄地区外，其他就业中心专业化水平都有不同程度的提高。2004 年，赫芬达尔指数大于 0.1 的就业中心有 7 个，主要分布在长安街沿线的中心区和南部地区，而 2018 年赫芬达尔指数大于 0.1 的就业中心增加到 11 个，主要分布在西北方向。

2004 年，高专业化（赫芬达尔指数大于 0.2）的就业中心有城市中心区的建国门街道、西长安街道和三环外西南方向地区的亦庄地区与古城街道。其中，建国门街道依托北京火车站，主要专业化于交通运输、仓储和邮政业，而西长安街道主要专业化于租赁和商务服务业，电力、热力、燃气及水生产和供应业，以及金融业。三环外西南方向地区的亦庄地区和古城街道则高度专业化于制造业。2018 年高度专业化的就业中心只有城市中心区的金融街街道和三环以北地区的上地街道。其中，金融街街道高度专业化于金融业与交通运输、仓储和邮政业，上地街道高度专业化于信息传输、软件和信息技术服务业。

2004～2018 年，仍然保持的就业中心有 11 个，其中大多数仍保持了原有的专业化部门，变动不大，只有紫竹院街道、花乡地区和展览路街道发生了较大变动。紫竹院街道 2004 年时专业化程度最高的交通运输、仓储和邮政业在 2018 年已经不是该区域的专业化部门，取而代之的是在 2004 年区位商只有 0.74 的租赁和商务服务业，该行业在2018年上升到2.63。花乡地区的专业化部门在2004年时为水利、环境和公共设施管理业，科学研究和技术服务业，交通运输、仓储和邮政业，以及租赁和商务服务业等，在2018年转向了电力、热力、燃气及水生产和供应业，建筑业，居民服务、修理和其他服务业等，发生了较大的变动。展览路街道在2004年专业化程度最高的金融业的区位商也从4.07降到了0.99。2018年新增加了5个就业中心，上地街道、中关村街道、来广营地区和望京街道等4个就业中心在北三环以北地区，都专业化于信息传输、软件和信息技术服务业；位于城市中心区的呼家楼街道则专业化于金融业与文化、体育和娱乐业等。

总体上，北京都市区的就业中心基本形成了较为清晰的专业化地域分工格局。市区的就业中心主要分布在长安街沿线，中部以公共管理、社会保障和社会组织为主，东、西部则主要专业化于金融业。市区的就业中心由于金融、电力等总部集聚，又是行政管理中心，因此主要承担着高端商务和公共管理的服务职能。在二环至三环地区之间的地区中，靠近三环的就业中心专业化于教育及其相关部门，如科学研究和技术服务业与文化、体育和娱乐业等；靠近二环的就业中心则专业化于交通运输、仓储和邮政业与公共管理、社会保障和社会组织等。在三环以北地区的就业中心，主要都专业化于信息传输、软件和信息技术服务业。在三环外西南方向地区的3个就业中心则各有侧重，卢沟桥地区主要专业化于交通运输、仓储和邮政业，新村街道主要专业化于电力、热力、燃气及水生产和供应业，亦庄地区主要专业化于制造业。

表6-6 2004年和2018年北京都市区就业中心就业结构的专业化程度与专业化部门

就业中心位置	2004年			2018年		
	街道名称	赫芬达尔指数	专业化部门*	街道名称	赫芬达尔指数	专业化部门*
城市中心区	二龙路街道	0.150	金融业，电力、热力、燃气及水生产和供应业，文化、体育和娱乐业，信息传输、软件和信息技术服务业	金融街街道（原二龙路街道）	0.313	金融业，交通运输、仓储和邮政业
	建国门外街道	0.069	房地产业，租赁和商务服务业，金融业，信息传输、软件和信息技术服务业，住宿和餐饮业	建国门外街道	0.154	租赁和服务，金融业，房地产业
	东华门街道	0.075	公共管理、社会保障和社会组织，卫生和社会工作，住宿和餐饮业，文化、体育和娱乐业	东华门街道	0.076	公共管理、社会保障和社会组织，住宿和餐饮业，卫生和社会工作，文化、体育和娱乐业

续表

就业中心位置	2004年			2018年		
	街道名称	赫芬达尔指数	专业化部门*	街道名称	赫芬达尔指数	专业化部门*
城市中心区	建国门街道	0.404	交通运输、仓储和邮政业			
	广安门外街道	0.151	交通运输、仓储和邮政业，租赁和商务服务业			
	西长安街道	0.354	租赁和商务服务业，电力、热力、燃气及水生产和供应业，金融业			
	羊坊店街道	0.058	文化、体育和娱乐业，建筑业，租赁和服务，信息传输、软件和信息技术服务业，住宿和餐饮业			
				呼家楼街道	0.174	金融业，文化、体育和娱乐业
二环至三环地区	紫竹院街道	0.074	交通运输、仓储和邮政业，文化、体育和娱乐业，教育，信息传输、软件和信息技术服务业	紫竹院街道	0.157	租赁和商务服务业，教育，文化、体育和娱乐业
	北下关街道	0.058	信息传输、软件和信息技术服务业，科学研究和技术服务业	北下关街道	0.109	信息传输、软件和信息技术服务业，科学研究和技术服务业，教育
	展览路街道	0.045	金融业，交通运输、仓储和邮政业，公共管理、社会保障和社会组织，水利、环境和公共设施管理业，科学研究和技术服务业，卫生和社会工作	展览路街道	0.052	交通运输、仓储和邮政业，公共管理、社会保障和社会组织，卫生和社会工作
	甘家口街道	0.042	科学研究和技术服务业，信息传输、软件和信息技术服务业，电力、热力、燃气及水生产和供应业，住宿和餐饮业，建筑业			
	月坛街道	0.027	金融业，文化、体育和娱乐业，科学研究和技术服务业，卫生和社会工作，公共管理、社会保障和社会组织			
三环外西南方向地区	卢沟桥地区	0.101	交通运输、仓储和邮政业，金融业，建筑业	卢沟桥地区	0.151	交通运输、仓储和邮政业，建筑业
	花乡地区	0.071	水利、环境和公共设施管理业，科学研究和技术服务业，交通运输、仓储和邮政业，租赁和商务服务业	新村街道（原花乡地区）	0.067	电力、热力、燃气及水生产和供应业，建筑业，居民服务、修理和其他服务业

续表

就业中心位置	2004年			2018年		
	街道名称	赫芬达尔指数	专业化部门*	街道名称	赫芬达尔指数	专业化部门*
三环外西南方向地区	亦庄地区	0.452	制造业	亦庄地区	0.119	制造业，电力、热力、燃气及水生产和供应业
	古城街道	0.548	制造业			
三环以北地区	学院路街道	0.070	信息传输、软件和信息技术服务业，科学研究和技术服务业，教育	学院路街道	0.140	教育，信息传输、软件和信息技术服务业，建筑业
	海淀街道	0.073	信息传输、软件和信息技术服务业，批发和零售业，教育	海淀街道	0.139	信息传输、软件和信息技术服务业，教育
	花园路街道	0.057	信息传输、软件和信息技术服务业，科学研究和技术服务业，卫生和社会工作，教育			
				上地街道	0.250	信息传输、软件和信息技术服务业
				中关村街道	0.160	信息传输、软件和信息技术服务业，科学研究和技术服务业
				来广营地区	0.082	房地产业，居民服务、修理和其他服务业，科学研究和技术服务业，信息传输、软件和信息技术服务业
				望京街道	0.068	信息传输、软件和信息技术服务业

* 专业化部门指本街道或地区区位商大于1.5的经济部门，顺序按区位商由大到小排序。

总体而言，北京郊区化过程中，就业中心呈现分散化集聚的发展特征，且在整体地域功能趋于多样化的大趋势下，就业集聚中心更倾向于专业化发展，这说明就业的分散化集聚伴随着专业化集聚。就业集聚中心也形成了较为清晰的专业化地域分工格局，城市中心区的就业中心主要专业化于高端商务和公共管理的服务职能，而外围地区的就业中心主要专业化于分散化的行业部门，如制造业，科学研究、技术服务，信息服务，以及交通运输等。

本章对北京的案例分析显示，在城市空间发展过程中，由城市中心区向郊区转移和扩散的产业和功能会不断推动城市内部地域功能的重组和演化。一方面，产业和功能向郊区的疏解会促使城市整体地域功能格局不断优化，表现为城市中心区地域功能不断提升和外围郊区专业化特色地域功能的发展，从而形成层级更加清晰的地域功能格局。另一方面，郊区化中产业和功能的再集聚形成的专业化集聚中心（郊区次中心）承担了各具特色的地域功能，并形成了一定的地域分工，是推动城市内部地域功能重组和演化的重要空间载体。

本章参考文献

李倢. 2005. 基于因子分析的北京城市功能空间布局研究. 城市发展研究, (4): 57-62.

秦波, 王新峰. 2010. 探索识别中心的新方法——以上海生产性服务业空间分布为例. 城市发展研究, 17(6): 43-48.

Anderson N B, Bogart W T. 2001. The structure of sprawl: identifying and characterizing employment centers in polycentric metropolitan areas. American Journal of Economics and Sociology, 60(1): 147-169.

Gilli F. 2009. Sprawl or reagglomeration? The dynamics of employment deconcentration and industrial transformation in greater Paris. Urban Studies, 46(7): 1385-1420.

第七章　中国城市空间重构与职住空间关系变迁

城市空间重构意味着城市内人口居住和就业分布空间格局变化，进而影响城市的职住空间关系，近年来城市空间重构中职住空间关系的变迁受到广泛关注。本章以北京为例，研究了北京在城市空间结构演变过程中的职住空间关系变迁，包括郊区化过程中城市内不同圈层职住平衡的演变，以及城市内人口居住和就业中心的空间错位及其通勤联系，并讨论了职住空间关系的行业差异和人群差异。

第一节　居住–就业郊区化与职住平衡

人口居住和产业郊区化的程度和空间范围往往不同，两者的不同步造成了城市内居住-就业的空间错位，会加剧城市内的职住失衡。城市内的不同圈层受郊区化的影响不同，其职住平衡水平（即内部通勤比例）也会存在较大差异。对比人口居住和就业的空间分布有助于理解城市的职住空间关系，本节分析了 2000 年以来北京居住-就业郊区化的差异，并讨论了城市内各圈层居住-就业的平衡性，以揭示居住-就业郊区化对城市内职住平衡的影响。

一、人口与就业郊区化的差异

为了反映北京人口和就业郊区化的差异，本节使用《北京市人口普查年鉴》中 2000 年、2010 年和 2020 年北京各区的常住人口数据，以及《北京第二次基本单位普查公报》和《北京经济普查年鉴》中2001年、2008年和2018年北京各区的从业人员数据，分析了2000年以来北京人口和就业空间分布的演化趋势，讨论了人口与就业郊区化程度及空间范围的差异，揭示了两者的不同步性及由此带来的职住空间错位[①]。

图7-1显示了北京各区人口和就业占全市比例随到城市中心（天安门）的距离的分布及变动情况。比较人口和就业分布可见，人口的郊区化程度明显高于就业，郊区化的空间范围也明显更大。从人口分布的拟合曲线来看，城市核心区的人口占比显著下降，人口分布的峰值在距城市中心10～20千米的范围内，且在2000～2020年，峰值有一定的下降和右移趋势，反映出人口分布的郊区化趋势。尤其是在2010～2020年的阶段，在距城市中心25千米以外的地区人口占比大幅增加，体现出郊区化空间范围明显扩大。从就业分布的拟合曲线来看，核心区的就业占比也有所下降，但幅度比人口小很多，2001～2018年拟合曲线逐步体现出就业分布峰值右移，但总体上就业仍高度集中在距城市中心25千米的范围内，因此不论是郊区化的特征还是范围，就业都低于人口。

从两个阶段各区人口和就业占比随到城市中心距离的分布变动来看，人口和就业郊区化的差异则更加明显。在2000～2010年（对于就业是2001～2008年）的阶段，人口占比变动的拟合曲线体现出2个增长波峰，显示郊区化的空间范围较大，而就业占比变动的拟合曲线只有1个增长波峰，在距城市中心25千米的范围内，就业郊区化的空间范围明显小于人口。在2010～2020年（对于就业是2008～2018年）的阶段，人口占比变动的拟合曲线波峰明显扩大且右移，说明郊区化程度不断加深且空间范围继续扩大。就业占比变动的拟合曲线则显示在距城市中心25千米范围内就业占比下降，在之外的地区就业占比有一定上升，相比于前一阶段，就业郊区化的空间范围也有所扩大，但变动幅度相对有限。

总体而言，北京人口和就业郊区化的差异符合城市经济理论和国际发展经验的一般规律，人口和居住郊区化的程度和空间范围高于产业郊区化，这也在宏观层面上造成了城市内的职住空间错位。因此受居住-就业郊区化不同步的影响，北京的职住空间错位主要体现为人口居住更加分散到郊区，而就业岗位仍相对集

---

① 我国人口普查和经济普查交叉进行，年份不一致，所以不存在年份一致的人口和就业数据，故用相近年份的两次普查数据进行比较分析。

中于城市中心区。

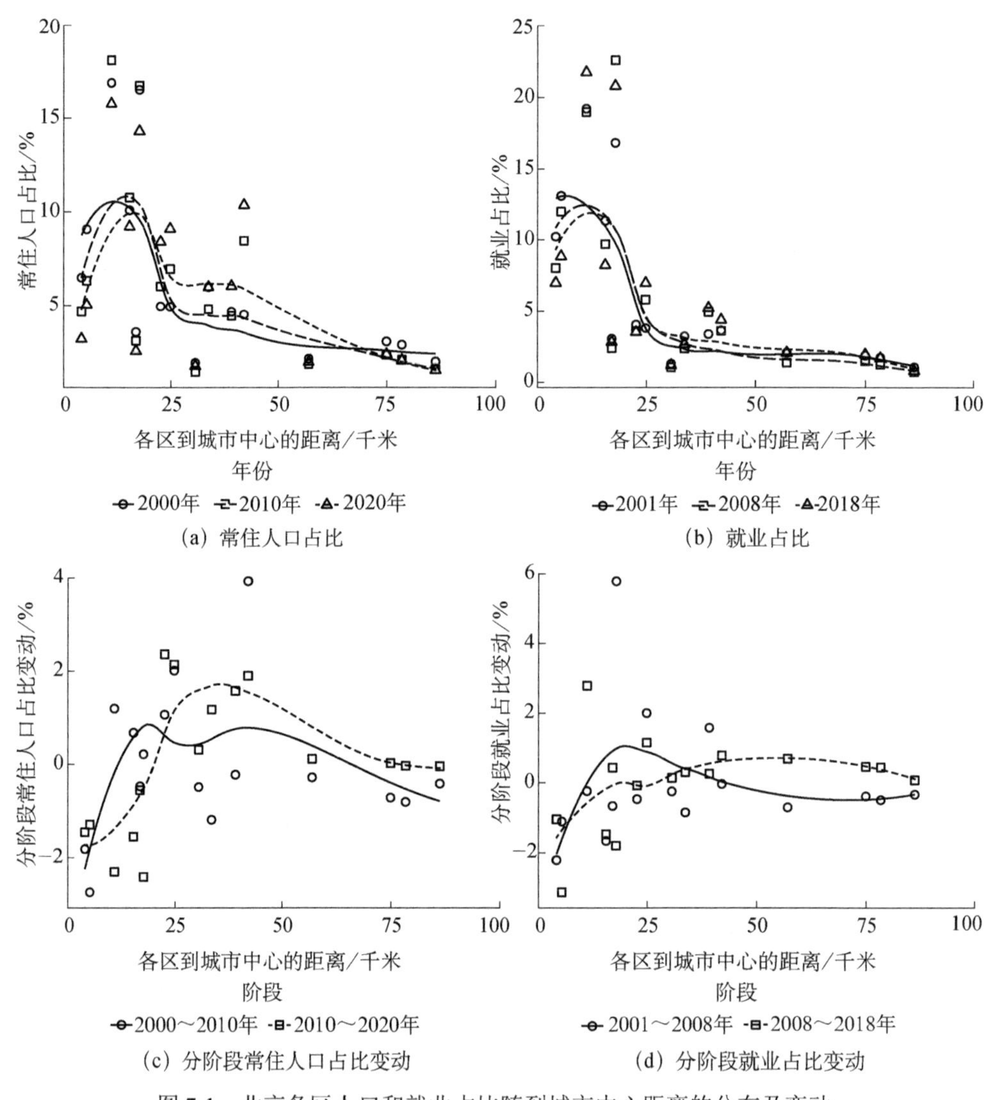

图 7-1 北京各区人口和就业占比随到城市中心距离的分布及变动

二、郊区化中城市不同圈层的职住平衡及演变

由于人口和就业郊区化的空间范围不同，城市内不同圈层承载郊区化的人口和产业的程度也不同，因此会体现出不同的职住平衡特征。为了反映北京各圈层的

职住平衡水平，本节使用上述各区人口和就业数据计算北京各区的职住比（JHR）：

$$JHR = \frac{e_i / E}{p_i / P} \tag{7-1}$$

其中，e_i是地区 i 的就业岗位数，p_i是地区 i 的常住人口数，E 和 P 分别为全市总的就业岗位和常住人口数。分别使用 2000 年人口和 2001 年就业、2010 年人口和 2008 年就业、2020 年人口和 2018 年就业计算 3 个年份北京各区的职住比，并计算 3 个年份的平均值。

图 7-2 显示了各区职住比的平均值随到城市中心距离的分布情况。由图可见，总体上职住比随到城市中心距离的增加而下降，这同样说明了就业相比于人口，分布相对更加集中在城市中心区。具体从各圈层来看，核心区的东城区和西城区职住比都大幅超过 1，平均值分别为 1.81 和 1.70。这说明核心区圈层就业相比于人口过度集中，存在严重的职住失衡。在中心区圈层，海淀区和朝阳区的职住比平均值接近和超过 1.2，存在就业的过度集中，丰台区和石景山区的职住比平均值在 0.9～1，相对来说较平衡。在外围郊区，各区的职住比平均值都低于 1，存在不同程度的人口相对于就业的过度集中。其中，近郊的通州区、房山区和昌平区，以及远郊的延庆区，存在比较严重的职住失衡，职住比平均值在 0.5～0.6，这些地区的居住人口相比于就业岗位过于集中。外围郊区中，顺义区和怀柔区基本达到了职住平衡，职住比平均值为 0.9，这和这两个地区的产业发展相对较好有关。

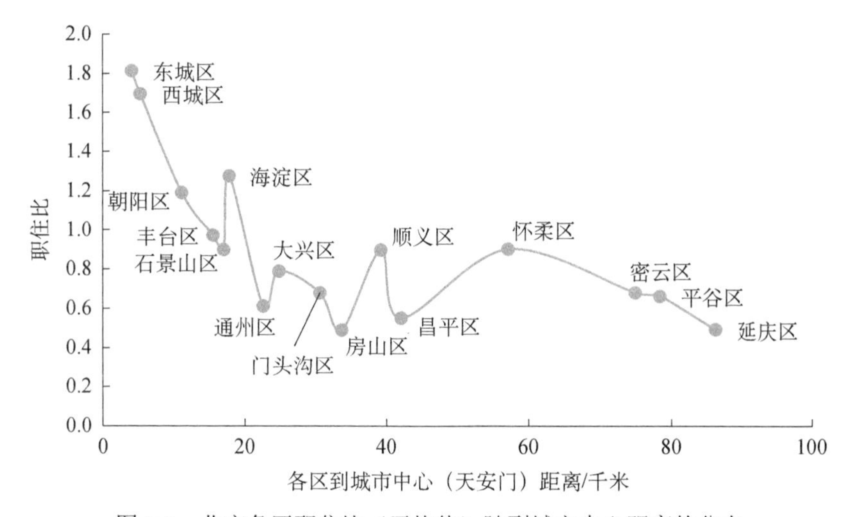

图 7-2　北京各区职住比（平均值）随到城市中心距离的分布

从各地区职住比的变动趋势（表 7-1）来看，核心区的职住失衡总体趋于严重，东城区和西城区的职住比不断提高，这主要是因为虽然就业和人口都在郊区化，但就业的郊区化程度远远低于人口的郊区化，导致核心区的就业相比于人口变得更加集中。但在 2010～2020 年的阶段，西城区的职住比有所下降，说明了这种趋势正在改变，但总体上核心区的职住失衡仍然十分突出。在中心区圈层，海淀区和朝阳区作为产业郊区化的主要承载区，随着产业功能的增强，职住失衡也愈加突出，尤其是海淀区。丰台区和石景山区的职住分布则相对平衡，丰台区逐步从就业略微过度集中向人口略微过度集中转变，石景山区则随着产业功能的加强，从人口相对过度集中向就业略微过度集中转变。在郊区，通州区、房山区和昌平区的职住失衡加剧，通州区的职住比从 2000 年的 0.82 大幅下降到 2020 年的 0.42，房山区的职住比在 2000 年时就已较低，仅为 0.54，到 2020 年进一步下降到 0.45，而昌平区主要在 2000～2010 年的阶段，职住比大幅下降，从 0.81 下降到 0.43，之后职住比稳定在较低水平。这 3 个地区都是北京郊区住宅开发较为集中、人口郊区化的主要承载区，而产业功能发展则相对不足，导致就业岗位相比于居住人口明显不足，3 个地区呈现显著的职住失衡状态。

表 7-1　不同年份北京各地区的职住比

圈层	地区	2000 年	2010 年	2020 年	2000～2020 年平均值
核心区	东城区	1.57	1.71	2.16	1.81
	西城区	1.44	1.89	1.75	1.70
中心区	朝阳区	1.14	1.05	1.38	1.19
	丰台区	1.13	0.90	0.89	0.97
	石景山区	0.85	0.76	1.09	0.90
	海淀区	1.02	1.35	1.46	1.28
郊区	通州区	0.82	0.60	0.42	0.61
	大兴区	0.77	0.84	0.77	0.79
	门头沟区	0.66	0.71	0.67	0.68
	房山区	0.54	0.49	0.45	0.49
	顺义区	0.72	1.11	0.86	0.90
	昌平区	0.81	0.43	0.42	0.55
	怀柔区	0.95	0.73	1.03	0.90
	密云区	0.61	0.63	0.81	0.68
	平谷区	0.59	0.59	0.81	0.66
	延庆区	0.52	0.45	0.51	0.49

第二节　居住-就业空间结构与通勤联系

城市内人口居住和就业分布往往具有不同的空间结构，居住和就业中心之间存在密切的通勤联系，是分析城市职住空间关系的重要方面。本节从北京居住-就业空间结构的匹配性出发，分析了城市内人口居住和就业中心的空间错位，通过这些中心之间的通勤联系讨论了城市的职住平衡特征。

一、人口居住和就业中心

为了反映北京职住空间结构的差异，本节首先基于2018年第四次全国经济普查资料和2020年第七次全国人口普查资料中北京各街道乡镇的从业人员和常住人口数据，识别了北京的人口和就业中心。本节识别人口和就业中心的方法采用相对简单的阈值法，主要识别出北京市内人口和就业规模较大、密度相对较高的地区，以分析这些地区在空间上的错位情况以及彼此间的通勤联系。

具体的识别方法如下。首先，按照街道乡镇人口或就业规模从大到小排序，并计算排序后街道乡镇人口或就业占全市总人口或总就业的累积百分比，将累积百分比达到50%之前的街道乡镇确定为可能的人口或就业中心。其次，再计算各街道乡镇的人口或就业密度，在上述识别的人口或就业规模较大的地区中，剔除密度低于所有街道乡镇中位数的地区，将剩余的地区作为最终识别的人口或就业中心。最后，根据经验及相关规划资料，将这些街道乡镇划分为多个组团，最终形成识别的人口居住和就业中心。

按照上述方法，最终识别出19个居住中心和17个就业中心，各中心的位置及分布情况如图7-3所示。19个居住中心的人口占全市总人口的42.7%，17个就业中心的就业占全市总就业的49.5%，体现出这些中心在北京职住空间分布中的重要性。总体上，就业分布比人口要更加集中在城市中心，因此集聚水平相对更高。

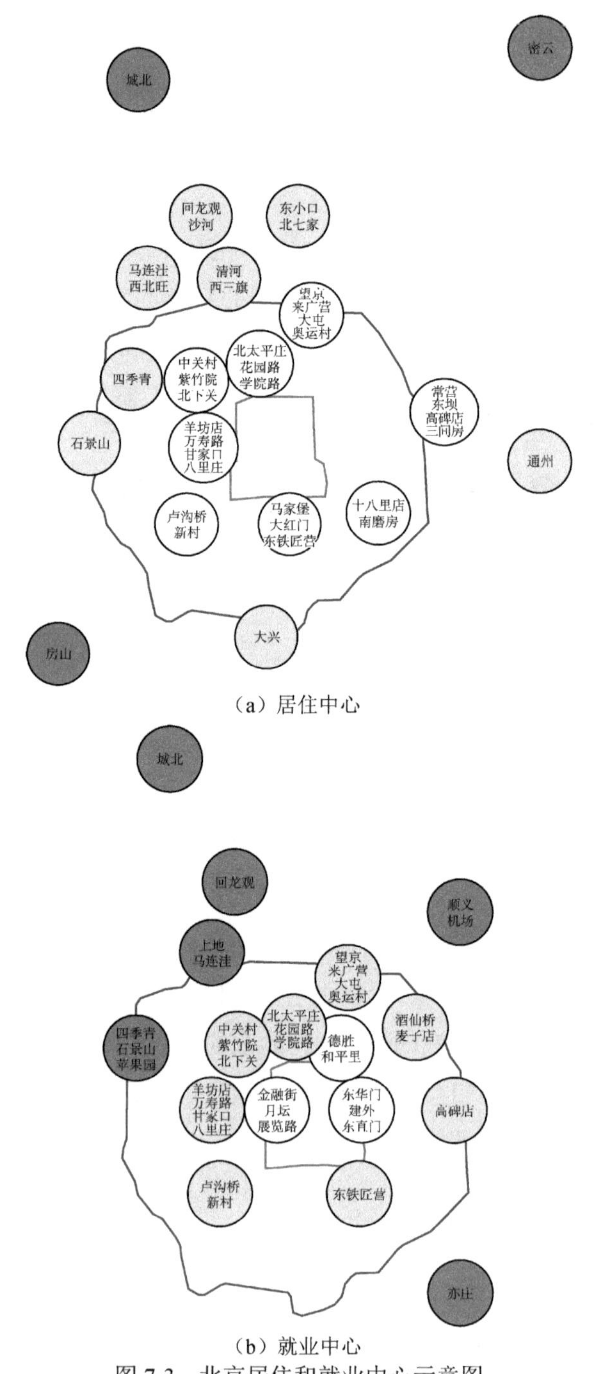

图 7-3 北京居住和就业中心示意图

注：白色、浅灰色、深灰色圆圈代表其分别属于核心区、中心区、郊区，下同

为了反映居住中心和就业中心之间的通勤联系，本节使用联通智慧足迹提供的北京市1千米×1千米格网的通勤流数据，将其汇总到各街道乡镇，并按居住和就业中心的范围加总，得出各中心内部和之间的通勤流。整体上，从居住中心出发到就业中心的通勤流占整个城市通勤流的23.9%，而和居住或就业中心有关的通勤流占整个城市通勤流的64.2%。其中，从居住中心出发到非就业中心的通勤流占整个城市通勤流的21.2%，从非居住中心出发到就业中心的通勤流占整个城市通勤流的19.1%。这体现出这些中心对城市空间结构和功能联系发挥着重要作用。

二、人口居住和就业中心的职住平衡性

从居住和就业中心的位置和空间范围来看，19个居住中心共涉及53个街道乡镇，17个就业中心共涉及40个街道乡镇，其中只有25个街道乡镇既属于居住中心，也属于就业中心，是居住和就业中心重合的地区。这说明居住和就业中心在空间上仍存在一定的空间错位。

分圈层来看，在城市核心区（主要是二环路以内及沿线地区）仅存在就业中心，而没有居住中心。核心区内有3个就业中心，分别是位于从东城区到朝阳区的从东华门街道向西至建外街道向北至东直门街道（即东华门—建外—东直门），以朝阳区CBD为核心的城市主就业中心，位于西城区的包括金融街、月坛和展览路街道（即金融街—月坛—展览路），以金融街为核心的城市主就业中心，以及在北二环沿线包括德胜和和平里街道（即德胜—和平里）的就业中心。这3个中心中，东华门—建外—东直门中心面积和就业规模最大，其就业占全市总就业的8.08%。总体而言，核心区以就业中心为主，而缺少居住中心，存在明显的职住空间错位。

在城市中心区（朝阳区、海淀区、丰台区和石景山区），海淀区的居住中心和就业中心的重叠度相对较高，北太平庄—花园路—学院路中心、羊坊店—万寿路—甘家口—八里庄中心、中关村—紫竹院—北下关中心既是居住中心，也是就业中心。海淀区的职住空间错位主要在西北部地区，上地—马连洼就业中心和清河—西三旗、马连洼—西北旺居住中心存在一定的空间错位。朝阳区的居住中心和就业中心的空间错位则更严重一些，只有望京—来广营—大屯—奥运村中心既是居住中心，也是就业中心。酒仙桥—麦子店的就业中心，和常营—东坝—高碑店—三间房、十八里店—南磨房的居住中心都存在较明显的职住中心的空间错

位。此外，丰台区有 2 个就业中心、2 个居住中心，石景山区有 1 个就业中心、1 个居住中心，这些职住中心间都存在一定的空间交错。

在外围郊区，居住-就业中心的空间错位愈加明显，主要是北部的顺义—机场就业中心和南部的亦庄就业中心，以及昌平区的东小口—北七家、回龙观—沙河，通州、大兴、房山、密云等居住中心都相对独立，存在明显的职住中心的空间错位。这和之前对北京各区职住平衡的分析结果基本一致，外围郊区除了局部的就业中心，以居住中心为主，其中昌平区、通州区、房山区的职住失衡比较突出，从中心来看，这几个地区也主要是形成了独立的居住中心，而缺乏邻近的就业中心，造成了职住中心的空间错位。

可以从居住和就业中心的通勤联系进一步分析各中心的职住平衡性。分别计算各居住中心从该中心出发向外通勤占该中心总通勤的比例，以及到达各就业中心的通勤中从该中心以外到达的通勤占该中心总通勤的比例，以此衡量各中心的职住平衡水平。表 7-2 和表 7-3 列出了各就业和居住中心的面积、规模、通勤量占比及职住平衡水平。

由表可见，核心区的 3 个就业中心的职住平衡性都非常低，对于东华门—建外—东直门和金融街—月坛—展览路 2 个城市主就业中心而言，只有 8.3%和 9.5%的流入通勤来自 2 个中心内部，其他都是这 2 个中心以外地区流入的，可见城市主中心显然是高度职住失衡的。德胜—和平里就业中心的职住平衡水平也仅有 12.8%，相对较低。

在朝阳区，就业中心中的酒仙桥—麦子店中心和居住中心中的十八里店—南磨房中心的职住平衡性比较低，这和职住中心的空间错位特征一致。同样地，海淀区的上地—马连洼就业中心和清河—西三旗居住中心的职住平衡性较低，丰台区的东铁匠营就业中心和马家堡—大红门—东铁匠营居住中心的职住平衡性较低。这些都和职住中心的空间错位有关，所以职住分布的空间错位的确会造成通勤上的职住失衡。

而在外围郊区，昌平区的东小口—北七家、石景山、大兴和密云中心是职住失衡比较严重的居住中心，顺义—机场中心是职住失衡比较严重的就业中心。从职住中心的空间错位来看，南部的亦庄就业中心，东部的通州居住中心错位都比较明显，但其职住平衡水平并不算太低，所以职住中心的空间错位并未造成明显的职住失衡。这可能是因为，外围郊区的居住或就业中心尽管在空间上相对独立，但这些中心的职住功能可能比较完善，相对自立，所以不像中心区圈层的中心职住失衡那么严重。

表 7-2　就业中心的规模及其职住平衡水平

就业中心	面积/平方千米	就业规模/万人	就业占全市总就业的比例/%	到该中心的通勤占该中心总通勤的比例/%	职住平衡水平/%
东华门—建外—东直门	19.0	109.3	8.08	7.49	8.3
金融街—月坛—展览路	13.8	59.2	4.38	3.87	9.5
德胜—和平里	9.0	21.9	1.62	1.41	12.8
北太平庄—花园路—学院路	20.2	41.6	3.08	2.67	22.7
羊坊店—万寿路—甘家口—八里庄	28.3	43.1	3.19	4.12	22.0
中关村—紫竹院—北下关	24.2	84.7	6.26	5.22	19.9
望京—来广营—大屯—奥运村	64.8	56.6	4.19	3.44	27.7
酒仙桥—麦子店	11.4	23.8	1.76	1.40	7.4
高碑店	15.1	10.3	0.76	1.40	16.3
东铁匠营	7.4	14.4	1.07	0.48	10.7
卢沟桥—新村	79.1	59.1	4.37	4.44	36.6
四季青—石景山苹果园	56.0	26.6	1.97	1.49	34.2
上地—马连洼	20.3	41.7	3.09	0.88	13.7
回龙观	30.7	11.5	0.85	0.73	30.3
顺义—机场	26.7	12.2	0.90	0.24	9.4
亦庄	58.5	42.6	3.15	3.12	26.0
城北	19.5	10.4	0.77	0.63	26.9

表 7-3　居住中心的规模及其职住平衡水平

居住中心	面积/平方千米	常住人口/万人	人口占全市总人口的比例/%	从该中心出发向外通勤占该中心总通勤的比例/%	职住平衡水平/%
北太平庄—花园路—学院路	24.3	64.6	2.95	2.70	28.2
羊坊店—万寿路—甘家口—八里庄	33.7	69.2	3.16	4.04	26.8
中关村—紫竹院—北下关	29.9	64.4	2.94	3.31	38.3
望京—来广营—大屯—奥运村	64.8	61.5	2.81	3.22	29.6
常营—东坝—高碑店—三间房	57.8	45.7	2.09	3.52	23.1
十八里店—南磨房	35.0	30.5	1.40	2.13	18.9
马家堡—大红门—东铁匠营	25.2	50.2	2.29	3.31	15.8

续表

居住中心	面积/平方千米	常住人口/万人	人口占全市总人口的比例/%	从该中心出发向外通勤占该中心总通勤的比例/%	职住平衡水平/%
卢沟桥—新村	88.2	79.7	3.64	5.93	36.5
清河—西三旗	17.3	30.5	1.39	0.78	15.8
马连洼—西北旺	61.1	28.4	1.30	0.87	21.8
四季青	41.0	16.3	0.74	1.49	25.0
石景山	5.7	11.1	0.51	0.33	12.0
东小口—北七家	88.7	74.8	3.41	2.44	18.7
回龙观—沙河	85.8	70.7	3.23	2.42	23.8
通州	68.4	93.1	4.25	3.83	35.9
大兴	102.3	84.6	3.87	3.44	16.4
城北	19.5	22.9	1.04	0.54	31.6
房山	28.1	21.5	0.98	0.60	20.8
密云	13.3	15.5	0.71	0.28	16.6

三、人口居住和就业中心间的通勤联系

进一步分析一些主要的人口居住和就业中心之间的通勤联系特征。从各就业中心的位置和规模来看（表 7-2），东华门—建外—东直门和金融街—月坛—展览路是北京城市核心区里的两个主就业中心，而位于海淀区的中关村—紫竹院—北下关虽然不在城市核心区里，但其就业规模较大，超过金融街—月坛—展览路中心，是仅次于东华门—建外—东直门中心的就业中心，其就业占全市总就业的比例达到 6.26%。因此，可以说北京的就业空间结构有 3 个主中心。此外，对于中心区按就业占全市总就业的比例超过 4%和外围郊区按就业占全市总就业的比例超过 3%，可以发现还有几个规模较大的就业中心，分别是朝阳区的望京—来广营—大屯—奥运村中心和丰台区的丰台—卢沟桥—新村中心，以及郊区的上地—马连洼中心和亦庄中心，这 7 个就业中心的就业占超过全市就业的 1/3（33.5%），构成了北京就业分布的核心结构。

图 7-4 显示了从各居住中心到中关村—紫竹院—北下关、东华门—建外—东直门、金融街—月坛—展览路 3 个就业中心的通勤情况。由图可见，从各居住中

心到中关村—紫竹院—北下关中心的通勤流是3个就业中心中最高的，占全部居住中心到全部就业中心通勤流的15.1%，其次是到东华门—建外—东直门中心的通勤流，占13.9%，到金融街—月坛—展览路中心的通勤流占8.6%。但从3个就业中心通勤流入的地区来看，分布范围最广的是东华门—建外—东直门中心。以占比超过1%的通勤流为标准，东华门—建外—东直门中心的通勤主要来自7个居住中心，而中关村—紫竹院—北下关中心的通勤主要来自5个居住中心，金融街—月坛—展览路中心的通勤主要来自3个居住中心。

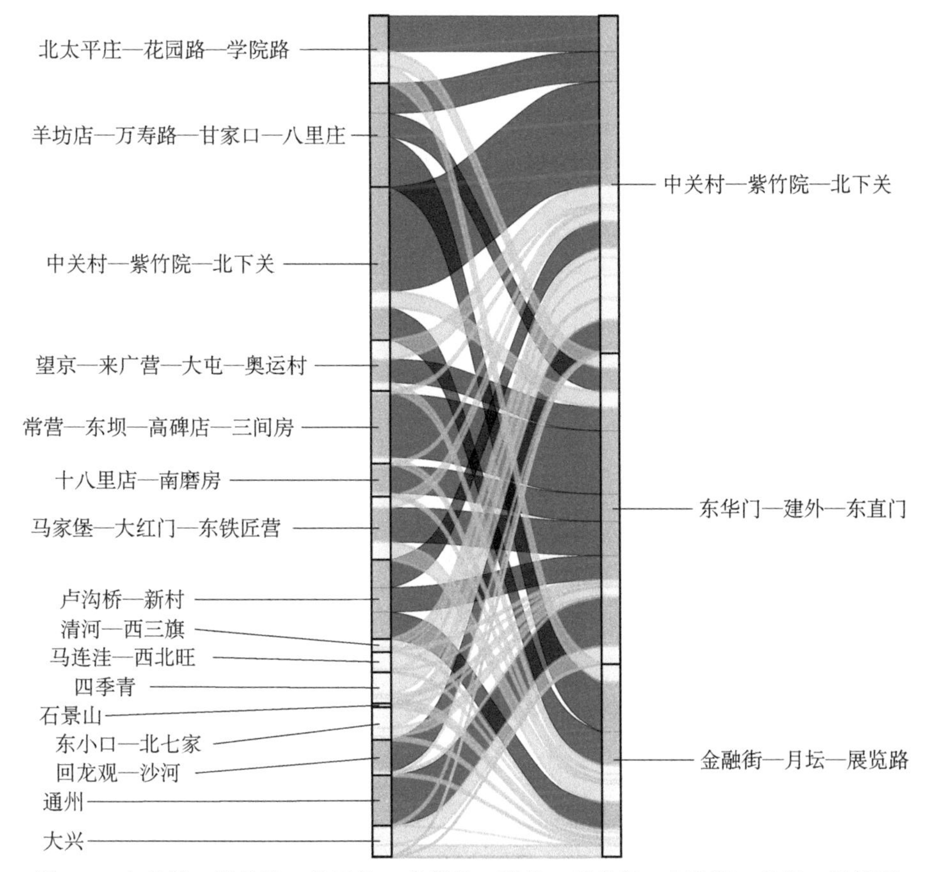

图7-4　中关村—紫竹院—北下关、东华门—建外—东直门、金融街—月坛—展览路3个就业中心与各居住中心的通勤联系

图7-5显示了到中关村—紫竹院—北下关、东华门—建外—东直门、金融街—月坛—展览路3个就业中心占比超过0.5%的通勤流的空间分布情况。显然，

到东华门—建外—东直门中心的通勤流分布范围最广，涉及海淀区、朝阳区、丰台区、大兴区和通州区，来自城市中心区圈层的全部居住中心以及郊区的通州和大兴2个居住中心。金融街—月坛—展览路中心的通勤流主要涉及海淀区、丰台区和大兴区，来自中心区圈层西部的几个居住中心以及郊区的大兴居住中心。中关村—紫竹院—北下关中心的通勤流主要涉及海淀区、朝阳区、丰台区和昌平区，来自中心区圈层西北部的几个居住中心和北部郊区的几个居住中心。可见，3个就业中心在通勤联系上具有明显的空间差异性，但总体上这3个就业中心的通勤流涵盖了大部分的居住中心，体现出这3个就业中心在全市空间结构中的重要地位。

表7-4列出了各居住中心到7个主要的就业中心的通勤流占全部居住中心到全部就业中心的通勤流的比例。除了东华门—建外—东直门、金融街—月坛—展览路、中关村—紫竹院—北下关3个就业中心，也可以看到其他几个主要就业中心的通勤联系情况。其中，望京—来广营—大屯—奥运村就业中心的通勤流主要

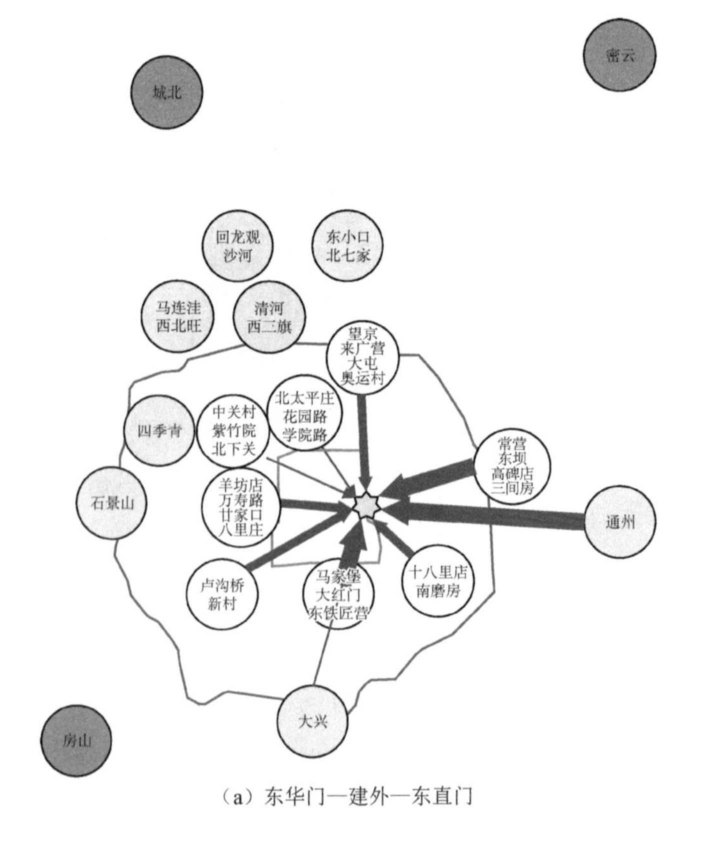

（a）东华门—建外—东直门

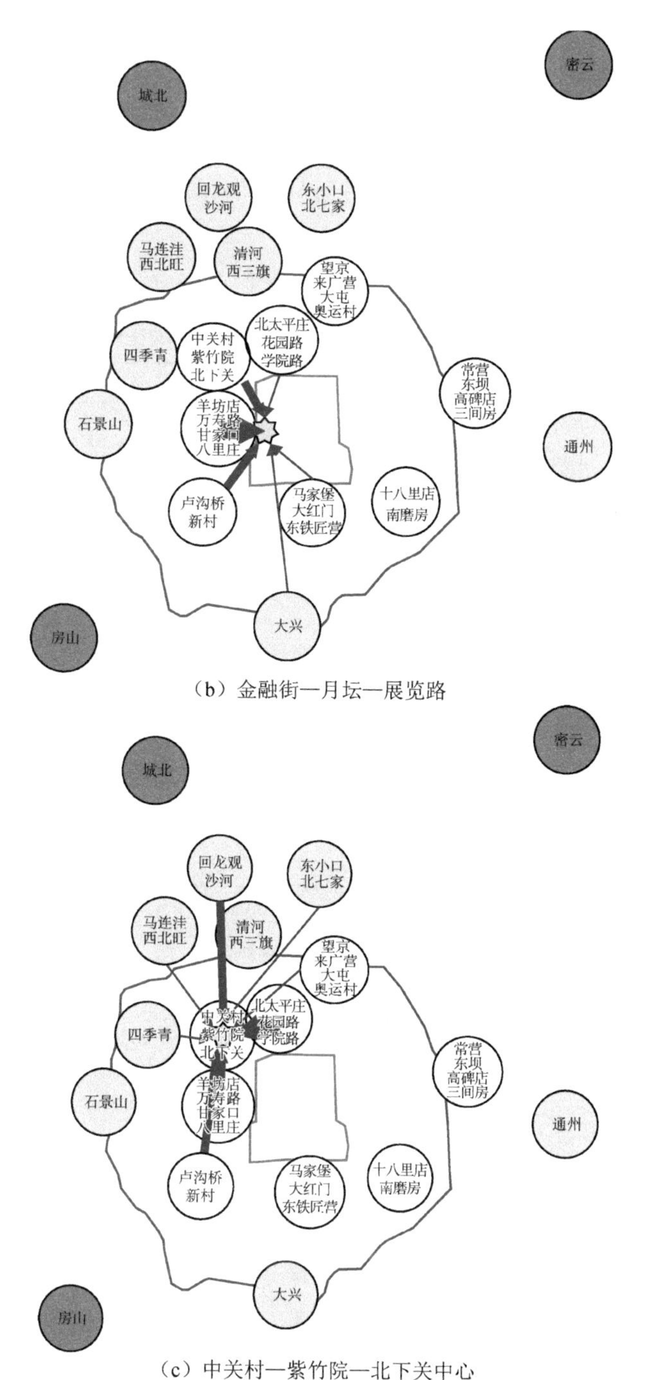

（b）金融街—月坛—展览路

（c）中关村—紫竹院—北下关中心

图 7-5 东华门—建外—东直门、金融街—月坛—展览路、中关村—紫竹院—北下关 3 个就业中心与居住中心的主要通勤流示意图

涉及朝阳区、海淀区和昌平区，其空间范围和中关村—紫竹院—北下关中心比较类似。丰台—卢沟桥—新村就业中心的通勤流则涉及海淀区、丰台区和大兴区，且以丰台区内为主。郊区的上地—马连洼就业中心的通勤流主要来自海淀区的马连洼—西北旺居住中心和昌平区的回龙观—沙河居住中心。亦庄就业中心的通勤流则主要来自大兴居住中心。

表 7-4　各居住中心到几个主要就业中心的通勤流占全部居住中心至全部就业中心的通勤流的比例　（%）

居住中心	主要就业中心						
	东华门—建外—东直门	金融街—月坛—展览路	中关村—紫竹院—北下关	望京—来广营—大屯—奥运村	卢沟桥—新村	上地—马连洼	亦庄
北太平庄—花园路—学院路	0.65	0.77	1.59	0.63	0.15	0.11	0.00
羊坊店—万寿路—甘家口—八里庄	1.05	2.26	1.34	0.24	0.91	0.07	0.03
中关村—紫竹院—北下关	0.69	1.49	4.64	0.36	0.25	0.15	0.00
望京—来广营—大屯—奥运村	1.04	0.37	0.84	3.99	0.04	0.13	0.00
常营—东坝—高碑店—三间房	2.83	0.28	0.13	0.53	0.02	0.00	0.19
十八里店—南磨房	1.22	0.16	0.10	0.16	0.15	0.00	0.39
马家堡—大红门—东铁匠营	1.53	0.79	0.49	0.21	0.73	0.00	0.43
卢沟桥—新村	1.10	1.21	1.25	0.11	7.69	0.02	0.15
清河—西三旗	0.11	0.08	0.39	0.27	0.01	0.29	0.00
马连洼—西北旺	0.03	0.07	0.80	0.07	0.01	0.64	0.00
四季青	0.15	0.24	1.00	0.08	0.16	0.04	0.00
石景山	0.02	0.08	0.08	0.00	0.06	0.01	0.00
东小口—北七家	0.39	0.15	0.91	1.72	0.00	0.28	0.00
回龙观—沙河	0.06	0.11	1.43	0.52	0.00	0.88	0.00
通州	2.21	0.00	0.00	0.18	0.00	0.00	0.37
大兴	0.79	0.51	0.08	0.01	1.16	0.00	2.36
城北	0.00	0.00	0.00	0.00	0.00	0.04	0.00
房山	0.00	0.00	0.00	0.00	0.42	0.00	0.00
密云	0.00	0.00	0.00	0.00	0.00	0.00	0.00

从居住中心来看，重点关注外围郊区形成的几个规模较大的居住中心的通勤联系。表 7-5 列出了从昌平区东小口—北七家和回龙观—沙河居住中心以及通州和大兴居住中心出发到各就业中心的通勤流占全部居住中心到全部就业中心的通勤流的比例。由表可见，东小口—北七家居住中心的通勤主要流向海淀区和朝阳区，回龙观—沙河居住中心的通勤除部分流向昌平区回龙观就业中心外，其他也主要流向海淀区和朝阳区。此外，通州居住中心的通勤主要流向东华门—建外—东直门中心和朝阳区的高碑店就业中心，而大兴居住中心的通勤流涉及范围相对较广，主要流向东华门—建外—东直门和金融街—月坛—展览路中心，以及丰台—卢沟桥—新村和亦庄就业中心。

表 7-5　外围郊区的几个主要居住中心到各就业中心的通勤流占全部居住中心到全部就业中心的通勤流的比例　（%）

就业中心	主要居住中心			
	东小口—北七家	回龙观—沙河	通州	大兴
东华门—建外—东直门	0.39	0.06	2.21	0.79
金融街—月坛—展览路	0.15	0.11	0.00	0.51
德胜—和平里	0.35	0.13	0.03	0.07
北太平庄—花园路—学院路	0.69	0.75	0.00	0.04
羊坊店—万寿路—甘家口—八里庄	0.09	0.07	0.00	0.32
中关村—紫竹院—北下关	0.91	1.43	0.00	0.08
望京—来广营—大屯—奥运村	1.72	0.52	0.18	0.01
酒仙桥—麦子店	0.19	0.05	0.30	0.04
高碑店	0.01	0.00	0.94	0.07
东铁匠营	0.00	0.00	0.02	0.19
卢沟桥—新村	0.00	0.00	0.00	1.16
四季青—石景山苹果园	0.03	0.07	0.00	0.01
上地—马连洼	0.28	0.88	0.00	0.00
回龙观	0.41	1.54	0.00	0.00
顺义—机场	0.05	0.01	0.01	0.00
亦庄	0.00	0.00	0.37	2.36
城北	0.04	0.24	0.00	0.00

上述分析显示，北京的居住中心和就业中心之间的确存在复杂的通勤联系，在郊区化和城市功能布局调整的推动下，城市空间结构的重组势必影响城市内的

职住空间关系及相应的城市功能联系。因此，在城市规划和建设过程中，需要进一步推动居住-就业中心的空间融合，并降低居住-就业中心的跨区通勤联系，促进城市整体的职住平衡。

第三节 职住平衡的行业差异[①]

上述对城市内职住平衡的分析主要基于总的人口和就业分布，然而职住空间关系在不同行业间可能存在较大差异。因此，对职住平衡的分析还要考虑人口和就业的行业特征。本节测度了不同行业居住与就业分布的空间分离程度，并分析了行业间差异及原因。

一、研究方法和数据

使用 Martin（2004）提出的空间错位指数来测度北京市人口居住与就业的空间错位程度。考虑到不同行业就业人口和就业岗位的空间错位程度是有差异的，因此针对 18 个行业门类和 87 个行业大类，分别计算居住-就业的空间错位指数。行业 j 的空间错位指数 SMI_j 计算如下：

$$SMI_j = \frac{1}{2P_j}\sum_{i=1}^{n}\left|\left(\frac{e_{ij}}{E_j}\right)P_j - p_{ij}\right| \tag{7-2}$$

其中，p_{ij} 是区县 i 行业 j 的人口数，e_{ij} 是区县 i 行业 j 的就业岗位数，P_j 是北京市行业 j 总的人口数，E_j 是北京市行业 j 总的就业岗位数，n 是区县个数。空间错位指数可以反映就业人口和就业岗位地区分布的相似性，相似程度越高即空间错位程度越低，空间错位指数越小，反之空间错位指数越大。

研究数据使用《北京市 2010 年人口普查资料》中分区县、分行业门类和行业大类的就业人口数来反映不同行业就业人口居住的分布情况，使用《北京经济普

---

① 本节内容发表于：孙铁山. 2015. 北京市居住与就业空间错位的行业差异和影响因素. 地理研究，34（2）：351-363。

查年鉴2008》中分区县、分行业门类和行业大类的从业人员数反映不同行业就业岗位的分布情况。因为人口普查是基于居住地进行的而经济普查是基于工作地进行的，所以比较两者可以刻画出居住-就业的空间错位。

二、北京职住空间错位的行业差异

图7-6显示了各行业门类居住-就业的空间错位指数。由图可见，总体上北京第二、三产业总就业人口和总就业岗位地区分布的空间错位指数为0.16。在18个行业门类中，除制造业和教育外，其他各行业的空间错位指数都高于0.16。这说明单一行业就业人口和就业岗位地区分布的空间错位一般比总就业人口和总就业岗位的空间错位更加突出。从各行业门类空间错位指数来看，空间错位程度最低的是制造业和教育。这主要因为，制造业是目前北京就业分散化程度最高的行业，就业的分散化导致该行业就业人口的居住和就业岗位在空间上更易实现匹配，而教育则随人口分布相对均衡布局，就业分散化程度也较高，所以其居住-就业的空间匹配程度也较高。空间错位最严重的主要有5个行业，分别是金融业，采矿业，交通运输、仓储和邮政业，电力、燃气及水的生产和供应业，以及信息传输、计算机服务和软件业，空间错位指数均不低于0.4，而其他行业空间错位指数都在0.25及以下，显示出这5个行业就业人口和就业岗位的地区分布存在明显的空间分离。

从行业大类来看（图7-7），同一门类的不同行业大类居住-就业的空间错位程度仍有较大差异。空间错位最明显的5个行业门类中，除信息传输、计算机服务和软件业外，其他4个门类内部各行业大类空间错位程度差异都较大。其中，最突出的是交通运输、仓储和邮政业，其内部各行业大类中，空间错位程度最高的是铁路运输业，空间错位指数为0.79，最低的是装卸搬运和其他运输服务业，空间错位指数为0.23，相差达0.56。这说明，尽管某一行业门类表现出明显的居住-就业的空间分离，但其内部各行业大类间仍有可能有不同的表现。

各行业大类中，居住-就业的空间错位指数超过0.6的行业（即存在严重的居住-就业空间错位的行业）仍主要集中在金融业，采矿业，交通运输、仓储和邮政业，电力、燃气及水的生产和供应业这4个行业门类上。其中主要是金融业中的

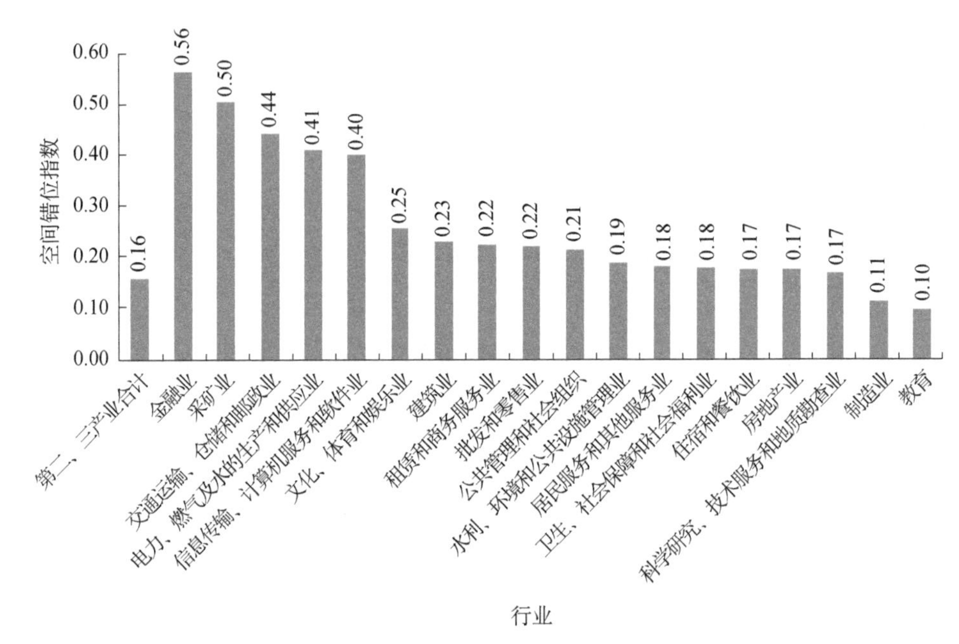

图 7-6 各行业门类居住-就业的空间错位指数

银行业（空间错位指数为 0.73）和证券业（空间错位指数为 0.66），采矿业中的石油和天然气开采业（空间错位指数为 0.68），交通运输、仓储和邮政业中的铁路运输业（空间错位指数为 0.79）、邮政业（空间错位指数为 0.76）、管道运输业（空间错位指数为 0.68）、水上运输业（空间错位指数为 0.60），以及电力、燃气及水的生产和供应业中的燃气生产和供应业（空间错位指数为 0.70）。

除上述 4 个行业门类外，科学研究、技术服务和地质勘查业，制造业以及公共管理和社会组织内部的部分行业大类居住-就业的空间错位指数也较高。这 3 个行业门类空间错位指数较低，分别为 0.17、0.11 和 0.21，但其内部各行业大类的空间错位指数普遍高于该行业门类的空间错位指数，说明尽管这 3 个行业门类居住-就业的空间错位程度较低，但其内部大多行业大类仍存在明显的居住-就业的空间错位。比如，制造业中的化学纤维制造业，石油加工、炼焦及核燃料加工业，烟草制造业的空间错位指数都超过 0.5，分别为 0.56、0.55 和 0.54。在科学研究、技术服务和地质勘查业中，地质勘查业的空间错位指数超过 0.7，远远高于该门类中的其他行业大类，使得该门类中各行业大类空间错位程度差异较大。

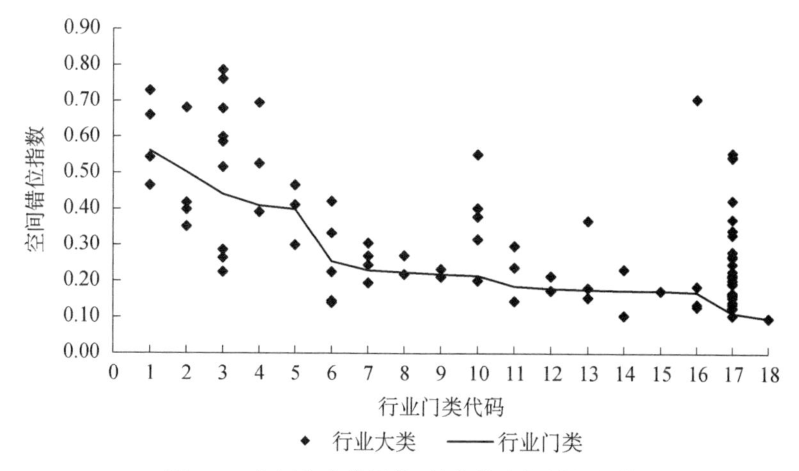

图 7-7　各行业大类居住-就业的空间错位指数

注：行业门类代码含义如下。1—金融业；2—采矿业；3—交通运输、仓储和邮政业；4—电力、热力、燃气及水生产和供应业；5—信息传输、计算机服务和软件业；6—文化、体育和娱乐业；7—建筑业；8—租赁和商务服务业；9—批发和零售业；10—公共管理和社会组织；11—水利、环境和公共设施管理业；12—居民服务和其他服务业；13—卫生、社会保障和社会福利业；14—住宿和餐饮业；15—房地产业；16—科学研究、技术服务和地质勘查业；17—制造业；18—教育

三、北京职住空间错位行业差异的解释

已有研究普遍认为，像北京这样的中国特大城市出现的居住-就业的空间错位主要是在改革开放以后，随着城市制度改革，在城市快速增长和空间扩张的过程中产生的。其主要原因是，随着城市土地和住房制度的改革、城市中心区的危旧房改造、城市交通基础设施的发展以及私家车的普及等，人口居住的郊区化程度大大提高，而与此同时，就业的郊区化进程相对缓慢（徐涛等，2009）。尽管20世纪90年代以来北京就出现了工业的郊区化，但随着城市经济结构的调整，服务业已成为像北京这样的特大城市的核心职能，而服务业在城市中心区的高度集聚，总体上导致了城市就业的分散化程度十分有限（柴彦威等，2011）。因此，在城市的快速增长和空间扩张过程中，人口居住与就业郊区化的不同步是城市内部居住-就业空间错位的主要原因。

城市居住空间的不断扩展和城市产业的扩散的不同步性造成了城市内部居住-就业的空间分离。这种空间分离可能具有两种表现形式：一是北京的服务业仍高度集中在城市中心区，而其所吸纳的大量的就业人口的居住空间已不断扩展到城市的郊区，尤其是大量外来人口更多地集中在城郊地区居住，但其就业机会仍可能主要集中在城市中心区，因此造成了职住的空间分离；二是一些行业（主要是工业）在20世纪90年代就开始向郊区转移，这一方面是政府推动产业布局调整的结果，另一方面也是在级差地租规律下，城市功能格局重构的结果，但随着工业企业搬迁到郊区，这些单位的居住区仍然在城市中心区，这也造成了职住的空间分离（柴彦威等，2011；孟繁瑜和房文斌，2007）。因此，居住-就业郊区化的不同步性所造成的居住-就业的空间错位在不同行业间可能有不同的表现，如工业和服务业的差异。

此外，郊区化过程中人口居住和就业的空间扩散可能具有不同的分散化模式，也同样会造成居住-就业的空间错位。即便居住和就业同步发生了郊区化，但在郊区化过程中，产业在从城市中心区向郊区转移时，因为对集聚经济效益的追求，仍倾向于在特定地区再度集中，从而形成新的集聚中心（又称郊区就业次中心），而居住的郊区化则可能是相对分散的。也就是说，就业的郊区化往往采取的是集聚分散化的模式，而居住的郊区化则往往是一般分散化的模式。因此，不仅郊区化的不同步会造成居住-就业的空间错位，郊区化过程中人口居住和就业空间再布局后的集聚程度的差异也是影响城市内职住失衡的重要因素。而且，因为不同行业的集聚经济效益有所不同，在郊区化过程中，不同行业再集聚的程度和特征也并不相同，这就可能导致不同行业在居住-就业空间错位上的差异。

同时，一些学者强调城市制度改革中单位制度的解体对城市内部居住和就业的空间关系有着重要的影响。20世纪80年代，单位和市政住宅机构掌管着城市的住房分配，单位大院体制成为当时中国城市住房的主导体制，职工居住在单位大院中，大院是一个相对独立的社区。但是，20世纪90年代以后，随着现代企业制度改革、城市土地制度改革和住房市场化的推进等，职住接近的单位大院逐渐向以居住功能为主的城市社区转变，计划经济体制下职住相对平衡的城市格局逐渐被打破，城市内居住-就业的空间分离变得越来越突出（柴彦威等，2011）。但城市的空间发展具有路径依赖性，单位制度下所形成的城市空间格局对城市内居住与就业的空间关系仍有长期的影响。尤其对于国有企事业单位、机关事业单位集中的行业而言，这些行业保留了较多的职住接近的单位居住区，而且即便在住房市场化以后，这些单位也往往通过集体购房等形式对职工购房选择产生隐性的影响（张纯和柴彦威，2009）。因此，这些行业居住和就业的空间分离程度可能是相对较低的。所以，不同行业单位体制的存留程度，即“去单位化”程度的不同，也会造成行业间居住-就业空间错位的差异。

最后，也有观点认为，城市内居住-就业的空间错位并不仅仅是城市空间发展的结果，其更深层次的原因可能是不同人群在就业和住房市场上面临的不同程度的选择障碍（周江评，2004）。比如，受教育程度较高的人群，其职业选择的自由度较大，面临的就业机会也相对较多，相应的就业地选择的空间范围也就较大。同时，受教育程度较高的人群通常收入水平也较高，可以支付的房价或租金水平也相应较高，进而其居住地选择的空间范围也较大。因此，对于受教育程度较高的人群，他们在就业和住房市场上面临的选择障碍相对较小，因而其职住失衡的程度可能相对较低。所以，不同行业从业人员的社会经济特征也应是解释行业间居住-就业空间错位差异的影响因素。

第四节　职住平衡的人群差异[①]

城市中不同人口的分布往往存在明显的空间差异，影响不同人群获得潜在就业机会的便利性。尤其是对城市弱势群体，比如低收入或低技能群体等，可能影响其就业的可能性和稳定性，由此带来的职住失衡和就业可达性的不平等问题值得关注。本节通过测度北京不同人群基于公共交通的就业可达性，探讨了职住平衡在不同人群间的差异。

一、研究方法

就业可达性是指在城市内部通过某个特定的交通系统从某一地点到达潜在就业机会的便利程度（沈青等，2007），可用于分析城市内不同人群和就业机会的匹配程度。就业可达性越高的群体获得潜在就业机会的便利性越高，即享有更丰

① 本节内容发表于：孙铁山，范颖玲，齐云蕾. 2018. 北京公交就业可达性及其地区和人群差异. 地理科学进展，37（8）：1066-1074。

富的就业机会或与就业机会的匹配程度（即职住平衡）越高。在城市中，公共交通是居民通勤的重要交通工具特别是对于低收入或弱势群体而言。因此，本节使用基于公共交通的就业可达性反映不同人群的职住平衡水平。具体而言，对其采用累积就业机会的方法计算，即以公共交通方式出行，在一定出行时间内可到达的区域范围内的所有潜在就业机会的总和，采用 1 小时出行时间阈值。具体计算方法如下：

首先，使用百度地图应用程序接口（API）生成出行时间矩阵，其描述了北京每个街道乡镇（质心）之间，以公共交通方式出行的最短出行时间。然后，划定每个街道乡镇在 1 小时出行时间内可到达的区域范围，并计算这一区域范围内潜在就业机会的总量，就业可达性是每个街道乡镇可达的潜在就业机会数占整个都市区就业机会总量的比例：

$$A_i = \sum_{j=1}^{n} e_j f\left(t_{ij}\right) / E \quad (7\text{-}3)$$

$$f\left(t_{ij}\right) = \begin{cases} 1; \text{如果} t_{ij} \leqslant 30\text{分钟}, 45\text{分钟}, \text{或}60\text{分钟} \\ 0; \text{如果} t_{ij} > 30\text{分钟}, 45\text{分钟}, \text{或}60\text{分钟} \end{cases} \quad (7\text{-}4)$$

其中，A_i 表示从街道 i 出发在 1 小时内可到达区域的就业占城市总就业的比例，e_j 是地区 j 的就业岗位数，E 是城市总的就业岗位数。t_{ij} 表示由街道 i 到街道 j（质心之间）的出行时间。就业机会是否可达取决于出行时间阈值函数 $f(t_{ij})$。

城市总的就业可达性水平则可以由所有街道乡镇就业可达性按照每个街道乡镇人口占城市总人口的比例加权平均后得到：

$$A_m = \sum_{i=1}^{n} p_i A_i / P \quad (7\text{-}5)$$

其中，A_m 表示城市的就业可达性，A_i 和 p_i 分别是街道 i 的就业可达性和常住人口数，P 是城市的总人口数。

为了反映人群差异，在计算城市总的就业可达性时，根据各街道乡镇不同人口群体人口（而不仅是总人口）占都市区总人口的比例分别进行加权平均，进而可以比较在城市中不同人群总的就业可达性水平的差异。我们使用受教育程度和户籍状态识别城市弱势群体。受教育程度较低的人口往往就业机会较少，收入较低，导致住房和交通的选择有限。因此，他们可能会具有更长的通勤距离/时间和较低的就业可达性。在城市长期工作和居住但没有本地户口的常住外来人口在中国城市现有的制度下被边缘化，这使得他们无法获得包括公共住房、教育医疗和其他公共服务在内的城市权利，造成了外来人口和本地户籍人口之间的社会不平等。事实上，在中国城市转型期间，城市外来务工人员构成了一个新的城市弱势群体。按照城市人口的受教育程度和户籍状况，可以将常住人口划分为常住户籍人口和常住外来人口，高受教育程度和低受教育程度的常住人口，进而还可以细分为高受教育程度的常住户籍人口和常住外来人口，以及低受教育程度的常住户籍人口和常住外来人口。此外，就业可达性的测度需要考虑就业人口和就业机会在技能特征上的匹配程度，因此将就业机会区分为高技能和低技能的就业岗位，分别计算就业可达性。

二、研究区域和数据

本研究的区域范围包括北京的城六区和与之相连的郊区，一共 12 个市辖区。计算就业可达性需要就业岗位的数据。在本研究中，各街道乡镇总就业和分行业就业数据来自北京 2013 年第三次全国经济普查资料。为了进一步区分高技能和低技能的就业岗位，本研究基于《北京经济普查年鉴 2004》中各行业有本科及以上学历的从业人员的比例，将各行业划分为高技能和低技能类别。如果某个行业的该比例高于整个城市的平均水平，即高于北京整体本科及以上学历从业人员占总从业人员的比例，则该行业被归类为高技能行业，反之则被归为低技能行业。

此外，还需要各街道乡镇的常住人口数据。本研究的不同受教育程度和户籍状态的常住人口数据来自北京 2010 年第六次全国人口普查资料。本研究将有本科及以上学历的常住人口定义为高受教育程度常住人口，反之为低受教育程度常住人口。除了受教育程度，不同人群也会根据户籍状态被区分为常住户籍人口和常住外来人口。

本研究使用的公共交通出行时间来自百度地图 API。百度地图 API 允许用户查询使用公共交通方式在北京任意两个地点之间的行驶路径和出行时间。由百度地图 API 给出的出行时间包括公共汽车/轨道交通乘车时间、步行时间和换乘等待时间。本研究中提取的出行时间矩阵是在 2015 年某一工作日早高峰时段的公交出行时间。

三、不同人口群体间就业可达性的差异

计算城市总的就业可达性时，需要以人口的地区分布作为权重进行加权平均，因此平均的就业可达性不仅考虑了就业机会的地区分布、公共交通设施的可达性，也考虑了人口即不同人群的地区分布，因此可以用于比较城市不同人口群体与不同类型就业机会匹配程度的差异。

表 7-6 列出了以不同常住人口群体地区分布为权重加权平均得到的城市不同人群的公交就业可达性。由表可见，相比于低受教育程度常住人口，高受教育程度常住人口的公交就业可达性更高。一个高受教育程度的典型居民通过公共交通系统在 1 小时内可以到达城市 23.8%的工作岗位，而同样时间内低受教育程度居民仅能到达 15.6%的工作岗位。类似地，常住户籍人口的公交就业可达性高于常住外来人口。一个典型的常住户籍居民 1 小时内可以到达城市 20.0%的工作岗位，而常住外来居民同样时间内则仅能到达 15.8%的工作岗位。低受教育程度和外来人口往往收入较低，住房选择有限。由于城市中心区房价较高，他们居住的郊区化程度一般会更高。此外，表 7-6 显示高受教育程度的常住户籍人口拥有最高的公交就业可达性，而低受教育程度的常住外来人口则有着最低的公交就业可达性。一个高受教育程度的常住户籍居民通过公共交通系统 1 小时内可以到达城市 25.5%的工作岗位，而一个低受教育程度的常住外来居民同样时间内只能到达 14.7%的工作岗位。

表 7-6 北京都市区不同常住人口群体的公交就业可达性 （%）

项目	常住人口	低受教育程度			高受教育程度		
		全部	户籍人口	外来人口	全部	户籍人口	外来人口
数值	18.4	15.6	16.3	14.7	23.8	25.5	19.0

项目	户籍人口			外来人口		
	全部	低受教育程度	高受教育程度	全部	低受教育程度	高受教育程度
数值	20.0	16.3	25.5	15.8	14.7	19.0

在讨论不同人口群体公交就业可达性的差异时，需要考虑就业人口和就业机会在技能特征上的匹配程度。因此，将就业机会区分为高技能和低技能的就业岗位，分别看不同人口群体通过公共交通系统到达高技能和低技能就业岗位的便利性的差异。考虑了就业人口和就业机会在技能特征上的匹配后（高受教育程度常

住人口匹配高技能就业岗位，低受教育程度常住人口匹配低技能就业岗位），高受教育程度和低受教育程度常住人口的公交就业可达性之间的差异变得更大（表7-7）。不论是对于高技能还是低技能就业岗位，低受教育程度常住人口的公交就业可达性都相对较低，然而对于低受教育程度常住人口，他们的低技能就业岗位可达性还相对更低一些。一个典型的低受教育程度常住居民通过公共交通系统1小时内可以到达城市18.1%的高技能工作岗位，而同样时间内只能到达13.0%的低技能工作岗位。这显示了随着城市空间的扩张，居住不断郊区化的低受教育程度常住人口在通过公共交通系统到达和他们技能特征相匹配的低技能工作机会的便利性较差，这类人群与其潜在可获得的就业机会的空间错位程度较高。表7-7显示，高受教育程度的常住户籍人口到达高技能就业岗位的可达性水平最高，而低受教育程度的常住外来人口到达低技能就业岗位的可达性水平最低。这反映出低受教育程度人口，尤其是其中的外来人口，作为弱势群体所面临的就业可达性的不平等现象。

表7-7　按就业类型分不同常住人口群体的公交就业可达性　（%）

就业机会	低受教育程度			高受教育程度		
	全部	户籍人口	外来人口	全部	户籍人口	外来人口
低技能就业岗位	13.0	13.6	12.2	19.2	20.6	15.5
高技能就业岗位	18.1	18.9	17.1	28.3	30.4	22.5

在城市内的不同区域，不同常住人口群体间公交就业可达性的差距也存在很大差异（表7-8）。在中心城区，四类人群（高受教育程度常住户籍人口、高受教育程度常住外来人口、低受教育程度常住户籍人口和低受教育程度常住外来人口）之间在高技能和低技能就业岗位上，公交就业可达性没有太大的不同。当然，四类人群高技能就业岗位的可达性都高于低技能就业岗位的可达性。这意味着，在中心城区，所有人群通过公共交通系统到达高技能就业岗位的便利性都要更高一些。相对而言，中心城区的低受教育程度常住户籍人口往往需要花费更长的出行时间和距离来到达与之技能相匹配的低技能就业岗位。在近郊区，所有四类人群中，高技能和低技能就业岗位的公交可达性显著不同：高受教育程度常住户籍人口拥有最高的就业可达性，而低受教育程度常住外来人口则拥有最低的就业可达性，尤其是在他们寻找低技能就业岗位时。在远郊区，四类人群的两种就业机会的就业可达性都相当低。然而，与中心城区不同，所有人群的低技能就业岗位

可达性略高一些。总体来看，在四类人群中，低受教育程度常住外来人口到达低技能就业岗位的便利性最高，而高受教育程度常住外来人口到达高技能就业岗位的便利性最高。

表 7-8 按区域和就业类型分不同常住人口群体间的公交就业可达性 （%）

区域	就业机会	高受教育程度		低受教育程度	
		户籍人口	外来人口	户籍人口	外来人口
中心城区	低技能就业岗位	36.5	36.2	35.9	36.9
	高技能就业岗位	53.2	52.2	52.2	54.1
近郊区	低技能就业岗位	22.8	19.3	18.6	15.2
	高技能就业岗位	34.4	29.0	26.5	22.1
远郊区	低技能就业岗位	2.6	2.6	1.5	2.7
	高技能就业岗位	1.8	2.1	0.9	1.8

总体上，我们发现低受教育程度常住户籍人口和外来人口的公交就业可达性更低，即他们能够通过公共交通到达的都市区就业机会更少。这主要是由于他们收入相对较低，且面临有限的住房选择，因此他们居住的郊区化程度更高，在就业仍然相对集中于城市中心区的城市空间结构下，他们往往面临着更低的就业可达性。由于城市中心区的大部分就业机会都是高技能就业岗位，因此高受教育程度常住户籍人口能更多地享受目前公共交通系统的便利。低技能就业岗位相对更多地分布在郊区，然而那里的公共交通系统相对不发达，由于弱势群体的居住正日益郊区化，他们现在已经不太可能住在拥有丰富就业岗位的地区，因此可能需要更长的通勤时间和距离来到达工作岗位。因此，政府需要制定规划与政策去缓解弱势群体的居住和就业的空间不匹配问题，以及让不同人群拥有更加平等的就业可达性。

本章参考文献

柴彦威, 张艳, 刘志林. 2011. 职住分离的空间差异性及其影响因素研究. 地理学报, 66(2): 157-166.

孟繁瑜, 房文斌. 2007. 城市居住与就业的空间配合研究——以北京市为例. 城市发展研究, (6): 87-94.

沈青, 张岩, 张峰. 2007. 内城区的区位特征与低收入者的就业可达性. 国际城市规划, (2): 26-35.
徐涛, 宋金平, 方琳娜, 等. 2009. 北京居住与就业的空间错位研究. 地理科学, 29(2): 174-180.
张纯, 柴彦威. 2009. 中国城市单位社区的残留现象及其影响因素. 国际城市规划, 24(5): 15-19.
周江评. 2004. "空间不匹配"假设与城市弱势群体就业问题: 美国相关研究及其对中国的启示. 现代城市研究, (9): 8-14.
Martin R W. 2004. Spatial mismatch and the structure of American metropolitan areas, 1970-2000. Journal of Regional Science, 44(3): 467-488.

第八章　交通发展与中国城市空间结构

交通基础设施投资作为刺激地方经济发展、改善投资环境和促进土地开发的重要政策工具，对中国城市的空间发展和重构起到了关键性推动作用。交通基础设施的建设极大地改变了城市区位的可达性，尤其是城市边缘和外围郊区的可达性，促进了城市的空间扩张和经济活动的分散化（郊区化），重塑了城市内部的空间格局。本章梳理了交通网络可达性对城市空间结构的影响和经验事实，并以北京为例，探讨了随交通发展城市区位可达性的变化，以及交通网络可达性对中国城市内部就业分布的影响效应。

第一节　交通发展对城市空间结构的影响

交通发展被认为是塑造城市空间结构的重要因素。在城市经济理论中，交通因素被抽象为交通成本，是决定城市空间结构的重要分散力，交通成本和集聚经济的权衡决定了城市空间经济的结构形式。在实证研究中，交通发展则以交通设施改善或投资增加，以及可达性的变化等来衡量。可达性是利用某种交通方式到达空间不同地点的便捷程度，可达性的提高会促进人口和经济活动的集聚，改变城市经济的空间组织，还会通过降低运输或通勤成本，来提高劳动生产率，促进地区经济增长。城市空间重构则可被视为地区增长的区位转移。

一、交通发展影响城市空间结构的经验事实

交通发展驱动城市空间重构的实证研究提供了大量的经验事实，揭示了交通

发展对城市空间结构的影响及过程。这里，城市空间结构主要以人口和就业分布来衡量，关注交通发展对城市内人口和就业分布变动的影响。具体而言，相关研究可以分为两个层面：一是实证检验交通发展对城市范围内人口或就业分布整体格局变动的影响，主要关注人口和就业的分散化或郊区化，二是分析交通发展对城市内部各地区人口和就业增长及分布变动的影响。

在城市整体尺度上，城市经济理论已揭示出交通成本的降低会导致城市人口和经济活动的分布向城市中心区以外分散，即城市人口和经济活动的离心分散化或郊区化。近年来，一系列实证研究对交通发展对城市分散化的影响进行了实证检验。Baum-Snow（2007）、Baum-Snow 等（2017）和 Garcia-López 等（2015）分别对美国、中国和西班牙高速公路发展对城市人口分散化的影响进行了实证计量，并得到了高度相似的结论。在这 3 个国家，高速公路段数的增加分别导致城市中心区人口比例下降 9%、4%和 5%。这些研究都使用了工具变量法来解决模型估计的内生性问题，以识别交通发展对城市空间重构影响的因果关系。其中，Baum-Snow 等（2017）基于 1990 年和 2010 年中国地级城市数据，对交通发展对中国城市分散化的影响进行了系统研究。他们检验了几种不同的交通设施变量对中国城市分散化的影响，发现每增加一段高速公路会导致城市中心区人口比例下降 4%，环路的增加会产生额外 20%的影响，且这种影响在沿海和中部地区更大。此外，他们还发现每增加一段放射铁路会使城市中心区工业产值降低 20%，环路的增加会产生额外 50%的影响，而且高速公路的发展促进了服务业的分散化，放射铁路的发展促进了工业的分散化，环路的发展对两者都有影响。Redding 和 Turner（2015）通过对这方面诸多研究的比较得出结论，认为对不同国家的经验研究普遍发现，交通发展对城市经济空间组织的影响十分相似，高速公路的建设导致了城市人口和经济活动的离心分散化。

除了在城市整体尺度上，更多的研究关注了交通发展对城市内部各地区人口和就业增长及分布变动的影响。在这方面，相关研究主要关注两类交通基础设施：一是高速公路，二是城市轨道交通（Giuliano & Agarwal，2017）。这方面的研究往往使用城市内部小尺度的人口和就业空间数据，而且大多是对美国城市的研究。对高速公路发展的研究普遍发现，高速公路的投资和建设对城市内人口和就业分布具有显著影响（Boarnet，1997，1998）。比如，Baum-Snow（2007）和 Garcia-López 等（2015）对美国和西班牙城市的研究发现，人口密度随到高速公路距离的减少而增加。Bollinger 和 Ihlanfeldt（2003）对亚特兰大的研究发现，高速公路的改善会促进地区的就业增长，但对人口增长没有影响。对地铁及城市轨道交通发展的研究则显示，轨道交通是否会促进地区人口或就业增长仍未有定论。一些研究发现，城市轨道交通建设显著促进了地区就业增长（Cervero & Landis，1997；Weinberger，2001），而另一部分研究则发现轨道交通发展与地区人口和就业增长没有显著关系（Banister & Berechman，2001；Haider & Miller，2000；Schuetz，2015）。这种差异一方面是由这些研究的空间尺度、研究方法和数据等差异造成的，另一方面可能是因为轨道交通对土地利用的影响更加本地化，因此对城市空间重构的影响是有限的，且高度依赖地区发展环境和相关的开发政策等。

相关研究还探讨了交通发展对多中心城市空间结构形成所起的作用，主要关注交通发展对就业次中心形成和增长的影响。比如，Giuliano 等（2012）发现高速公路的交通网络可达性对洛杉矶地区的就业次中心增长有显著促进作用；Garcia-López 等（2017b）的研究也表明新的轨道交通促进了巴黎大都市区就业次中心的出现。现有研究普遍认为交通网络可达性对城市次中心的发展起到了重要作用。

但目前这类研究还面临一些方法上的缺陷，比如在计量模型中，对交通设施以外的其他复杂的影响因素控制不足，甚至在考察某种交通设施的影响时，缺乏对其他类型交通设施影响的控制。此外，这些研究即便发现了交通发展对地区增长的正向影响，也无法有效地识别这种增长是由本地区就业增长导致的还是由城市内其他地区就业的迁入导致的，而两者显然具有不同的政策含义。近年来，随着中国城市交通基础设施的快速发展，国内关注城市交通发展的土地利用影响的研究逐渐增多。但目前大多数研究仍主要关注交通发展对地区可达性（邓羽和司月芳，2015；黄晓燕等，2014；林琳和卢道典，2011；周群等，2015）和区域土地和房地产价格的影响（冯长春等，2011；谷一桢和郑思齐，2010；乐晓辉等，2016；李志等，2014；林雄斌等，2016；刘康等，2015；聂冲等，2010；潘海啸等，2007；苏亚艺等，2015；王福良等，2014；王洪卫和韩正龙，2015），直接分析交通发展对城市人口、就业分布和空间结构影响的研究仍相对有限。

二、交通发展影响城市空间结构的理论机制

从理论上讲，交通条件的改善会影响城市内部地区的就业增长。在单中心城

市模型中，交通是城市土地利用模式的决定性因素（Duranton & Puga，2015），而在多中心城市模型中，城市土地利用模式取决于集聚经济、交通和人口之间的互动（Fujita & Ogawa，1982；Lucas & Rossi-Hansberg，2002）。具体来说，交通投资可以提高可达性，降低运输成本，这有利于企业同更大的劳动力市场和更大的当地产品与服务市场相连接。市场扩张和资源集中的效果使企业倾向于在交通基础设施附近集聚，以利用集聚经济的优势。从长远来看，交通投资可以通过促进人员和产品的有效流动以及信息和通信的有效交流，改善生产技术，提高企业的生产力，从而进一步加强企业的集聚。然而，土地或住房价格会俘获交通改善的价值，这可能会抵消集聚经济收益，降低交通投资的边际回报，并引发经济活动的分散化。

企业的区位选择最终取决于集聚经济和土地成本之间的权衡，这为理解交通基础设施对城市内部各地区就业增长和再分布的作用提供了基本的理论基础（图8-1）。理解土地利用和交通发展之间关系的关键是可达性。交通网络的结构会影响城市区位的可达性水平，因此地区在交通网络中的相对位置很重要。随着交通网络的改善，更多的经济活动将集中于那些交通更便利、可达性更高的地区（Giuliano & Agarwal，2017）。因此，交通网络可达性的提高会导致交通设施所在地区的就业增长，同时经济活动会向交通网络可达性最高的地方（即交通网络核心）集聚。

在此过程中，还需要考虑交通改善对地区就业影响的空间效应。交通改善对地区就业的影响往往并不局限于交通投资所在的地区，这种影响可以在空间上延伸到相邻区域，甚至更远的、并未直接与交通网络相连的地区（Álvarez et al.，2016；Condeço-Melhorado et al.，2014）。这一点在城市内部小尺度空间上表现得尤为突出。现有研究普遍认为，交通发展对城市内地区就业的影响存在空间溢出效应，但对于这种溢出效应是如何影响交通设施周边相对欠发展地区增长的还存在一些争论（Arbués et al.，2015；Kim & Han，2016；Tong et al.，2013）。新建或改善的交通基础设施周边的地区虽未直接连接到交通网络，但其区位可达性也会有一定程度的改善，因此可能分享交通发展的集聚经济效益。这样交通发展会通过空间外部性对其空间关联地区的经济增长发挥积极作用。另一方面，交通条件的改善也可能导致生产要素从交通网络可达性相对较差的相邻地区向交通设施所在的地区转移并进行空间再分配。因此，一个地区交通基础设施的建设和改善

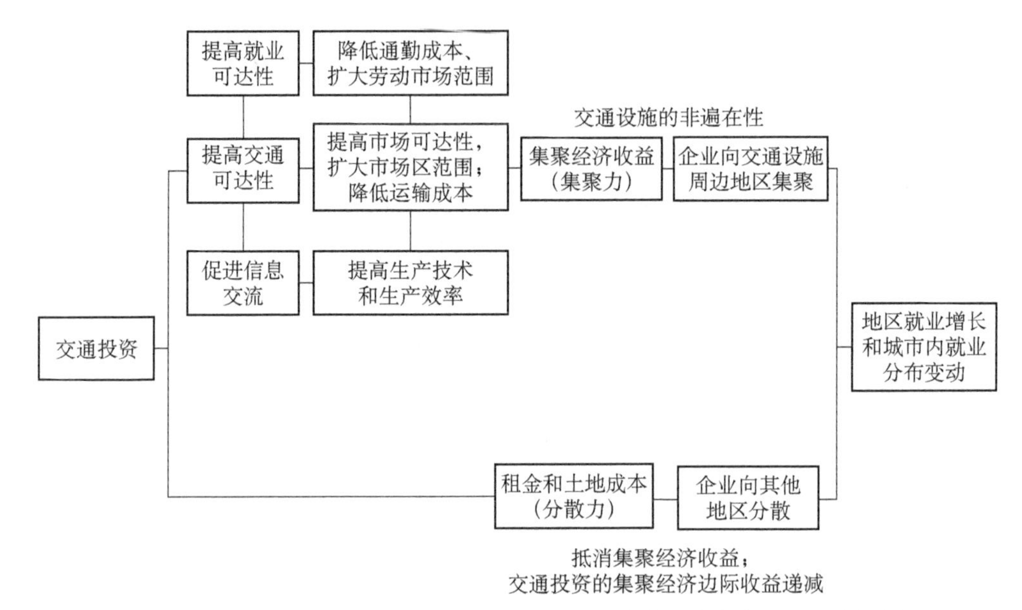

图 8-1 交通投资对城市内地区就业增长和城市内就业分布变动的影响机制

可能对相邻的交通设施不发达地区的就业增长产生不利影响（Boarnet，1998）。综上所述，交通发展对交通投资所在地区的就业增长的影响可以通过空间溢出扩散到其相邻地区，这被称为空间溢出效应，这种效应既可能是正向的，也可能是负向的。

另外，交通基础设施对城市内地区就业的影响在不同的产业部门间可能会有差异化的表现。对于那些对运输服务有密集需求的部门，比如制造业和贸易部门，交通网络可达性和运输成本的影响至关重要；而有些产业部门的区位选择则更多考虑集聚经济，比如金融业或高端服务业（Jiwattanakulpaisarn et al.，2010；Padeiro，2013；Yu et al.，2018）。因此，根据产业部门对运输成本、集聚经济和土地价格的敏感程度不同，交通改善对其就业分布的影响也有很大差异。同时，城市轨道交通和高速公路等不同的交通设施也会对不同产业部门的就业增长和分布产生差异化的影响。由于高速公路在城市地区既关乎运载货物又关乎运载乘客，高速公路投资往往会对土地利用产生更明显的影响，特别是对制造业、贸易和旅游业等活动。城市轨道交通只关乎运载乘客，其布局也往往集中在城市中心区，所以轨道交通的改善往往对市场敏感的产业活动，如销售和服务影响更大（Giuliano & Agarwal，2017）。因此，交通基础设施对城市内就业分布的影响不仅在不同产业部门间存在差异，同时不同类型的交通基础设施对不同产业部门的就业分布影响也有所不同。

最后，交通改善对城市内地区就业增长和分布的影响，也和所在地区的特征有关（Garcia-López et al.，2017a；Levinson，2008）。在已经具有较高可达性的地区，比如城市中心区，新的交通投资或交通网络的改善可能不会再对土地利用产生太大的影响。然而，在城市的待开发区域，比如郊区，新的交通投资或建设更可能带来就业增长和新的产业发展。相比之下，交通投资对有开发潜力的郊区就业增长的影响应该比对开发相对成熟的城市中心区就业增长的影响更大（Giuliano & Agarwal，2017）。

第二节　中国城市交通发展及可达性变化

中国城市空间的快速扩张伴随着城市交通基础设施投资的迅速增长，本节介绍了 2006 年以来中国城市交通基础设施建设和发展情况，并以北京为例，分析了 1996～2018 年城市交通网络的快速扩张带来的城市区位可达性的变化。

一、中国城市交通基础设施建设和发展

21 世纪以来，中国城市交通基础设施不断完善，承载能力显著提升，城市道路和公共交通系统得到长足发展，城市轨道交通运营里程已居于世界首位，有力地支撑了城市化发展和。2006 年，我国城市道路长度为 24.1 万千米，人均城市道路面积为 11.04 平方米。到 2020 年，城市道路长度增加了超过一倍，达到 49.3 万千米，人均城市道路面积达到 18.04 平方米，年均增速分别为 5.2%和 3.6%，而同时期，中国城市建成区面积年均增速为 4.3%，城市道路建设速度略快于城市空间扩张，支撑了城市的空间发展。除城市道路外，高速公路的建设对城市空间发展也产生了重要影响，2006 年全国高速公路里程为 5.39 万千米，到 2020 年增长到 16.91 万千米，年均增速高达 8.5%。图 8-2 展示了 2006～2020 年我国城市道路长度、人均城市道路面积、高速公路里程和城市建成区面积四个指标的增长指数，同样反映了城市道路和高速公路建设相比于城市空间扩张较快的增长。

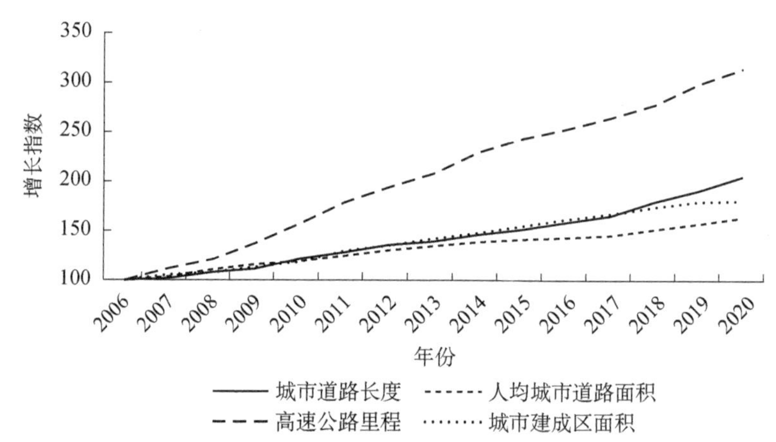

图 8-2 中国城市道路长度、人均城市道路面积、高速公路里程和城市建成区面积增长情况（2006～2020 年）

资料来源：国家统计局国家数据（https://data.stats.gov.cn/）

注：增长指数以 2006 年为 100 来计算

此外，城市公共交通系统也迅速发展。2006 年，我国城市公共汽电车运营线路总长度为 12.5 万千米，到 2020 年增长到 104.2 万千米，年均增速高达 16.4%。城市轨道交通增长更快，2006 年全国城市轨道交通运营里程为 621 千米，到 2020 年增长到 7355 千米，年均增速为 19.3%。图 8-3 展示了 2006～2020 年我国城市公共汽电车运营线路长度和城市轨道交通运营里程的增长情况，同样反映出城市公共交通系统，尤其是城市轨道交通的高速发展。

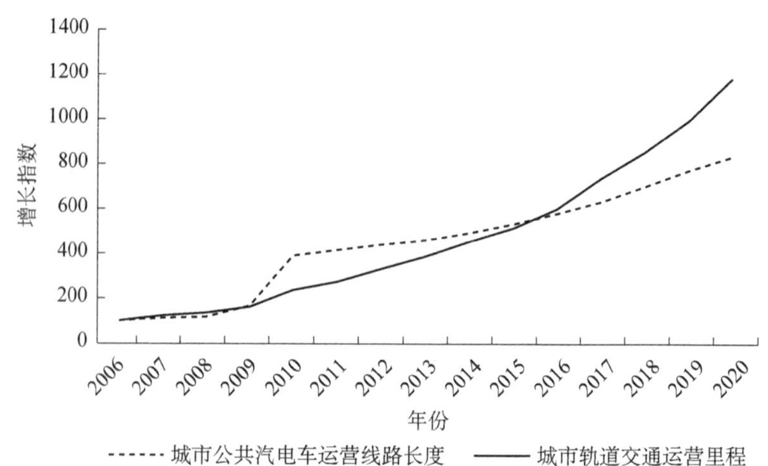

图 8-3 中国城市公共交通运营线路长度增长情况（2006～2020 年）

资料来源：国家统计局国家数据（https://data.stats.gov.cn/）

注：增长指数以 2006 年为 100 来计算

具体以北京为例来看，2006 年北京的城市道路里程为 4380 千米、高速公路里程为 625 千米，到 2020 年分别增长到 6147 千米和 1173 千米，分别增长了 0.4 和 0.9 倍。北京的轨道交通增长更加显著，2006 年时北京只有 4 条地铁，而到 2020 年，轨道交通线路数量已增加到 24 条，轨道交通运营里程从 2006 年的 114 千米增长到了 2020 年的 727 千米，增长了 5.4 倍。所以，城市交通网络的急剧扩张势必改变城市区位的可达性，进而改变城市的空间结构，本章后文将对此进行具体分析。

二、交通网络可达性的测度

本节以北京为例，分析了城市交通网络的快速扩张带来的城市区位可达性的变化，使用交通网络可达性作为城市交通发展的衡量指标。

以往研究一般采用相对简单的交通网络可达性指标，比如交通线路长度、路网密度、到最近的公交站点或高速公路入口的距离等，但这类指标无法体现城市区位在交通网络中的相对位置的价值。事实上，交通投资对地区可达性的改善往往具有网络效应，即一个地区交通设施的增加不仅会改变本地区的可达性，也会改变交通网络中其他地区的可达性。网络效应的存在会使交通投资对地区就业增长的影响变得更加复杂，比如，在郊区的交通投资并不一定会导致郊区就业增长，因为城市中心区的可达性也会因为郊区交通设施的增加而提高，从而吸引产业活动进一步向可达性更好的城市中心区集中，所以研究交通发展对城市内地区就业增长的影响，需要从整体交通网络的角度考虑这种影响的效应，即以交通网络可达性来衡量。

交通网络可达性可以通过 ArcGIS 软件中的交通网络分析模块来计算。首先，计算长期整体的城市交通网络可达性的变化，需要长期的城市道路和公交网络数据，所涉及数据量较大，因此本研究主要关注城市轨道交通和高速公路网络扩张带来的城市区位可达性变化。因此，从北京的轨道交通和公路地图中收集 1996～2018 年城市轨道交通站点、线路和高速公路出入口、线路数据，并将其数字化为 ArcGIS Shapefile 文件。其次，使用 ArcGIS 交通网络分析算法，估算每一对街道乡镇（城市区位以街道乡镇行政区为分析单元）中心点之间的最短路径的自由流动（不考虑交通拥堵）出行时间，并假设城市基础道路网络和公交网络在分析年份内保持不变，以反映仅由轨道交通和高速公路网络扩张而导致的可达性变化。最后，每个地区的交通网络可达性计算如下：

$$TA_i = \sum_j 1 / d_{ij}^{\alpha} \tag{8-1}$$

其中，TA_i 是街道乡镇 i 的交通网络可达性，d_{ij} 是街道乡镇 i 和 j 之间由交通网络分析计算的路网出行时间，α 是阻抗系数，通常通过观察实际的出行时间分布来确定。由于没有实际观测的出行时间信息，本研究中假定 α 等于 1。

三、城市区位交通网络可达性的变化

根据上述对北京各街道乡镇交通网络可达性的计算，可以分析出 1996～2018 年北京内部各地区随轨道交通和高速公路网络扩张而产生的可达性变化。本研究的分析范围是北京市域内中心城区及其相邻郊区的 12 个城区范围内，2018 年就业密度不低于 150 人/千米 ^{2} 的所有街道乡镇组成的经济相对密集的连续性区域。该区域排除了一些就业密度过低或离轨道交通和高速公路过远的地域单元。2018 年，该区域范围的平均就业密度为 2815 人/千米 ^{2}。

表 8-1 列出了 1996～2018 年部分年份北京轨道交通和高速公路的平均网络可达性。从变化来看，随着城市轨道交通和高速公路网络的扩张，北京整体的交通网络可达性得到了明显的改善。由表可见，高速公路和轨道交通的平均网络可达性都在逐步提高，从 1996 年到 2018 年分别提高了 9.3%和 23.6%。进一步将研究区域按五环路分为五环路以内和五环路以外两个区域，五环路以内的区域可视为北京的中心城区，其 2018 年就业占整个研究区总就业的 63.9%，而五环路以外的区域则是就业密度相对较低的郊区。表 8-1 同样列出了五环路以内和五环路以外两个区域的轨道交通和高速公路的平均网络可达性。由表可见，五环路以外地区的高速公路网络可达性增加得更明显，这是因为与轨道交通相比，高速公路网络更多是向郊区扩展。相比之下，轨道交通网络更加集中在中心城区，因此五环路以内地区的轨道交通网络可达性的增长要比五环路以外地区快得多。

表 8-1 1996～2018 年北京及五环路内外地区轨道交通和高速公路的平均网络可达性

年份	高速公路			轨道交通		
	研究区域	五环路以内	五环路以外	研究区域	五环路以内	五环路以外
1996	3.86	5.19	2.61	2.37	3.17	1.62
2001	3.93	5.30	2.65	2.39	3.19	1.63
2004	4.11	5.46	2.83	2.47	3.28	1.71

续表

年份	高速公路			轨道交通		
	研究区域	五环路以内	五环路以外	研究区域	五环路以内	五环路以外
2008	4.14	5.48	2.88	2.57	3.44	1.76
2013	4.22	5.52	2.99	2.80	3.72	1.94
2018	4.22	5.52	3.00	2.93	3.89	2.02

本研究绘制了 1996～2018 年北京各地区两种交通网络可达性的增长与到城市中心的距离之间的散点图（图 8-4），并对数据分布进行了局部加权回归拟合。由图可见，轨道交通网络可达性的增长与到城市中心的距离间呈负相关，即随着轨道交通网络的扩张，中心城区尤其是离城市中心越近的地区，其轨道交通网络可达性的改善越明显。从高速公路网络可达性的变化来看，在距城市中心 10 千米以上的地区，高速公路网络可达性的增长幅度更大，所以其可达性的增长与到城市中心的距离之间存在着倒 U 形曲线关系。

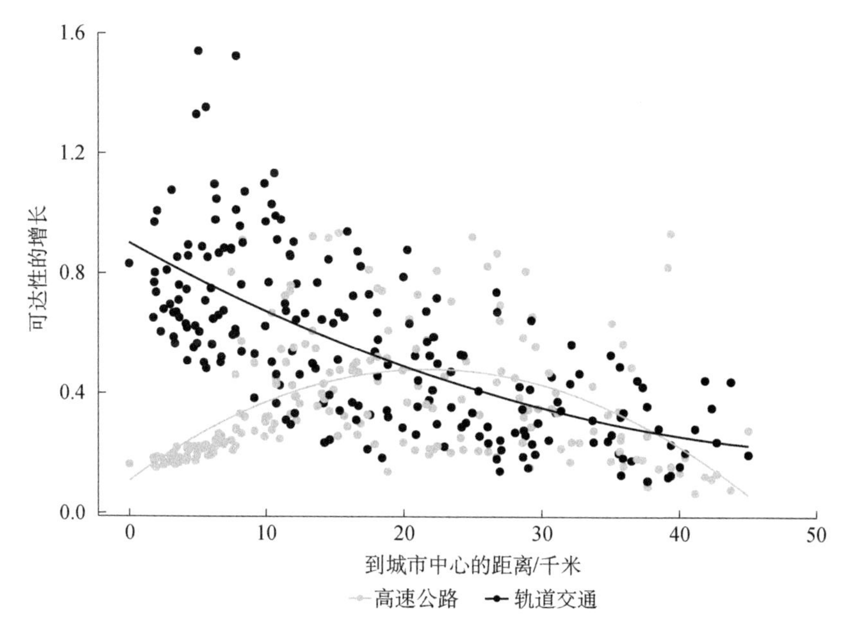

图 8-4　1996～2018 年北京各地区两种交通网络可达性的变化与到城市中心的距离之间的散点图

为了说明各地区就业增长与两种交通网络可达性变化之间的关系，本研究绘制了 1996～2018 年北京各地区就业增长率与高速公路和轨道交通网络可达性增长率之间的散点图（图 8-5）。由图可知，轨道交通网络可达性的提高与地区就业增长之间存在明显的正相关关系。按照轨道交通网络可达性增长率的四分位数将各地区分为四组，并计算每组的平均就业增长率。结果发现，轨道交通网络可达性增长率最高地区的就业增长率也是四组中最高的，平均就业增长率为 1.19%，是轨道交通网络可达性增长率最低地区平均就业增长率的两倍多。然而，图 8-6 并未显示出高速公路网络可达性的提高与地区就业增长之间存在明显的相关关系。而且从分组来看，高速公路网络可达性增长率最高的地区的就业增长率也不是最高的，相对而言，高速公路网络可达性增长率水平中等的地区的就业率增长率更大。

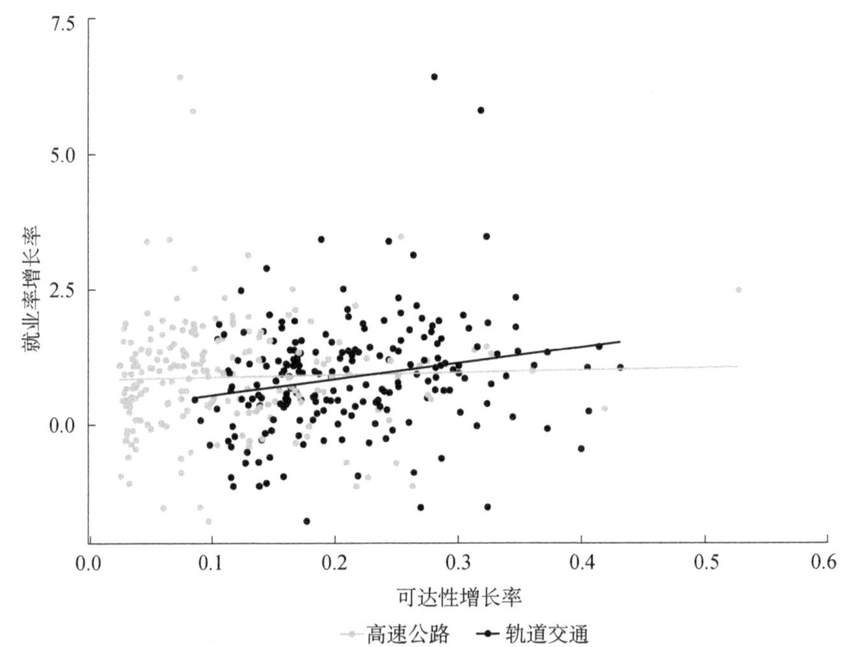

图 8-5 1996～2018 年北京各地区就业增长率与高速公路和轨道交通网络可达性增长率之间的散点图

第三节 交通网络可达性对城市内就业分布的影响效应

本节实证分析了 1996～2018 年北京城市轨道交通和高速公路网络扩张带来的区位可达性改善对地区就业增长和分布变动的影响。这种影响效应可以分为网络效应和空间溢出效应。网络效应意味着交通网络在某一地区的改善不仅会提高该地区的可达性，也会整体改善交通网络中彼此相连的所有地区的可达性（Condeço-Melhorado et al.，2014；Giuliano & Agarwal，2017）。所以，靠近交通网络中心的区位应该比网络边缘的区位更具通达性和吸引力（Giuliano et al.，2012）。因此，本研究使用交通网络可达性指标，以更好地反映交通基础设施改善的网络效应。同时，交通网络可达性的提高对地区就业增长的影响也会具有空间溢出效应，可以理解为一个地区通过使用附近地区的交通基础设施而获得的收益（Álvarez et al.，2016；Arbués et al.，2015；Tong et al.，2013）。当交通投资改善了某个地区的交通网络可达性时，其效益可以扩散到附近相邻地区，通过空间外部性重新分配现有的生产资源。空间计量模型能够有效地捕捉地区间的空间依赖关系，因此可以有效地测度交通设施投资和网络改善对地区就业增长的影响及其空间溢出效应。

一、实证模型与数据

本研究以街道乡镇就业人数为因变量，以城市轨道交通和高速公路网络可达性为核心解释变量，构建空间面板计量模型，实证检验了交通网络可达性提高对地区就业增长的影响及其空间溢出效应。常见的空间计量模型包括：空间自回归模型、空间杜宾模型（SDM）、广义空间自回归模型等。其中，空间杜宾模型与其他空间回归模型相比，既包含了因变量的空间滞后变量，也包含了自变量的空间滞后变量，更具一般性。因此，本研究主要采用空间杜宾模型，具体模型形式如下：

$$Y_{it} = \alpha + \beta X_{it} + \rho \sum_{j=1}^{n} \boldsymbol{W}_{ij} \boldsymbol{Y}_{jt} + \theta \sum_{j=1}^{n} \boldsymbol{W}_{ij} \boldsymbol{X}_{jt} + \mu_i + \varepsilon_{it} \quad (8\text{-}2)$$

其中，因变量 Y_{it} 和 Y_{jt} 是街道乡镇 i 和 j 在 t 时期的就业人数，$\boldsymbol{X}_{it}$ 和 $\boldsymbol{X}_{jt}$ 是街道乡镇 i 和 j 在 t 时期的解释变量的向量，包括核心解释变量轨道交通网络可达性和高速公路网络可达性，以及一系列影响地区就业增长的其他控制变量。$\boldsymbol{W}_{ij}$ 是反映地区间空间依赖关系的空间权重矩阵。μ_i 是个体固定效应，控制所有随时间不变的地区差异因素，以避免遗漏变量偏误。α、β、θ 是待估的回归系数，ρ 是空间自回归系数，ε_{it} 是具有独立同分布的随机扰动项，n 是街道乡镇个数。

为了分析溢出效应的空间尺度，并检验不同空间权重矩阵下估计结果的稳健性，本研究使用了一组固定距离的空间权重矩阵，距离阈值从 3～8 千米按每 200 米等间隔设置。本研究中的空间权重矩阵采用行标准化的矩阵。在空间杜宾模型中，加入空间滞后因变量会导致内生性问题。为了防止内生性问题，采用最大似然估计方法，并采用了 Lee 和 Yu（2010）提出的偏差修正估计。

为了更好地解释空间面板模型中的边际效应，本研究遵循 LeSage 和 Pace（2009）提出的方法，将总的边际效应分解为直接效应和间接效应。直接效应反映了地区交通网络可达性改善对本地就业增长的影响，即网络效应。间接效应，也被称为空间溢出效应，用于衡量交通网络可达性改善对附近空间相邻地区就业增长的影响。边际效应分解如下所示：

$$\partial Y / \partial X_k = (\boldsymbol{I} - \rho \boldsymbol{W})^{-1} (\beta_k I + \boldsymbol{W} \theta_k) \quad (8\text{-}3)$$

其中，Y 是上述因变量，X_k 是第 k 个解释变量，$\boldsymbol{I}$ 是单位矩阵，$\boldsymbol{W}$ 是空间权重矩阵 β_k 和 θ_k 是第 k 个解释变量的回归系数。其中，直接效应和间接效应由矩阵的对角线和非对角线元素的平均值来计算。

研究中所使用的数据包括：1996 年、2001 年、2004 年、2008 年、2013 年和 2018 年北京各街道乡镇的就业数据，来自北京历次基本单位普查和经济普查资料。街道乡镇是普查数据公布的最小统计地理单元，因此本研究以街道乡镇作为基本分析单元，并将历年数据统一为一致的地理单元，研究区域内共有 206 个街道乡镇。此外，为了分析交通网络可达性对各行业就业增长的差异化影响，本研究还使用了分行业的就业数据，包括制造业、批发和零售业、金融业、房地产业、住宿和餐饮业、其他生产性服务业、居民服务业和公共服务业的就业数据。

在控制变量方面，本研究使用了各街道乡镇的人口密度，其中人口数据来自北京人口普查资料和《北京区域统计年鉴》；各街道乡镇的产业结构，即制造业就业占地区总就业的比例；由分行业就业数据计算的赫芬达尔指数来衡量的各街道乡镇产业构成的专业化程度；以及由各街道乡镇的人均公共服务业就业量衡量的当地公共服务供给。此外，还使用了各街道乡镇所在区的人均 GDP 和固定资产投资，这些变量控制了北京内部不同地区的工资和总投资水平，相关数据来自《北京区域统计年鉴》。由于采用了固定效应面板数据模型，所有影响当地就业增长随时间不变的因素，如区位优势和当地设施，可由固定效应来控制。

二、交通影响就业增长的网络效应和空间溢出效应

表 8-2 列出了 SAR、SAC 和 SDM 模型的估计结果。首先，所有模型中高速

公路和轨道交通网络可达性系数的估计值都显著为正，说明高速公路和轨道交通网络可达性的改善对地区就业增长有明显的正向影响，且轨道交通网络可达性的系数估计值高于高速公路网络可达性。在控制变量方面，区域固定资产投资以及各地区的人口密度、产业多样性和公共服务供给都对当地就业增长有正向的贡献。此外，空间自回归系数（*WY* 的系数估计值）和空间自相关系数（$W\varepsilon$ 的系数估计值）都是显著的，这说明街道乡镇间的确存在着明显的空间依赖性。

在 SAR 和 SDM 模型中，空间自回归系数都是正的，且非常显著，而在 SAC 模型中，空间自回归系数和空间自相关系数两者都显著，但符号相反，很难解释。Vega 和 Elhorst（2015）认为，空间计量模型如 SAC 模型存在识别问题，空间自回归系数和空间自相关系数所表达的空间依赖性往往难以区分，且相互干扰，造成模型结果难以解释。此外，LeSage 和 Pace（2009）从计量理论出发，认为 SDM 模型是更易识别且最可能产生无偏系数估计的空间计量模型。SAR 和 SAC 模型的系数估计值有可能受到遗漏变量偏误的影响，因为它们未包括自变量的空间滞后变量。因此，本研究下面的讨论将主要集中在 SDM 模型的结果上。

表 8-2　交通网络可达性对地区就业增长影响的空间面板计量估计结果

变量	SAR		SAC		SDM	
highway	0.617** (0.277)	0.594* (0.326)	1.258*** (0.254)	0.637** (0.293)	1.205*** (0.328)	0.777** (0.387)
rail	1.826*** (0.195)	1.175*** (0.239)	1.968*** (0.226)	1.158*** (0.249)	1.61*** (0.295)	1.011*** (0.325)
density	0.335*** (0.049)	0.48*** (0.051)	0.34*** (0.042)	0.389*** (0.042)	0.392*** (0.055)	0.533*** (0.055)
pgdp		-0.018 (0.021)		0.067** (0.032)		0.042 (0.048)
inv		0.051*** (0.02)		0.069*** (0.022)		0.067** (0.029)
str		0.023 (0.017)		−0.008 (0.014)		0.017 (0.018)
spe		0.33*** (0.045)		0.279*** (0.035)		0.389*** (0.047)
pub		0.22*** (0.027)		0.131*** (0.018)		0.218*** (0.026)
WY	0.189*** (0.03)	0.112*** (0.03)	−0.722*** (0.027)	−0.753*** (0.025)	0.2*** (0.032)	0.142*** (0.031)
W×highway					−1.533*** (0.522)	−1.509** (0.598)

续表

变量	SAR		SAC		SDM	
W*×*rail					0.525 （0.363）	−0.086 （0.449）
W*×*density					−0.106 （0.085）	−0.024 （0.084）
W*×*pgdp						−0.045 （0.057）
W*×*inv						−0.017 （0.041）
W*×*str						0.026 （0.03）
W*×*spe						−0.065 （0.071）
W*×*pub						0.174*** （0.038）
***W*ε**			0.802*** （0.019）	0.783*** （0.019）		
负对数似然函数值	614.05	549.78	522.26	448.60	607.21	523.87
伪 R^2	0.27	0.30	0.11	0.10	0.26	0.19
空间回归系数的沃尔德检验	χ^2（1）= 39.80***	χ^2（1）= 13.89***	χ^2（2）= 1832.97***	χ^2（2）= 1720.47***	χ^2（4）= 54.34***	χ^2（9）= 68.09***

注：①表中模型均采用距离阈值为 4 千米的固定距离空间权重矩阵。②表格中括号内数值为系数估计值的标准误。③*highway* 表示高速公路网络可达性，*rail* 表示轨道交通网络可达性，*density* 表示各街道乡镇的人口密度，*pgdp* 表示各街道乡镇所在区的人均 GDP，*inv* 表示各街道乡镇所在区的固定资产投资，*str* 表示各街道乡镇的产业结构，*spe* 表示各街道乡镇产业构成的专业化程度，*pub* 表示由各街道乡镇的人均公共服务业就业量衡量的当地公共服务供给。

* $p < 0.1$；** $p < 0.05$；*** $p < 0.01$。

表 8-3 列出了基于 SDM 模型结果计算的直接效应和间接效应。如前所述，直接效应可以理解为交通网络可达性改善对地区就业增长带来的网络效应，而间接效应则反映可达性改善对地区就业增长的空间溢出效应。由表 8-3 可见，高速公路网络可达性的总效应只在 3 千米固定距离权重矩阵的小空间尺度上显著且为负，而轨道交通网络可达性的总效应是正的，并且在多个空间尺度上都非常显著。对美国城市的研究普遍认为，由于轨道交通在城市交通网络中占比较小，因此其可达性改善对地区就业增长的影响一般较微弱（Giuliano & Agarwal，2017）。但本研究的结果显示，北京轨道交通网络可达性改善对地区就业增长的影响非常显著且影响较大，这可能是因为北京的轨道交通网络覆盖范围比较广。

从直接效应来看，高速公路和轨道交通的可达性提高对地区就业增长的网络（直接）效应在小于等于 5 千米的空间尺度上都显著为正，这与理论预期相一致，即交通网络的改善提高了区位可达性，导致了交通网络沿线地区的就业增长。

从间接效应来看，高速公路和轨道交通网络可达性的间接（溢出）效应存在很大差异，且受到空间尺度的限制。高速公路网络可达性的间接效应在小的空间尺度（如 3～4 千米）上是显著为负的，这表明高速公路的改善导致生产要素从高速公路网络可达性较低的空间邻近地区向新建的高速公路所在地区集中，从而造成对空间相邻地区就业增长的负向影响。轨道交通网络可达性的间接效应在小空间尺度上并不明显，但在大空间尺度（6～8 千米）上却对轨道交通周边相邻地区的经济产生正向影响。这可能因为北京的轨道交通网络主要集中在中心城区，所以新建或更新的轨道交通线路或站点可能不会给离站点很近的地区带来显著变化，但在更大的空间尺度上，轨道交通网络可达性的改善仍然有利于经济活动向轨道交通网络可达性高的广大区域集中，并导致区域内就业增长的正向空间溢出。因此，本研究的结果表明，交通网络可达性的空间溢出效应可以是正的，也可以是负的，这取决于交通设施的类型以及在什么样的空间尺度上考虑。

表 8-3 交通网络可达性对地区就业增长影响的直接效应和间接效应

距离阈值/千米	高速公路网络可达性			轨道交通网络可达性		
	直接效应	间接效应	总效应	直接效应	间接效应	总效应
d=3	1.054*** (0.381)	−2.134*** (0.531)	−1.080** (0.509)	1.039*** (0.292)	0.131 (0.3)	1.171*** (0.303)
d=4	0.731* (0.379)	−1.220** (0.499)	−0.488 (0.506)	1.013*** (0.318)	0.050 (0.366)	1.063*** (0.33)
d=5	0.821** (0.402)	−0.820 (0.502)	0.001 (0.477)	0.622* (0.359)	0.615 (0.425)	1.237*** (0.348)
d=6	0.327 (0.452)	0.123 (0.551)	0.451 (0.455)	0.384 (0.356)	0.867* (0.454)	1.251*** (0.37)
d=7	0.178 (0.456)	0.270 (0.633)	0.447 (0.513)	0.315 (0.367)	0.950* (0.516)	1.266*** (0.412)
d=8	0.391 (0.478)	−0.042 (0.77)	0.348 (0.587)	0.345 (0.354)	0.870* (0.493)	1.216*** (0.415)

注：①表中均采用固定效应空间杜宾模型，前述所有控制变量均已控制。②表格中括号内数值为系数估计值的标准误。

* $p < 0.1$；** $p < 0.05$；*** $p < 0.01$。

为进一步讨论交通网络可达性对地区就业增长的影响在中心城区和郊区是否有差异，本研究构建了 1 个虚拟变量，对五环路以内的街道乡镇取值为 1，五环路以外的街道乡镇取值为 0，并估计可达性指标与其交互项的系数，表 8-4 列出了直接效应和间接效应的结果。由表可见，轨道交通网络可达性的网络效应在郊区明显强于中心城区，高速公路网络可达性的空间溢出效应在郊区也略强。因此，交通网络可达性改善对地区就业增长的影响效应在不同区域是有差异的，在具有更多开发潜力的郊区表现得更强。

表 8-4 中心城区虚拟变量与交通网络可达性的交互项的直接效应和间接效应

空间权重矩阵的距离阈值/千米	变量	高速公路网络可达性			轨道交通网络可达性		
		直接效应	间接效应	总效应	直接效应	间接效应	总效应
d=3	可达性	1.029*** (0.384)	−2.343*** (0.54)	−1.315** (0.521)	1.285*** (0.336)	0.257 (0.356)	1.542*** (0.355)
	交互项	−1.280 (0.905)	1.681* (0.984)	0.402 (0.923)	−0.993* (0.525)	−0.121 (0.483)	−1.114** (0.451)
d=4	可达性	0.814** (0.389)	−1.536*** (0.517)	−0.722 (0.519)	1.410*** (0.377)	−0.053 (0.433)	1.357*** (0.383)
	交互项	−0.896 (0.859)	0.257 (1.134)	−0.639 (1.088)	−1.203** (0.564)	0.112 (0.624)	−1.092** (0.52)
d=5	可达性	0.989** (0.419)	−1.154** (0.516)	−0.165 (0.478)	1.003** (0.406)	0.497 (0.428)	1.499*** (0.392)
	交互项	−1.038 (0.837)	0.731 (0.982)	−0.307 (1.047)	−0.889** (0.421)	−0.122* (0.067)	−1.012** (0.478)

注：①中心城区虚拟变量对所有五环路以内的街道乡镇取值为 1。②表中均采用固定效应空间杜宾面板模型，前述所有控制变量均已控制。③表格中括号内数值为系数估计值的标准误。

* $p < 0.1$；** $p < 0.05$；*** $p < 0.01$。

三、交通改善对地区不同部门就业增长影响的异质性分析

如前所述，高速公路和轨道交通的运输功能和服务对象有很大差异，因此其可达性改善对地区就业增长的影响会因产业部门和交通设施不同而不同。本节考察两类城市交通基础设施对地区不同部门就业增长影响的差异。为此，本节以 8 个不同部门的就业人数为因变量，分别进行空间杜宾模型的估计，表 8-5 列出了直接效应和间接效应的估计结果，具体分析如下。

首先，制造业的结果表明，高速公路网络可达性对地区制造业就业增长并没

有显著的直接效应或间接效应，而轨道交通网络可达性对地区制造业就业增长具有显著的负向直接效应和间接效应，这意味着制造业活动的分布主要是在尽量远离轨道交通网络可达性好的地区。一般而言，制造业活动的区位选择通常受到高速公路网络可达性的影响，但北京的制造业更多集中在郊区的工业园区和开发区等政策性区域，其区位分布可能更多受到土地、税收等政策的影响，而不太受交通网络可达性的影响。

其次，贸易活动（批发和零售业）无论从货物运输还是接近市场的角度，往往对运输服务有较高的需求。结果显示，高速公路和轨道交通网络可达性对地区批发和零售业就业增长有显著的正向网络效应和负向溢出效应。这与理论预期相一致，即贸易部门可以从交通网络改善中受益，从而导致就业增长向交通网络沿线地区集中，并对周边空间相邻地区产生负向空间溢出效应。

最后，对于其他的服务业行业，轨道交通和高速公路网络可达性的影响各不相同。轨道交通网络可达性改善有利于地区金融业、公共服务业的就业增长，结果显示其具有显著的正向网络效应。这是因为北京的金融业和公共服务业更多位于中心城区，而北京的轨道交通网络也更多集中在中心城区，因此轨道交通网络的改善对这些部门就业分布的影响更大。同时，高速公路网络可达性改善对地区住宿和餐饮服务业、生产性服务业就业增长有显著的正向网络效应和负向空间溢出效应。此外，对地区房地产业和居民服务业就业增长有显著的正向网络效应。这些行业的布局在北京相对更加郊区化，比如包括商务服务业、信息和科技服务业在内的生产性服务业较多地分布在郊区的高科技园区和开发区。同时，随着北京人口的郊区化，越来越多的住宅在郊区开发，导致郊区的房地产业和居民服务业快速发展。因此，随着高速公路网络向郊区扩张，郊区交通网络可达性有了很大的提高，对那些更加郊区化的行业的地区就业增长产生更显著的影响。

总体上，本研究的结果说明，交通网络可达性改善对地区就业增长的影响根据产业类型和交通设施类型的不同而的确产生了异质性的影响效应。

表 8-5 也列出了带有中心城区虚拟变量交互项的分部门就业的直接效应和间接效应的结果。结果表明，高速公路网络可达性改善的网络效应在郊区大多较高。比如，高速公路网络可达性改善对地区批发和零售业、住宿和餐饮业、生产性服务业以及居民服务业就业增长影响的直接效应都显著为正，而交互项的直接效应

则显著为负，这意味着高速公路网络可达性改善对地区部门就业增长的网络效应在郊区要更强。

表 8-5　交通网络可达性对地区分行业就业增长影响的直接效应和间接效应

变量	效应	制造业（*d*=3 千米）		批发和零售业（*d*=4 千米）		住宿和餐饮业（*d*=4 千米）		金融业（*d*=4 千米）	
		不带交互项	带有交互项	不带交互项	带有交互项	不带交互项	带有交互项	不带交互项	带有交互项
highway	直接	0.563 （0.809）	0.468 （0.818）	0.974** （0.47）	1.241** （0.481）	2.773*** （0.723）	3.200*** （0.742）	0.208 （1.422）	0.096 （1.463）
highway	间接	−1.446 （1.757）	−2.713 （1.772）	−1.327** （0.591）	−1.640*** （0.612）	−2.407** （0.932）	−3.033*** （0.97）	−5.411*** （1.924）	−4.974** （1.997）
highway 交互项	直接		−2.249 （1.896）		−2.652** （1.064）		−4.011** （1.64）		0.913 （3.229）
highway 交互项	间接		6.043* （3.078）		1.208 （1.346）		3.281 （2.134）		−9.096** （4.389）
rail	直接	−1.284** （0.621）	−1.113 （0.714）	1.944*** （0.395）	2.454*** （0.467）	−0.563 （0.606）	−0.527 （0.72）	4.520*** （1.188）	5.029*** （1.416）
rail	间接	−1.972** （0.959）	−0.279 （1.131）	−1.184*** （0.438）	−1.610*** （0.519）	0.415 （0.688）	0.630 （0.817）	0.404 （1.406）	−0.922 （1.667）
rail 交互项	直接		−0.761 （1.095）		−1.549** （0.7）		−0.271 （1.078）		−1.644 （2.118）
rail 交互项	间接		−4.024*** （1.442）		1.112 （0.749）		−0.563 （1.176）		2.521 （2.392）

变量	效应	生产性服务业（*d*=3 千米）		房地产业（*d*=3 千米）		居民服务业（*d*=3 千米）		公共服务业（*d*=4 千米）	
		不带交互项	带有交互项	不带交互项	带有交互项	不带交互项	带有交互项	不带交互项	带有交互项
highway	直接	1.982** （0.771）	2.140*** （0.774）	2.260** （0.947）	2.212** （0.959）	3.782*** （0.751）	3.837*** （0.757）	−0.138 （0.355）	−0.063 （0.365）
highway	间接	−2.674** （1.232）	−2.885** （1.228）	−1.842 （1.505）	−2.140 （1.53）	−2.243* （1.158）	−2.408** （1.18）	−0.659 （0.418）	−0.627 （0.434）
highway 交互项	直接		−5.347*** （1.822）		−2.197 （2.258）		−3.824** （1.783）		−0.798 （0.81）
highway 交互项	间接		−0.931 （2.2）		6.295** （2.74）		1.025 （2.114）		0.591 （0.962）
rail	直接	0.370 （0.594）	0.677 （0.679）	−1.440** （0.73）	−1.123 （0.841）	0.042 （0.578）	0.429 （0.664）	0.621** （0.299）	0.712** （0.356）
rail	间接	0.899 （0.686）	0.748 （0.8）	0.122 （0.837）	0.294 （0.996）	−0.135 （0.645）	−0.290 （0.768）	−0.210 （0.316）	−0.406 （0.376）
rail 交互项	直接		−1.812* （1.057）		−1.226 （1.31）		−1.805* （1.034）		−0.256 （0.535）

续表

变量	效应	生产性服务业（d=3 千米）		房地产业（d=3 千米）		居民服务业（d=3 千米）		公共服务业（d=4 千米）	
		不带交互项	带有交互项	不带交互项	带有交互项	不带交互项	带有交互项	不带交互项	带有交互项
rail 交互项	间接		−0.136（1.06）		0.407（1.321）		0.320（1.022）		0.634（0.547）

注：①表中均采用固定效应空间杜宾模型，前述所有控制变量均已控制。②表格中括号内数值为系数估计值的标准误。③*highway* 表示高速公路网络可达性，*rail* 表示轨道交通网络可达性。

* $p < 0.1$，** $p < 0.05$，*** $p < 0.01$。

四、关于空间溢出效应的空间尺度的讨论

已有研究认为，交通基础设施建设可以对区域经济增长产生空间溢出效应。一方面，新建的交通基础设施可能对相邻落后地区的地方经济增长产生促进作用，而另一方面，地区可达性的提高可能对其周边地区带来负的经济外部性，导致新建交通设施所在地区周边相对落后的地区有可能遭受当地就业机会的减少，从而加剧区域的不平衡发展。本研究的结果为相关讨论提供了一些新的证据，其实交通网络可达性对区域经济增长的空间溢出效应是积极的还是消极的，仍取决于所考虑的空间尺度以及产业活动和交通设施的类型。

图 8-6 和图 8-7 比较了 4 个服务部门，即批发和零售业、住宿和餐饮业、金融业和生产性服务业，在不同空间尺度下高速公路和轨道交通网络可达性对其地区就业增长影响的空间溢出效应。批发和零售业以及住宿和餐饮业都对运输服务有较高需求，而金融业和生产性服务业都属于高端服务业，其区位选址更多受到集聚经济的影响。结果显示，负向空间溢出效应主要出现在对运输服务需求较高的产业部门，且在相对较小的空间尺度上，高速公路更容易产生这种负向空间溢出效应。这是由于高速公路网络主要更多地向郊区扩展，在郊区建设的新的高速公路会有利于当地的就业增长，吸引周边地区的产业活动向新的高速公路沿线地区集中，这就导致了郊区高速公路网络周边区域的不平衡发展。

正向空间溢出效应主要出现在相对较大的空间尺度上，主要针对高端服务业等行业部门，且轨道交通更有可能产生这种正向空间溢出效应。由于高端服务业更多集中在中心城区，而轨道交通网络可达性的改善可能不会导致轨道交通所在地区出现更多新的产业活动，但可能会吸引更大尺度上生产要素向中心城区、轨道交通可达性好的地区集聚，从而导致在更大区域尺度上的正向空间溢出效应。

总体上，交通网络可达性提高所带来的负向空间溢出效应更可能发生在小空间尺度和对运输服务有密集需求的产业部门，而正向空间溢出效应更可能发生在大空间尺度上，针对的是高端服务业等产业部门。

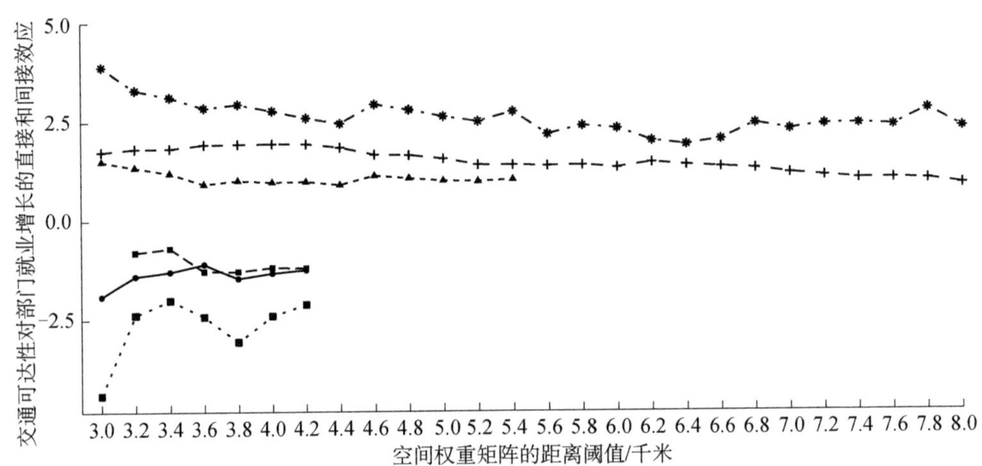

图 8-6　不同空间尺度下高速公路和轨道交通网络可达性对地区批发和零售业以及住宿和餐饮业就业增长的空间溢出效应

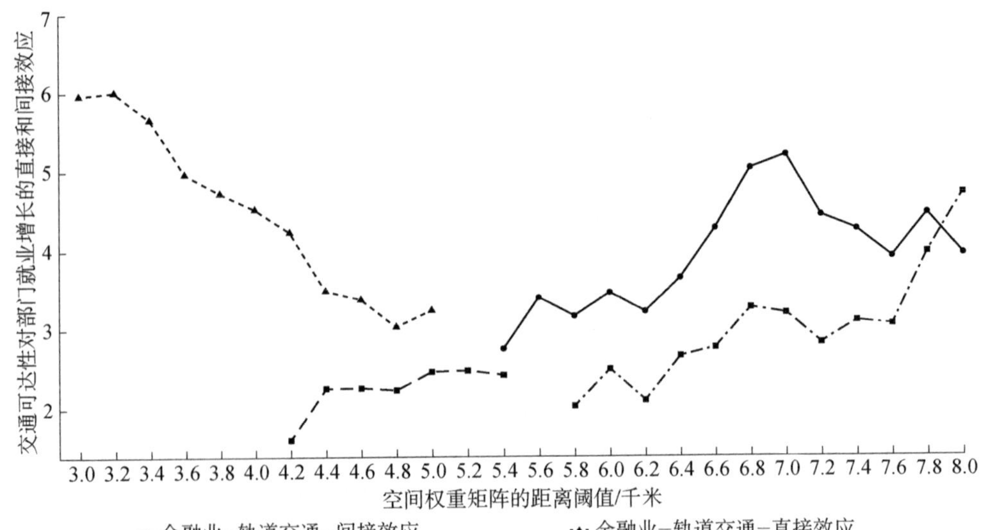

图 8-7　不同空间尺度下轨道交通网络可达性对地区金融业和生产性服务业就业增长的空间溢出效应

五、小结

本研究的结果与近年来对欧美城市的相关研究结论基本一致，如 García-López 等（2017a）以及 Mayer 和 Trevien（2017）等的研究都显示了交通基础设施建设对城市内地区就业增长有显著的积极影响。通过对北京的案例分析，本研究得到了相似的结论。同时，本研究特别关注了交通网络可达性改善对地区就业增长的空间溢出效应，并发现了交通网络可达性的提高对交通设施所在地区的周边地区的空间溢出效应到底是正向还是负向的，这实际上取决于所考虑的空间尺度以及经济活动和交通设施的类型。鉴于城市空间发展仍处于复杂的动态调整过程中，交通发展和城市空间重构之间仍具有十分复杂的关系，我们需要更多的实证研究来帮助理解城市交通对土地利用的影响。

本研究的结果也提供了一些政策启示。交通基础设施投资和建设促进了中国城市空间结构的调整，交通投资作为一种政策工具，可以有效地帮助塑造中国城市空间结构和促进地区经济增长。总体上，高速公路促进了城市经济活动向郊区的分散，同时促进产业活动沿高速公路网络集中，有助于形成郊区次中心，从而推动多中心城市空间结构的形成。同时，轨道交通倾向于在更大空间尺度上产生正向的空间溢出效应，带动区域经济的平衡增长。因此，有效协调各种交通方式的城市交通网络规划对促进中国城市空间均衡、协调发展至关重要。

本章参考文献

邓羽, 司月芳. 2015. 北京市城区扩展的空间格局与影响因素. 地理研究, 34(12): 2247-2256.

冯长春, 李维瑄, 赵蕃蕃. 2011. 轨道交通对其沿线商品住宅价格的影响分析——以北京地铁 5 号线为例. 地理学报, 66(8): 1055-1062.

谷一桢, 郑思齐. 2010. 轨道交通对住宅价格和土地开发强度的影响——以北京市 13 号线为例. 地理学报, 65(2): 213-223.

黄晓燕, 张爽, 曹小曙. 2014. 广州市地铁可达性时空演化及其对公交可达性的影响. 地理科学进展, 33(8): 1078-1089.

乐晓辉, 陈君娴, 杨家文. 2016. 深圳轨道交通对城市空间结构的影响——基于地价梯度和开发强度梯度的分析. 地理研究, 35(11): 2091-2104.
李志, 周生路, 吴绍华, 等. 2014. 南京地铁对城市公共交通网络通达性的影响及地价增值响应. 地理学报, 69(2): 255-267.
林琳, 卢道典. 2011. 广州重大交通设施建设与空间结构演化研究. 地理科学, 31(9): 1050-1055.
林雄斌, 刘健, 田宗星, 等. 2016. 轨道交通引导用地密度与地价的时空效应——以深圳市为例. 经济地理, 36(9): 27-34.
刘康, 吴群, 王佩. 2015. 城市轨道交通对住房价格影响的计量分析——以南京市地铁 1、2 号线为例. 资源科学, 37(1): 133-141.
聂冲, 温海珍, 樊晓锋. 2010. 城市轨道交通对房地产增值的时空效应. 地理研究, 29(5): 801-810.
潘海啸, 任春洋, 杨眺晕. 2007. 上海轨道交通对站点地区土地使用影响的实证研究. 城市规划学刊, (4): 92-97.
苏亚艺, 朱道林, 郑育忠, 等. 2015. 轨道交通对城郊之间房价梯度影响研究——以北京西南部为例. 资源科学, 37(1): 125-132.
王福良, 冯长春, 甘霖. 2014. 轨道交通对沿线住宅价格影响的分市场研究——以深圳市龙岗线为例. 地理科学进展, 33(6): 765-772.
王洪卫, 韩正龙. 2015. 地铁影响住房价格的空间异质性测度——以上海市地铁 11 号线为例. 城市问题, (10): 36-42, 48.
周群, 马林兵, 陈凯, 等. 2015. 一种改进的基于空间句法的地铁可达性演变研究——以广佛地铁为例. 经济地理, 35(3): 100-107.
Álvarez I C, Barbero J, Zofío J L. 2016. A spatial autoregressive panel model to analyze road network spillovers on production. Transportation Research Part A: Policy and Practice, 93: 83-92.
Arbués P, Baños J F, Mayor M. 2015. The spatial productivity of transportation infrastructure. Transportation Research Part A: Policy and Practice, 75: 166-177.
Banister D, Berechman Y. 2001. Transport investment and the promotion of economic growth. Journal of Transport Geography, 9(3): 209-218.
Baum-Snow N. 2007. Did highways cause suburbanization? The Quarterly Journal of Economics, 122(2): 775-805.
Baum-Snow N, Brandt L, Henderson J V, et al. 2017. Roads, railroads, and decentralization of Chinese cities. The Review of Economics and Statistics, 99(3): 435-448.
Boarnet M G. 1997. Highways and economic productivity: interpreting recent evidence. Journal of Planning Literature, 11(4): 476-486.
Boarnet M G. 1998. Spillovers and the locational effects of public infrastructure. Journal of Regional Science, 38(3): 381-400.
Bollinger C R, Ihlanfeldt K R. 2003. The intraurban spatial distribution of employment: which government interventions make a difference? Journal of Urban Economics, 53(3): 396-412.

Cervero R, Landis J. 1997. Twenty years of the Bay Area Rapid Transit system: land use and development impacts. Transportation Research Part A: Policy and Practice, 31(4): 309-333.

Condeço-Melhorado A, Tillema T, de Jong T, et al. 2014. Distributive effects of new highway infrastructure in the Netherlands: the role of network effects and spatial spillovers. Journal of Transport Geography, 34: 96-105.

Duranton G, Puga D. 2015. Urban land use//Duranton G, Vernon Henderson J, Strange W C. Handbook of Regional and Urban Economics. Amsterdam: Elsevier: 467-560.

Fujita M, Ogawa H. 1982. Multiple equilibria and structural transition of non-monocentric urban configurations. Regional Science and Urban Economics, 12(2): 161-196.

Garcia-López M-À, Hémet C, Viladecans-Marsal E. 2017a. How does transportation shape intrametropolitan growth? An answer from the regional express rail. Journal of Regional Science, 57(5): 758-780.

Garcia-López M-À, Hémet C, Viladecans-Marsal E. 2017b. Next train to the polycentric city: the effect of railroads on subcenter formation. Regional Science and Urban Economics, 67: 50-63.

Garcia-López M-À, Holl A, Viladecans-Marsal E. 2015. Suburbanization and highways in Spain when the Romans and the Bourbons still shape its cities. Journal of Urban Economics, 85: 52-67.

Giuliano G, Agarwal A. 2017. Land use impacts of transportation investments//Giuliano G, Hanson S. The Geography of Urban Transportation. 4th edn. New York: The Guilford Press: 307-344.

Giuliano G, Redfearn C, Agarwal A, et al. 2012. Network accessibility and employment centres. Urban Studies, 49(1): 77-95.

Haider M, Miller E J. 2000. Effects of transportation infrastructure and location on residential real estate values: application of spatial autoregressive techniques. Transportation Research Record: Journal of the Transportation Research Board, 1722(1): 1-8.

Jiwattanakulpaisarn P, Noland R B, Graham D J. 2010. Causal linkages between highways and sector-level employment. Transportation Research Part A: Policy and Practice, 44(4): 265-280.

Kim J Y, Han J H. 2016. Straw effects of new highway construction on local population and employment growth. Habitat International, 53: 123-132.

Lee L F, Yu J H. 2010. Estimation of spatial autoregressive panel data models with fixed effects. Journal of Econometrics, 154(2): 165-185.

LeSage J, Pace R K. 2009. Introduction to Spatial Econometrics. Boca Raton: Chapman and Hall/CRC.

Levinson D. 2008. Density and dispersion: the co-development of land use and rail in London. Journal of Economic Geography, 8(1): 55-77.

Lucas R E, Rossi-Hansberg E. 2002. On the internal structure of cities. Econometrica, 70(4): 1445-1476.

Mayer T, Trevien C. 2017. The impact of urban public transportation evidence from the Paris region. Journal of Urban Economics, 102: 1-21.

Padeiro M. 2013. Transport infrastructures and employment growth in the Paris metropolitan margins. Journal of Transport Geography, 31: 44-53.

Redding S J, Turner M A. 2015. Transportation costs and the spatial organization of economic activity//Duranton G, Vernon Henderson J, Strange W C. Handbook of Regional and Urban Economics. Amsterdam: Elsevier: 1339-1398.

Schuetz J. 2015. Do rail transit stations encourage neighbourhood retail activity? Urban Studies, 52(14): 2699-2723.

Tong T T, Yu T H E, Cho S H, et al. 2013. Evaluating the spatial spillover effects of transportation infrastructure on agricultural output across the United States. Journal of Transport Geography, 30: 47-55.

Vega S H, Elhorst J P. 2015. The SLX model. Journal of Regional Science, 55(3): 339-363.

Weinberger R R. 2001. Light rail proximity: benefit or detriment in the case of Santa Clara County, California? Transportation Research Record: Journal of the Transportation Research Board, 1747(1): 104-113.

Yu H T, Jiao J F, Houston E, et al. 2018. Evaluating the relationship between rail transit and industrial agglomeration: an observation from the Dallas-Fort Worth region, TX. Journal of Transport Geography, 67: 33-52.

第九章　中国城市空间结构与环境质量

21世纪以来，中国城市化建设取得了巨大成就。快速城市化导致了城市人口和产业的高度聚集，城市空间急剧扩张和蔓延，造成城市环境质量退化，对我国城市可持续发展形成严峻挑战。城市的空间发展方式对城市环境质量有重要影响，城市空间结构作为城市空间发展方式的集中体现，影响着城市经济主体的区位选址和分布格局，进而影响了城市中产业、居住、交通等活动的空间组织，因此直接或间接地影响了城市内污染物的分布和扩散，对城市环境质量产生了综合影响。本章以城市空气质量问题作为分析城市空间结构的环境影响的切入点，使用2005～2018年中国地级及以上城市市辖区面板数据，实证探讨中国城市空间结构对环境质量的影响及其机制。

第一节　城市空间结构的环境影响

城市空间结构对城市环境质量有复杂的影响，比如城市空间发展形态、城市密度和紧凑度，以及城市土地混合利用程度和交通网络可达性等都会显著影响城市的环境质量（Li & Zhou，2019；Yuan et al.，2017）。理解城市空间结构与城市环境质量的关联关系及其内在机制，对探索绿色、协调、可持续的城市空间发展模式具有重要意义。当前，以雾霾污染为代表的城市空气质量问题备受关注。雾霾污染不仅威胁人体健康，也降低了城市宜居性并带来了经济社会成本。雾霾污染与城市化过程中不断增强的工业活动、交通排放等直接相关，也和城市的发展方式密切相关，是探讨城市空间结构的环境影响的重要主题。本节主要回顾了城市空间结构影响城市环境质量的相关研究，梳理和总结了城市空间结构对环境质量的影响效应及内在机制。

一、相关研究进展

从城市空间发展紧凑和分散的角度，已有研究主要关注城市蔓延对空气质量的影响，研究普遍发现城市蔓延会加剧我国城市的雾霾污染，因此遏制城市无序蔓延，坚持紧凑的城市空间结构有利于获得更好的空气质量（秦蒙等，2016；王星等，2020）。但随着城市化进程的加速，城市规模不断膨胀，城市空间势必要扩张，单中心集聚的空间发展模式将无法有效平衡经济发展和环境保护，为了保持紧凑的城市空间扩张，需要发展多中心的城市空间结构。多中心空间结构是在城市主中心以外形成郊区次中心，城市功能在多个城市中心集聚而形成的均衡、紧凑的城市空间结构。多中心空间结构可以缓解城市功能单中心过度集聚带来的交通拥堵、环境承载力超载等问题，在获得分散化集聚经济优势的同时，兼顾环境可持续性。

因此，近年来一些研究开始关注单中心和多中心城市空间结构的环境影响，即多中心空间结构是否更有利于减轻空气污染及其作用机制。但目前研究的实证结论并不完全一致，比如，Li 等（2020）通过对 286 个中国地级及以上城市的面板计量分析发现，城市的多中心性和 PM2.5 浓度之间呈正相关关系，即多中心空间发展总体上并未降低雾霾污染，而 Han 等（2020）同样对中国地级及以上城市的分析发现，就业集聚度可以显著降低城市 PM2.5 浓度，因此多中心和紧凑的单中心结构都可能有利于降低雾霾污染。事实上，多中心空间结构的环境友好性取决于城市主中心及郊区次中心是否能够空间紧凑、功能自立和职住平衡，单纯城市形态上而非功能上的多中心空间结构也可能导致城市蔓延和低密度扩张，因此对多中心空间结构的环境影响还存在争议，仍需更多的经验证据来丰富相关讨论。

此外，在探讨城市空间结构的环境影响时，城市地域范围的划定十分重要。现有研究普遍以我国地级及以上城市的行政地域作为研究区域，但地级及以上城市的行政地域并非实体化的城市地域，内部往往包含市辖区、县级市、县等城市化、半城市化地区以及农村地区，因此更适宜被视为城市区域而非城市。Sun 和 Lv

（2020）的研究也指出，在地级及以上城市行政市域和实体地域范围内，城市空间结构特征显著不同，行政市域更倾向于具有多中心的空间结构，将其视为研究区域可能会夸大城市的多中心发展水平。因此，使用实体化的城市地域或行政区意义上的城市化地域即市辖区的范围，才有可能更准确地反映城市内部的空间结构特征。其次，现有研究大多实证检验了城市空间结构对空气质量的影响，但对影响机制仍以定性讨论和解释为主，缺乏对相关机制中介效应的实证检验。现有研究从交通排放、工业排放和家庭排放多个角度解释了多中心空间结构影响城市环境质量可能的原因，但总体上城市空间结构影响城市环境质量的机制十分复杂，这也是导致其影响效果并不明确的主要原因，因此仍需对影响机制进行深入分析。

二、城市空间结构对城市环境质量的影响效应

近年来，城市空间结构对城市环境质量的影响被广泛讨论，由此产生的对单中心和多中心空间结构的环境影响的争论成为热点问题。已有研究主要形成了以下一些观点和结论。

首先，研究普遍认为紧凑且集中的单中心空间结构对城市环境质量具有正环境外部性。比如，周宏浩和谷国锋对东北地区地级及以上城市的研究发现，东北地区城市单中心的空间结构产生了显著的污染减排效应（周宏浩和谷国锋，2021）。紧凑的单中心空间结构可以提高经济活动密度，促进要素集聚，产生集聚的正环境外部性。同时，单中心集聚下居住和就业的空间集中化，提高了职住接近和就业可达性，缩短了通勤距离，有利于降低交通排放。而且，紧凑的城市形态有利于公共交通基础设施布局和投资，通过提升公共交通而非私家车的使用率减少交通排放，从而减少雾霾污染（Kang et al.，2019；孙斌栋和潘鑫，2008）。但是单中心空间结构的环境影响也和其集聚规模有关。随着城市增长，当单中心集聚超过一定规模和密度后，一方面，单中心过度集聚会导致集聚的负环境外部性产生，比如拥挤效应、环境承载力超载等；另一方面，随着城市功能在主中心的高度集中，城市内各地区的功能联系高度依赖主中心，空间分布不均衡的功能联系扩大了跨地区交通需求，加剧了主中心的交通拥堵，由此会带来更多污染排放。因此，单中心空间结构对城市环境质量的影响可能是非线性的。

其次，针对多中心空间结构对城市环境质量的影响仍存在争论。理论上，多

中心空间结构被认为是均衡、紧凑的城市空间发展模式，具有正的环境外部性。一些观点认为，郊区次中心的出现可以缓解城市主中心的拥挤效应，尤其是职住平衡、功能自立的次中心的出现会降低城市活动对主中心的依赖，可以有效减少交通拥堵、缩短出行时间等，从而减少交通排放。而且，郊区次中心会促进城市产业的分散化集聚，在获取集聚经济效益的同时降低环境影响。一些研究也提供了多中心空间结构有利于降低城市 PM2.5 浓度的经验证据（Han et al.，2020；Liu et al.，2022）。但也有研究指出，多中心空间结构对城市环境质量的影响机制可能十分复杂，其最终影响取决于多中心空间集聚对交通出行、拥堵水平、工业集聚甚至家庭住宅消费等导致的各种正负环境外部性之间的权衡，因此其最终影响并不明确。总体上，多中心城市内部空间趋于分散，多中心的空间结构也可能会增加长距离出行、机动车使用率以及郊区大面积住房等相关的污染排放，实际上也有不少研究提供了多中心空间结构导致更多污染排放的经验证据（Li et al.，2020；Tao et al.，2019）。

最后，已有研究普遍强调城市空间结构对城市环境质量的影响存在显著的异质性，城市规模、密度和经济发展水平不同，其空间结构的环境影响存在差异化的表现。比如，Han 等（2020）的研究发现，单中心和多中心空间结构对城市 PM2.5 浓度的影响因城市密度不同而有所差异，当低密度城市具有紧凑的单中心空间结构时或当高密度城市具有多中心空间结构时，城市的 PM2.5 浓度相对较低。Li 等（2020）的研究则发现，虽然整体上城市的多中心性和 PM2.5 浓度之间呈正相关关系，但对人均 GDP 较高或第二产业就业占比较高的城市，城市的多中心性的确会降低 PM2.5 浓度。周宏浩和谷国锋（2021）的研究也发现，东北地区城市空间结构对环境的影响存在城市规模尺度上的非线性门槛特征。

三、城市空间结构影响城市环境质量的内在机制

相比于单中心空间结构，多中心空间结构对城市环境质量的影响机制更为复杂。理论上，城市雾霾污染与交通排放、工业活动以及家庭的能源消耗等密切相关，现有研究也主要从这三个方面讨论了多中心空间结构的环境影响机制（Burgalassi & Luzzati，2015；Sun et al.，2020）。

（一）交通排放

城市空间结构的调整会直接影响交通出行需求、距离和出行方式等，因此会影响交通出行效率和相关能源消耗及排放水平，进而影响城市的环境质量。如前所述，多中心空间结构对交通出行的影响比较复杂。一方面，随着城市规模的扩大，多中心空间结构可以缓解单中心集聚带来的拥堵问题，缩短出行时间从而减少交通排放。相关对中国城市的研究也发现，城市的多中心性和交通拥堵程度呈负相关关系，多中心发展有利于缓解城市的拥堵水平（Li et al.，2018，2019）。另一方面，多中心空间结构也可能增加长距离出行，尤其当优质的服务和高质量设施集中在城市主中心时，生活在次中心的人口仍倾向于到主中心寻求服务。而且，多中心城市的出行方式趋于分散化，可能会更加依赖私人小汽车，使公共交通和非机动化出行方式的比率降低。此外，多中心城市相对较难推行投资运营成本高、运量大的公共交通，尤其是轨道交通（孙斌栋和潘鑫，2008），这些都不利于降低交通排放。

事实上，多中心空间结构的交通减排效果主要取决于多中心城市中郊区次中心是否能够空间紧凑、职住平衡和功能自立。首先，多中心空间结构的环境影响在很大程度上取决于郊区次中心是更趋于紧凑的还是更趋于分散的。紧凑的多中心可以获得类似单中心集聚的正环境外部性，因此有交通减排的潜力，而分散的多中心可能只是城市蔓延的一种形式。其次，如果郊区次中心的出现使企业和居民通过调整区位选址来实现居住和就业之间的平衡，则多中心空间结构将分担单中心聚集的交通量，从而缩短通勤距离，减少通勤时间和拥堵，进而降低交通排放；反之，如果居住与就业在城市中心的分布并不平衡，而是在城市的不同区域间错位分布，则居民的跨区域出行将会使城市交通更为拥挤。最后，郊区次中心应具有完备的城市功能，只有工作、居住和服务功能充分融合的郊区次中心才会使居民出行不过分依赖城市主中心，因此功能自立的次中心将有助于减少跨区域交通需求，从而降低交通排放。

（二）工业排放

多中心空间结构对工业活动及其能源消耗的影响也比较复杂。一些观点认为，多中心空间结构有利于城市工业活动的空间集聚，而工业集聚有助于减少能源消耗引起的工业污染排放。比如，工业集聚可以使企业以较低成本获取污染处理技术，可以通过规模经济降低工业企业污染处理成本和政府监管成本，通过基础设施共享避免重复建设导致的污染增加等。同时，工业集聚通过专业化生产和技术溢出提高企业生产效率，也会促进企业降低能源消耗和污染排放（Han et al.，2020）。Han 和 Miao（2022）基于中国地级及以上城市空间结构和企业污染排放数据的研究发现，多中心空间结构通过促进要素的流动、企业规模的增大以及增强地区间的分工与合作有助于降低工业企业污染排放。

此外，城市次中心的出现是城市主中心功能疏解的结果，这些新的城市次中心往往也具备与主中心类似的城市功能，尤其在市辖区内的城市次中心更可能承载主中心服务功能的扩散。城市次中心的发展可能带动城市商业、服务业的集聚和发展，从而促进城市经济结构的调整。因此，多中心空间结构也可能通过优化城市经济结构，整体上降低城市的工业污染排放。

（三）家庭排放

一些研究也关注到多中心空间结构对城市家庭排放的影响。一种可能的解释是，单中心城市中核心区内较高的住宅价格将导致相同收入条件下的平均住房建筑面积更小，从而有利于降低家庭排放，而多中心城市中郊区次中心的住宅价格相对较低，次中心居民不仅可以负担更大面积的住房，人均住房面积显著增加的同时，人均房屋占有量也会上升，随之带来家庭排放的增加，进而加剧雾霾污染（Ewing & Rong，2008）。还有研究注意到，多中心空间结构有利于形成小而分散的高温斑块，从而降低城市地表热岛效应，有助于缓解与夏季供冷、冬季供热相关的污染排放（Burgalassi & Luzzati，2015；Xu et al.，2022）。

第二节 研究设计与市辖区空间结构特征

针对已有研究的不足，本研究构建了 2005～2018 年全国地级及以上城市市辖区面板数据，使用 LandScan 全球高分辨率人口栅格数据识别市辖区空间结构特征，并通过空间计量模型和中介效应模型，实证检验市辖区空间结构对城市空气质量的影响及其机制。

一、研究区域与数据

为解决使用地级及以上城市行政市域作为研究区域，可能会夸大城市多中心发展水平的问题，本研究使用行政区意义上的城市化地域，即全国地级及以上城市的市辖区作为研究区域，以更准确地反映城市内部的空间结构特征。基于数据可得性和连续性，本研究最终确定将282个地级及以上城市的市辖区作为研究样本，并构建2005～2018年市辖区面板数据。

本研究的数据主要来自三个方面。一是美国橡树岭国家实验室开发的LandScan全球高分辨率人口栅格数据集，该数据集提供逐年全球大约1千米格网的人口估算数据，可以用于分析各种尺度下城市或区域的空间结构。二是加拿大达尔豪斯大学大气成分分析组基于GEOS-Chem化学传输模型模拟的城市PM2.5浓度数据，该数据已经结合地理加权回归模型在全球范围内与地面监测数据进行了交互验证，具有较好的精度，可用于国家、区域、城市多尺度的应用研究（别同等，2018）。三是市辖区经济社会统计数据，主要来自历年《中国城市统计年鉴》，包括市辖区面积、建成区面积、绿地面积、道路面积，市辖区人均GDP、第二产业增加值占比、固定资产投资、一般公共预算支出和商品房销售面积等。此外，工业排放量数据包括工业二氧化硫排放量和工业烟（粉）尘排放量，由于缺少市辖区口径数据，采用地级及以上城市口径数据替代。为反映各城市的技术水平，本研究还使用了国家知识产权局公布的专利授权量数据，该数据也采用地级及以上城市口径。

二、研究方法

现有对城市空间结构的环境影响的研究中，对单中心和多中心城市空间结构的测度主要有两种方式。一是采用位序-规模法则、向心度、集聚-分散度等全局性指标对城市空间结构进行测量，其本质上是对城市内人口或就业分布的整体特征进行描述，并未直接刻画城市的单中心或多中心程度。二是采用一定标准识别城市人口或就业的集聚中心后，依据中心的数量，中心人口规模、密度、占比，或中心之间的均衡程度等构建多中心指数。各类研究采用的多中心指数形式不一，但普遍存在将单中心和多中心混合测量的问题，在实证分析中大都未将单中心和多中心城市区别分析。本研究主要采取第二种方式，首先通过局部 G 统计识别市辖区内的人口集聚中心，即城市中心，并从中心数量、中心平均人口密度和中心人口占市辖区总人口的比例（即中心人口占比）三个维度对城市空间结构进行测度。基于市辖区的城市中心数量将城市划分为单中心和多中心城市，然后分别检验单中心和多中心的空间结构对环境质量的影响，最后通过中介效应模型对多中心空间结构对城市环境质量的影响机制进行实证分析。

（一）城市中心识别

本章使用与第六章一致的基于局部空间自相关分析的方法识别城市中心，即使用 ArcGIS 的局部 G 统计工具（Getis-Ord G_i^*统计量），对 2005～2018 年市辖区范围内的 LandScan 全球高分辨率人口栅格数据计算局部 G 统计量以识别人口集聚中心。提取在 95%显著性水平以上的人口热点栅格，并将连续的热点栅格聚合成人口集聚中心。由于城市中心需要达到一定的人口规模和密度，本研究选择人口密度大于 2000 人/千米^2，且人口总量超过 20 000 人的集聚中心作为最终识别出的城市中心。

（二）城市空间结构的测度

现有相关研究在单中心和多中心城市空间结构的测度方面，并未形成统一的测度指标和方法。本章主要从中心数量、中心平均人口密度和中心人口占市辖区总人口的比例三个维度来反映城市是单中心还是多中心，以及城市中心的紧凑程度和集中程度。其中，根据中心数量可以将城市划分为无中心城市、单中心城市和多中心城市，中心数量为 0 个的城市为无中心城市，中心数量为 1 个的城市为单中心城市，中心数量为 2 个及以上的城市为多中心城市。中心平均人口密度为市辖区各中心人口密度的平均值，密度越高说明同等面积下城市中心集聚了越多的人口，反映了城市中心的紧凑程度。中心人口占市辖区总人口的比例则反映市辖区人口在城市中心的集中程度，若市辖区内大部分人口分布在城市中心以外的地区，则说明城市中心的人口集中度较低，城市空间结构整体上呈现出分散特征，反之亦然。

（三）实证模型

为了实证检验城市空间结构对城市环境质量的影响，本研究采用空间面板计量模型。主要考虑雾霾污染本身具有很强的空间溢出效应，因此采用双向固定效应的空间自回归模型，其模型形式如下：

$$PM_{it} = \alpha + \beta_1 X_{it} + \rho \sum_{j=1}^{n} W_{ij} PM_{jt} + \beta_2 Z_{it} + \mu_i + \varphi_t + \varepsilon_{it} \tag{9-1}$$

其中，下标 i 表示市辖区，t 表示年份，PM_{it} 为因变量，表示市辖区 $PM_{2.5}$ 平均浓度水平，X_{it} 表示一系列反映城市空间结构特征的核心解释变量，Z_{it} 表示一系列控制变量。μ_i 表示个体固定效应，φ_t 表示时间固定效应，ε_{it} 表示随机扰动项。其中，$\boldsymbol{W}_{ij}$ 表示空间权重矩阵，采用以 400 千米为阈值的距离倒数权重矩阵：

$$\boldsymbol{W}_{ij} = \begin{cases} 0 & d_{ij} > 400 \\ \dfrac{1}{d_{ij}} & d_{ij} \leqslant 400 \end{cases} \tag{9-2}$$

其中，d_{ij} 是市辖区 i 和 j 几何中心点之间的直线距离。

本研究将分别检验单中心和多中心空间结构对城市环境质量的影响，因此依据城市中心数量，构建了单中心虚拟变量和多中心虚拟变量。核心解释变量包含 3 个指标，分别是中心数量，中心相对人口密度和中心人口占比。其中，中心相对人口密度采用的是城市中心的平均人口密度与市辖区内建成区人口密度的比值，以更好地反映城市中心的相对紧凑程度。对于单中心城市，核心解释变量以单中心虚拟变量乘以中心相对人口密度和中心人口占比构造两个交互项，反映单中心结构特征对城市环境质量的影响。对于多中心城市，核心解释变量为多中心虚拟变量乘以中心数量、中心相对人口密度和中心人口占比构造 3 个交互项，反映多中心结构特征对城市环境质量的影响。

考虑到除城市空间结构外其他可能影响城市 PM2.5 浓度的因素较多，为了尽可能减少因遗漏变量而造成的估计误差，本研究选取如下控制变量。

（1）市辖区内建成区人口密度。即使用 LandScan 全球高分辨率人口栅格数据计算的市辖区范围内的人口总量除以市辖区内的建成区面积，以此反映市辖区人口分布的总体紧凑程度。

（2）人均 GDP。根据环境库兹涅茨曲线假说，地区空气质量和经济发展水平密切相关，本研究以市辖区的人均 GDP 反映地区经济发展水平。

（3）空气污染物排放指数。地区空气质量与当地工业污染物排放量密切相关，本研究使用工业二氧化硫排放量和工业烟（粉）尘排放量构建空气污染物排放指数。

（4）科技水平。地区空气质量与当地产业技术水平相关，创新能力强的地区不仅可以通过技术创新直接提高资源利用效率，还能带动产业转型升级，减少污染排放。本研究使用地级及以上城市专利授权量反映地方技术水平。

（5）固定资产投资。地区的固定资产投资往往会带来一定的经济活动，特别是基础设施建设，容易造成灰霾等空气污染。

（6）一般公共预算支出。政府的财政支出可能通过增加环保和科技等的支出与投入，帮助改善地区空气质量。

（7）绿地面积。城市较高的绿化水平有利于空气污染物的吸收与扩散，本研究以市辖区绿地面积反映地区绿化水平。

（8）市辖区面积。不同规模的城市的空间结构的环境影响存在差异化的表现，本研究以市辖区面积反映城市的空间规模。

（四）中介效应模型

中介效应模型常用于分析自变量对因变量影响的过程和作用机制，为进一步探讨多中心空间结构对城市环境质量的影响机制，本研究使用逐步回归的检验方法对交通排放、工业排放和家庭排放的中介效应进行实证检验。中介效应模型形式如下：

$$PM_{it} = \rho\sum_{j=1}^{n}\boldsymbol{W}_{ij}PM_{jt} + \beta_1 X_{it} + \beta_2 Z_{it} + \mu_{1i} + \varphi_{1t} + \varepsilon_{1it} \tag{9-3}$$

$$ME_{it} = \lambda\rho\sum_{j=1}^{n}\boldsymbol{W}_{ij}ME_{jt} + \alpha_1 X_{it} + \alpha_2 Z_{it} + \mu_{2i} + \varphi_{2t} + \varepsilon_{2it} \tag{9-4}$$

$$PM_{it} = \rho'\sum_{j=1}^{n}\boldsymbol{W}_{ij}PM_{jt} + \beta_1' X_{it} + \gamma \mathrm{ME}_{it} + \beta_2' Z_{it} + \mu_{3i} + \varphi_{3t} + \varepsilon_{3it} \tag{9-5}$$

其中，式（9-3）为检验城市空间结构对城市环境质量的影响的空间面板计量模型，式（9-4）和式（9-5）为检验中介效应的空间面板计量模型。ME_{it} 为一系列中介变量。中介效应的检验需依次检验 β_1、α_1、γ、β_1' 的显著性，若 β_1、α_1、γ 都显著，则继续检验系数 β_1'，若 β_1' 显著则存在中介效应，若 β_1' 不显著则存在完全中介效应。根据前述的多中心空间结构影响交通排放、工业排放和家庭排放，进而影响城市环境质量的作用机制，本研究选取如下 4 个中介变量。

（1）城市建成区道路面积密度。即由市辖区道路面积除以市辖区内的建成区面积。由于缺乏交通出行距离、时间或拥堵水平等的观测数据，本研究使用城市建成区道路面积密度作为代理指标来间接反映城市的交通出行量。

（2）第二产业增加值密度。即由市辖区第二产业增加值除以市辖区内的建成区面积，反映工业活动的空间集聚程度。

（3）第二产业增加值占比。即市辖区 GDP 中第二产业增加值所占比例，反映城市的经济结构。

（4）城市建成区住宅销售面积密度。即由住宅销售面积除以市辖区内的建成区面积。由于缺乏人均住房面积或房屋占有量等的观测数据，本研究使用城市建成区住宅销售面积密度作为代理指标来间接反映家庭住宅消费量。

三、市辖区空间结构特征及发展趋势

根据市辖区的城市中心识别结果，2018 年 282 个市辖区中，单中心城市有 110 个，占 39%，多中心城市有 172 个，占 61%，因此市辖区城市空间结构以多中心为主。在多中心城市中，中心数量大多为 2～3 个，有 2 个或 3 个中心的城市共有 118 个，占 41.8%。只有少部分城市有更多的中心，其中有 5 个及以上中心的城市仅有 34 个，占 12.1%。

表 9-1 列出了有 7 个及以上中心的 21 个城市及其城市中心特征。其中，重庆是中心数量最多的城市，有 33 个中心，数量远超其他城市，这与重庆市辖区地域广阔且地形复杂有关。但重庆的中心平均人口密度和中心人口占比都较低，说明重庆虽然中心数量多，但中心的紧凑度和集中度都较低。除重庆外，天津、北京和上海 3 个直辖市的中心数量都在 10 个以上。其中，天津和北京的中心数量较多，中心人口占比也较高，但中心平均人口密度相对较低，说明天津和北京的城市中心已经集中了市辖区大部分的人口，但中心的紧凑程度仍有待提高，类似的城市还有杭州。上海中心数量虽然略低于天津和北京，但中心平均人口密度和中心人口占比都较高，多中心发展相对紧凑且集中，类似的城市还有南京、广州和成都。

在 21 个城市中，京津冀、长三角城市以及中西部和东北的区域中心城市，比如武汉、西安、哈尔滨和沈阳，中心人口占比普遍较高，但中心平均人口密度相对较低，多中心发展的紧凑程度略有不足。广东尤其是珠三角城市则大多是中心平均人口密度较高，而中心人口占比相对较低，比如汕头、东莞、深圳和中山。特别是东莞，中心人口占比只有 28.4%，说明市辖区内大部分人口仍分散在城市中心以外地区，多中心发展的集中度不够。再比如深圳，中心平均人口密度非常高，达到 19 621 人/千米^2，但中心人口占比只有 44.3%，不到一半。

总体而言，多中心城市的空间结构特征差异较大，不仅在中心数量上存在较大差别，中心平均人口密度和中心人口占比上也有很大差异。比如，在 21 个城市中，中心平均人口密度较高的城市，像深圳、成都、上海、广州，密度超过 11 000 人/千米^2，而密度较低的城市如吉林、重庆，只有 4000 人/千米^{2}左右，而中心人口占比最高的沈阳达到 70.9%，最低的东莞仅有 28.4%。

表 9-1 中心数量在 7 个及以上的城市及其城市中心特征（2018 年）

城市	中心数量/个	中心平均人口密度/（人/千米^2）	中心人口占比/%
重庆	33	4 279	29.8
杭州	15	6 402	57.1
汕头	15	10 294	42.1
天津	14	8 200	58.4
北京	13	6 860	65.8
东莞	12	10 481	28.4
上海	11	11 531	57.4
南京	9	10 382	56.6
苏州	9	7 489	50.8
济南	9	6 221	49.0
广州	9	11 506	59.4
佛山	9	9 150	44.8
西安	9	9 023	55.2
哈尔滨	8	7 787	58.6
沈阳	7	8 719	70.9
吉林	7	3 937	47.6
宁波	7	6 418	49.3
武汉	7	8 084	66.1
深圳	7	19 621	44.3
中山	7	9 747	43.7
成都	7	12 186	57.0

从发展趋势来看，图 9-1 显示了 2005～2018 年市辖区空间结构在中心数量、中心平均人口密度和中心人口占比上的平均变动趋势。从中心数量来看，无中心城市逐步减少发展为单中心城市，而多中心城市的中心数量则呈现明显上升趋势，平均中心数量从 2005 年的 3.2 个提高到 2018 年的 3.8 个。总体上，市辖区中心数量不断增加，空间发展趋于多中心化。从中心平均人口密度来看，单中心（含无中心）城市的中心平均人口密度的均值在 2012 年达到最高值后开始波动下降，而多中心城市的中心平均人口密度的均值则呈现先下降后上升再下降的波动变化趋势。平均而言，单中心（含无中心）城市的中心平均人口密度要高于多中心城市，但无论单中心（含无中心）城市还是多中心城市的中心平均人口密度在 2016 年以后都呈下降趋势，说明市辖区城市空间发展整体呈现出分散化趋势。从中心人口占比来看，结果类似，无论单中心（含无中心）还是多中心城市的中心人口占比的均值在 2016 年以后也都呈下降趋势。平均来看，多中心城市的中心人口占比要高于单中心（含无中心）城市，单中心（含无中心）城市的中心人口占比由 2005 年的平均 35.9%提高到 2018 年的 44.2%，而多中心城市的中心人口占比由 2005 年的平均 41.0%提高到 2018 年的 48.4%，但总体上都未超过一半。

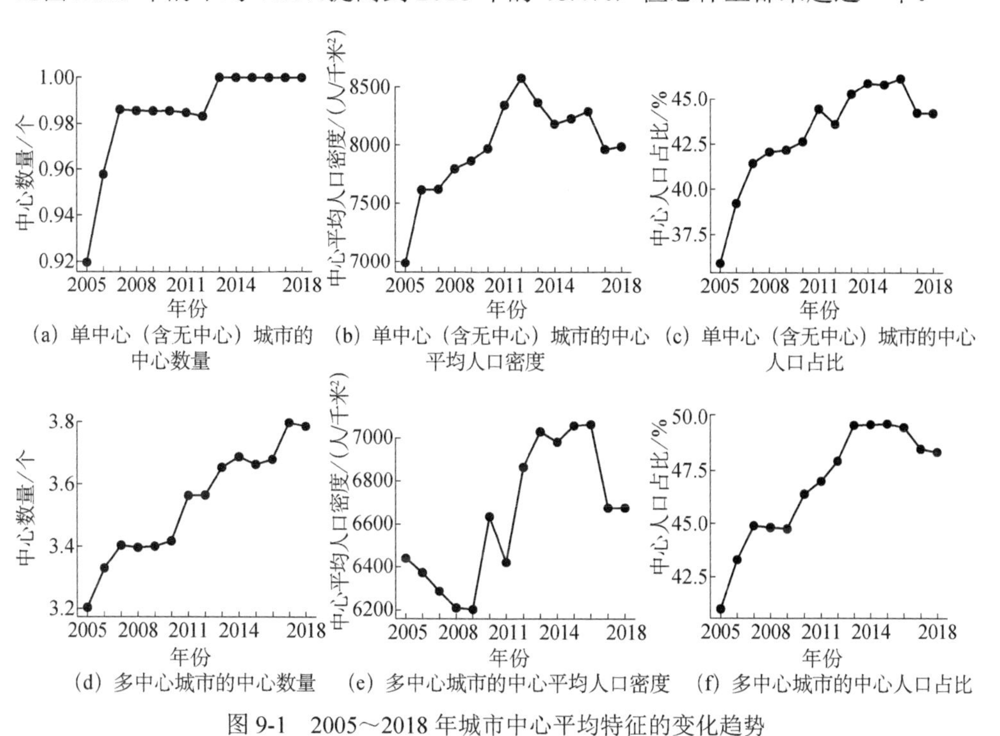

(a) 单中心（含无中心）城市的中心数量　(b) 单中心（含无中心）城市的中心平均人口密度　(c) 单中心（含无中心）城市的中心人口占比

(d) 多中心城市的中心数量　(e) 多中心城市的中心平均人口密度　(f) 多中心城市的中心人口占比

图 9-1　2005～2018 年城市中心平均特征的变化趋势

总体而言，市辖区城市中心数量不断增加，但中心平均人口密度和中心人口占比都呈先上升后下降的发展趋势。这说明市辖区空间结构在多中心化的同时，近年来已由紧凑而集中的空间结构向更加分散的结构形态转变，平均而言，城市中心的紧凑程度和集中程度都有所下降。

第三节 城市空间结构影响环境质量的实证检验

基于以上研究设计和测度指标，本节使用空间计量模型和交互项的方式，分别分析单中心和多中心城市空间结构特征对城市环境质量的影响并进行相互比较。然后，使用中介效应模型，对多中心空间结构影响城市环境质量的中介机制进行实证检验。

一、单中心空间结构对城市环境质量的影响

表 9-2 列出了单中心空间结构对城市环境质量影响的计量结果。模型 1 和模型 2 分别使用中心相对人口密度和中心人口占比构造的交互项作为核心解释变量，而模型 3 将两者都加入来比较其影响。由模型 1 结果可见，单中心城市的中心相对人口密度对市辖区 PM2.5 浓度有非线性影响，两者呈显著的倒 U 形关系。总体上，城市中心人口密度增加会加剧城市雾霾污染，但当城市中心集聚到一定程度后，也会表现出正环境外部性。由模型 2 结果可见，单中心城市的中心人口占比对市辖区 PM2.5 浓度有显著的正向影响，说明人口在单中心的持续集中会降低城市环境质量。在同时加入这两项指标后，模型 3 的结果显示，中心相对人口密度的影响不再显著，中心人口占比的影响则保持显著且系数值变大。这说明，相比之下，中心人口占比对单中心城市环境质量的影响更为关键，城市内过多的人口集中在单一中心里会显著降低城市环境质量，但控制了中心人口占比后，中心相对人口密度的系数符号发生了反转，说明在相同的中心人口占比下，更紧凑的单中心有利于降低雾霾污染，但其效果并不显著。总体上，本研究的实证结果并未发现单中心空间结构的减排效果，无论是单中心的人口密度还是人口占比增加都会加剧单中心城市的雾霾污染，降低城市环境质量，而城市人口在单中心的

集中是造成这种情况的主要原因，城市中心人口密度的影响即集聚的正环境外部性则十分有限。

从模型的其他控制变量来看，结果比较稳健。首先，城市环境质量具有显著的空间溢出效应，因变量的空间自回归系数十分显著，系数值接近于 1。其次，地区经济发展水平、技术水平、固定资产投资、政府财政支出以及工业污染排放都显著影响城市的 PM2.5 浓度。结果显示，地区经济发展水平和技术水平的提升有利于降低城市雾霾污染，而地区工业污染排放和固定资产投资增加会加剧雾霾污染，政府财政支出的增加则有利于改善城市环境质量。此外，市辖区内建成区人口密度和市辖区面积与城市 PM2.5 浓度正相关，而市辖区绿地面积与城市 PM2.5 浓度负相关，但这 3 个变量的系数估计值并不显著。

表 9-2　单中心空间结构对城市环境质量影响的计量结果

变量	因变量（*Y*）：市辖区 PM2.5 平均浓度		
	模型 1	模型 2	模型 3
WY	0.94*** （0.01）	0.94*** （0.01）	0.94*** （0.01）
monocity×*centerden*	0.77** （0.35）		−0.73 （0.65）
（*monocity*×*centerden*）^{2}	−0.30** （0.15）		0.05 （0.19）
monocity×*centershare*		1.22*** （0.40）	2.19*** （0.79）
density	0.16 （0.10）	0.15 （0.10）	0.14 （0.10）
pgdp	−0.13*** （0.04）	−0.13*** （0.04）	−0.13*** （0.04）
pol	0.39*** （0.12）	0.39*** （0.12）	0.39*** （0.12）
log（*patents*）	−0.16* （0.10）	−0.17* （0.10）	−0.17* （0.10）
log（*inv*）	0.27* （0.14）	0.27** （0.14）	0.27* （0.14）
log（*exp*）	−0.37** （0.16）	−0.38** （0.16）	−0.37** （0.16）
green	−0.53 （2.67）	−0.97 （2.66）	−1.17 （2.68）
area	0.74 （0.66）	0.80 （0.66）	0.81 （0.66）

注：括号中为估计值的标准误。*monocity* 表示单中心虚拟变量，*centerden* 表示中心平均密度，*centershare* 表示中心人口占比，*density* 表示市辖区内建成区人口密度，*pgdp* 表示市辖区的人均 GDP，*pol* 表示空气污染物排放指数，*patents* 表示地级及以上城市专利授权量，*inv* 表示市辖区的固定资产投资，*exp* 表示市辖区的一般公共预算支出，*green* 表示市辖区绿地面积，*area* 表示市辖区面积。

* $p < 0.1$；** $p < 0.05$；*** $p < 0.01$。

二、多中心空间结构对城市环境质量的影响

表 9-3 列出了多中心空间结构对城市环境质量影响的计量结果。同样地，模型 1、模型 2 和模型 3 分别使用中心数量、中心相对人口密度和中心人口占比构造的交互项作为核心解释变量，而模型 4 将三者全部加入比较其影响。由模型 1 结果可见，多中心城市的中心数量与市辖区 PM2.5 浓度呈显著的负相关，即城市的多中心化的确有利于降低城市雾霾污染，改善城市环境质量。模型 2 和模型 3 的结果显示，多中心城市的中心相对人口密度和中心人口占比都与市辖区 PM2.5 浓度呈显著的 U 形关系，即多中心城市的中心相对人口密度和中心人口占比增加有利于降低雾霾污染，但当两者达到一定阈值后，也会面临人口过密或过于集中等拥挤问题，造成环境质量恶化。总体上，紧凑且集中的多中心空间结构的确有利于改善城市环境质量，且在城市中心相对人口密度和中心人口占比上存在一个对于空气质量来说的最优水平。模型 4 的结果显示，当把上述三项核心解释变量都加入模型中时，仍只有中心人口占比保持显著，说明在多中心城市中，将尽可能多的城市人口集中到多个城市中心中最有利于改善城市环境质量。

表 9-3 多中心空间结构对城市环境质量影响的计量结果

变量	因变量（*Y*）：市辖区 PM2.5 平均浓度			
	模型 1	模型 2	模型 3	模型 4
WY	0.94*** (0.01)	0.94*** (0.01)	0.94*** (0.01)	0.94*** (0.01)
polycity×m	−0.19*** (0.07)			−0.01 (0.08)
(*polycity×m*)^2	0.00 (0.00)			
polycity×centerden		−1.18** (0.47)		0.14 (0.83)
(*polycity×centerden*)^2		0.72*** (0.26)		0.25 (0.35)
polycity×centershare			−3.64** (1.44)	−3.63** (1.81)
(*polycity×centershare*)^2			4.51* (2.38)	3.96 (2.49)
density	0.14 (0.10)	0.13 (0.10)	0.13 (0.10)	0.15 (0.10)

续表

变量	因变量（Y）：市辖区 PM2.5 平均浓度			
	模型 1	模型 2	模型 3	模型 4
pgdp	-0.13^{***} (0.04)	-0.13^{***} (0.04)	-0.14^{***} (0.04)	-0.14^{***} (0.04)
pol	0.38^{***} (0.12)	0.39^{***} (0.12)	0.39^{***} (0.12)	0.38^{***} (0.12)
log（*patents*）	-0.17^{*} (0.10)	-0.17^{*} (0.10)	−0.15 (0.10)	−0.16 (0.10)
log（*inv*）	0.27^{*} (0.14)	0.27^{**} (0.14)	0.29^{**} (0.14)	0.29^{**} (0.14)
log（*exp*）	-0.37^{**} (0.16)	-0.37^{**} (0.16)	-0.35^{**} (0.16)	-0.35^{**} (0.16)
green	−0.29 (2.81)	−0.77 (2.69)	−1.24 (2.67)	−1.80 (2.89)
area	0.71 (0.66)	0.82 (0.66)	0.76 (0.66)	0.82 (0.66)

注：括号中为估计值的标准误。*polycity* 表示多中心虚拟变量，*m* 表示城市中心数量，*centerden* 表示中心平均密度，*centershare* 表示中心人口占比，*density* 表示市辖区内建成区人口密度，*pgdp* 表示市辖区的人均 GDP，*pol* 表示空气污染物排放指数，*patents* 表示地级及以上城市专利授权量，*inv* 表示市辖区的固定资产投资，*exp* 表示市辖区的一般公共预算支出，*green* 表示市辖区绿地面积，*area* 表示市辖区面积。

$* p < 0.1$；$** p < 0.05$；$*** p < 0.01$。

三、单中心和多中心空间结构影响的比较

上述通过分别对单中心和多中心城市的分析发现，无论是单中心还是多中心城市，中心人口占比都是影响城市环境质量最关键的结构特征。因此，对于单中心城市，本研究选取中心人口占比与单中心城市虚拟变量的交互项作为其单中心发展水平的测度指标（模型 1）。对于多中心城市，本研究考虑城市中心数量可以直接反映城市的多中心性，因此选取中心数量、中心人口占比与多中心城市虚拟变量的交互项作为其多中心发展水平的测度指标（模型 2），并将两者都纳入模型（模型 3），比较单中心和多中心空间结构对城市环境质量的影响。表 9-4 列出了相应的计量结果。由表 9-4 可见，单中心城市的单中心集中水平显著增加城市的雾霾污染，而多中心城市的多中心集中水平则显著降低城市的雾霾污染，但将两者同时考虑时，单中心空间结构的影响要更显著。

表 9-4 单中心和多中心空间结构对城市环境质量影响的比较

变量	因变量（*Y*）：市辖区 PM2.5 平均浓度		
	模型 1	模型 2	模型 3
WY	0.94*** （0.01）	0.94*** （0.01）	0.94*** （0.01）
monocity×*centershare*	1.22*** （0.40）		1.03** （0.50）
polycity×*m*×*centershare*		−0.26** （0.11）	−0.08 （0.14）
控制变量	控制	控制	控制

注：括号中为估计值的标准误。*monocity* 表示单中心虚拟变量，*polycity* 表示多中心虚拟变量，*m* 表示城市中心数量，*centershare* 表示中心人口占比。

* $p < 0.1$；** $p < 0.05$；*** $p < 0.01$。

四、多中心空间结构影响城市环境质量的中介机制

如前所述，本研究选取 4 个中介变量，对多中心空间结构影响城市环境质量的中介机制进行逐步回归检验。由表 9-4 中模型 2 结果可知，多中心空间结构对市辖区 PM2.5 浓度有显著的负向影响，即总效应显著。表 9-5 列出了多中心空间结构对 4 个中介变量影响的计量结果，表 9-6 列出了加入各中介变量后多中心空间结构对城市环境质量影响的计量结果。结合表 9-5 和表 9-6，我们可以分别讨论多中心空间结构通过影响交通排放、工业排放和家庭排放，进而影响城市环境质量的中介效应。

首先，从交通排放机制来看，多中心空间结构显著降低了城市建成区道路面积密度（表 9-5 模型 1），而城市建成区道路面积密度对市辖区 PM2.5 平均浓度也有显著的正向影响（表 9-6 模型 1），中介机制显著。这说明多中心空间结构可以通过发展相对紧凑、集中的次中心，缓解城市主中心的交通拥堵，提高交通出行效率，降低交通排放，从而有利于城市环境质量的改善。由于缺乏实际的交通出行距离、时间或拥堵水平的观测数据，本研究只能使用城市建成区道路面积密度作为代理指标来间接反映城市的交通出行量，在中介变量的选取上有一定缺陷。但从相关研究来看，已有研究也发现城市的多中心空间结构有利于缓解城市的交通拥堵（Li et al.，2018，2019），交互印证了本研究的结果。

其次，从工业排放机制来看，多中心空间结构显著提高了第二产业增加值密

度（表 9-5 模型 2），并显著降低了第二产业增加值占比（表 9-5 模型 3），但第二产业增加值密度对市辖区 PM2.5 浓度没有显著影响（表 9-6 模型 2），中介机制不显著，而第二产业增加值占比对市辖区 PM2.5 浓度在达到一定阈值后有显著的正向影响（表 9-6 模型 3），中介机制显著。这说明多中心空间结构可以通过次中心的发展带动城市商业、服务业的集聚与发展，从而降低城市经济中的工业比例，整体上有利于减少雾霾污染。虽然结果显示，多中心空间结构也有利于提高工业活动的空间集聚，进而有助于降低城市雾霾污染，但其中介效应并不显著。

最后，从家庭排放机制来看，多中心空间结构显著降低了城市建成区住宅销售面积密度（表 9-5 模型 4），但城市建成区住宅销售面积密度对市辖区 PM2.5 浓度没有显著影响（表 9-6 模型 4），中介机制不显著。由于缺乏人均住房面积或房屋占有量等的观测数据，本研究使用城市建成区住宅销售面积密度作为代理指标来间接反映家庭住宅消费量，这有一定缺陷，由此可能导致了结果的不显著。

表 9-6 中模型 5 将所有中介变量加入后，结果显示多中心空间结构有利于降低城市雾霾污染，改善城市环境质量，其中介机制主要是通过降低交通出行量，缓解城市交通拥堵和优化城市经济结构，从而降低交通和工业排放。

表 9-5　多中心空间结构对各中介变量影响的计量结果

变量	因变量（Y）			
	模型 1	模型 2	模型 3	模型 4
	城市建成区道路面积密度	第二产业增加值密度	第二产业增加值占比	城市建成区住宅销售面积密度
WY	0.11^{***} （0.04）	0.07^{**} （0.03）	0.35^{***} （0.03）	0.49^{***} （0.03）
polycity×*m*×*centershare*	-0.02^{***} （0.01）	0.23^{***} （0.03）	-0.56^{***} （0.18）	-0.07^{*} （0.04）
控制变量	控制	控制	控制	控制

注：括号中为估计值的标准误。*polycity* 表示多中心虚拟变量，*m* 表示城市中心数量，*centershare* 表示中心人口占比。

$^{*}p < 0.1$；$^{**}p < 0.05$；$^{***}p < 0.01$。

表 9-6　加入中介变量后多中心空间结构对城市环境质量影响的计量结果

自变量	因变量（Y）：市辖区 PM2.5 平均浓度				
	模型 1	模型 2	模型 3	模型 4	模型 5
WY	0.94^{***} （0.01）	0.94^{***} （0.01）	0.94^{***} （0.01）	0.94^{***} （0.01）	0.94^{***} （0.01）

续表

自变量	因变量（*Y*）：市辖区 PM2.5 平均浓度				
	模型 1	模型 2	模型 3	模型 4	模型 5
polycity×*m*×*centershare*	−0.25** （0.11）	−0.25** （0.11）	−0.27** （0.11）	−0.26** （0.11）	−0.25** （0.11）
log（*roadden*）	0.33* （0.20）				0.41* （0.21）
indden		−0.05 （0.05）			−0.07 （0.06）
str			−0.09** （0.04）		−0.08** （0.04）
str^2			0.00** （0.00）		0.00** （0.00）
housing				−0.05 （0.04）	−0.06 （0.04）
控制变量	控制	控制	控制	控制	控制

注：括号中为估计值的标准误。*polycity* 表示多中心虚拟变量，*m* 表示城市中心数量，*centershare* 表示中心人口占比，*roadden* 表示城市建成区道路面积密度，*indden* 表示第二产业增加值密度，*str* 表示第二产业增加值占比，*housing* 表示城市建成区住宅销售面积密度。

* $p<0.1$；** $p<0.05$；*** $p<0.01$。

五、小结

针对城市空间结构环境影响的争论，本章利用 2005～2018 年中国地级及以上城市市辖区面板数据，实证分析了市辖区空间结构特征及其对城市环境质量的影响及机制。

研究发现，我国市辖区空间结构以多中心为主，但多中心城市间空间结构特征差异较大。从发展趋势来看，市辖区城市中心数量不断增加，空间发展趋于多中心化，但城市中心的平均人口密度和人口占比都呈现出先上升后下降的发展趋势，近年来市辖区空间结构出现了一定的分散化趋势。

本章的实证结果并未发现单中心空间结构的污染减排效果，单中心城市的单中心集中水平显著增加了城市的雾霾污染，而多中心城市的多中心集中水平则显著降低了城市的雾霾污染，但将两者同时考虑时，单中心空间结构的影响要更显著。通过使用中介效应模型，本研究分别检验了多中心空间结构通过影响交通排放、工业排放和家庭排放，进而影响城市环境质量的中介效应。结果显示，多中心空间结构可以通过缓解城市交通拥堵和优化城市经济结构来降低城市雾霾污染，改善城市环境质量。

本章的分析结果支持多中心空间结构具有正环境外部性，是更加绿色、均衡、可持续的城市空间发展模式。其政策启示是，为了应对单中心集聚和城市蔓延带来的城市拥堵、环境承载力超载等挑战，应发展多中心的城市空间结构。但也应注意到，城市的多中心发展应保持紧凑和集中的空间模式，只有形成空间紧凑、职住平衡和功能自立的城市次中心，才能有效地缓解单中心过度集中带来的环境影响，而分散的多中心可能只是城市蔓延的一种形式，并不利于城市的可持续发展。同时，应重视多中心空间结构在强化工业集聚和优化城市产业结构上的作用，将城市空间发展和经济转型统筹考虑。近年来，市辖区空间结构出现的分散化趋势值得关注，分散的多中心发展仍可能带来不利的环境影响，加强多中心的紧凑和集中度十分关键。

本章参考文献

别同, 韩立建, 何亮, 等. 2018. 城市空气污染对周边区域空气质量的影响. 生态学报, 38(12): 4268-4275.

秦蒙, 刘修岩, 仝怡婷. 2016. 蔓延的城市空间是否加重了雾霾污染——来自中国 PM2.5 数据的经验分析. 财贸经济, (11): 146-160.

孙斌栋, 潘鑫. 2008. 城市空间结构对交通出行影响研究的进展——单中心与多中心的论争. 城市问题, (1): 19-22, 28.

王星, 张乾翔, 徐辉. 2020. 城市蔓延对雾霾污染的影响. 城市问题, (8): 81-89.

周宏浩, 谷国锋. 2021. 东北地区城市空间结构演进对环境影响的空间效应及门槛特征. 经济地理, 41(2): 62-71.

Burgalassi D, Luzzati T. 2015. Urban spatial structure and environmental emissions: a survey of the literature and some empirical evidence for Italian NUTS 3 regions. Cities, 49: 134-148.

Ewing R, Rong F. 2008. The impact of urban form on U.S. residential energy use. Housing Policy Debate, 19(1): 1-30.

Han S S, Miao C H. 2022. Does a polycentric spatial structure help to reduce industry emissions? International Journal of Environmental Research and Public Health, 19(13): 8167.

Han S S, Sun B D, Zhang T L. 2020. Mono- and polycentric urban spatial structure and $PM_{2.5}$

concentrations: regarding the dependence on population density. Habitat International, 104: 102257.

Kang J E, Yoon D K, Bae H J. 2019. Evaluating the effect of compact urban form on air quality in Korea. Environment and Planning B: Urban Analytics and City Science, 46(1): 179-200.

Li F, Zhou T. 2019. Effects of urban form on air quality in China: an analysis based on the spatial autoregressive model. Cities, 89: 130-140.

Li X Y, Mou Y C, Wang H Y, et al. 2018. How does polycentric urban form affect urban commuting? Quantitative measurement using geographical big data of 100 cities in China. Sustainability, 10(12): 4566.

Li Y C, Xiong W T, Wang X P. 2019. Does polycentric and compact development alleviate urban traffic congestion? A case study of 98 Chinese cities. Cities, 88: 100-111.

Li Y C, Zhu K, Wang S J. 2020. Polycentric and dispersed population distribution increases $PM_{2.5}$ concentrations: evidence from 286 Chinese cities, 2001-2016. Journal of Cleaner Production, 248: 119202.

Liu P X, Zhong F L, Yang C L, et al. 2022. Influence mechanism of urban polycentric spatial structure on $PM_{2.5}$ emissions in the Yangtze River Economic Belt, China. Journal of Cleaner Production, 365: 132721.

Sun B D, Han S S, Li W. 2020. Effects of the polycentric spatial structures of Chinese city regions on CO_2 concentrations. Transportation Research Part D: Transport and Environment, 82: 102333.

Sun T S, Lv Y Q. 2020. Employment centers and polycentric spatial development in Chinese cities: a multi-scale analysis. Cities, 99: 102617.

Tao J, Wang Y, Wang R, et al. 2019. Do compactness and poly-centricity mitigate PM_{10} emissions? Evidence from Yangtze River Delta area. International Journal of Environmental Research and Public Health, 16(21): 4204.

Xu Z X, Cai Z L, Su S L, et al. 2022. Unraveling the association between the urban polycentric structure and urban surface thermal environment in urbanizing China. Sustainable Cities and Society, 76: 103490.

Yuan M, Song Y, Huang Y P, et al. 2017. Exploring the association between urban form and air quality in China. Journal of Planning Education and Research, 38(4): 413-426.

第十章　中国城市空间发展战略与转型

城市空间发展战略综合考虑了城市的经济社会发展与城市发展的内外环境，围绕长期发展愿景和战略目标，确定城市空间发展的结构与框架，从宏观上指导和确定城市功能的空间配置和城市发展的空间形式等。本章主要梳理了中国城市空间发展战略的演变，重点讨论了中国城市的多中心空间发展战略，并探讨了对面向高质量发展的中国城市空间发展战略的思考。

第一节　中国城市空间发展战略的演变：以北京为例

在不同的历史阶段，中国城市的规划思路和空间发展战略不断转变，这与城市发展的经济社会状况密切相关。本节以北京为例，探讨了中国城市空间发展战略的演变逻辑。北京是中国的首都，也是超大城市之一，中华人民共和国成立后其规划建设经历了多次战略调整，较好地体现了中国大城市空间发展战略的转变历程。本节分三个阶段概述了北京城市总体规划中的城市空间布局方案及其战略要点来反映北京城市空间发展战略的演变。

一、2000年以前北京的城市空间发展

自 1949 年都市计划委员会成立以来，由北京市政府正式组织编制的北京城市总体规划共有 7 个版本。各版总体规划鲜明地反映了不同历史时期对北京城市发展的认识和对城市建设的探索。中华人民共和国成立初期，北京的城市规划方

案提出将行政中心设在旧城，并保留了旧城棋盘式道路格局和河湖水系，在旧城外建立环路、放射路系统，形成了北京围绕中心区环状扩展的圈层式向心结构和“环形+放射”的空间骨架，奠定了北京相对封闭、单中心的城市空间形态。随着北京不断发展，其作为首都的城市向心力不断加大，人口和产业被城区吸引，形成了典型的单中心聚焦的空间发展模式。1982 年，北京编制的《北京城市建设总体规划方案》成为第一个被国务院正式批复的总体规划，规划维持了北京的单中心空间结构，但也提出了“分散集团式”的布局思路，以旧城为中心，在近郊建设独立组团，保留绿化带和成片的农田，更加强调旧城保护与改造，该规划的实施使北京的城市空间格局有所完善。

20 世纪 90 年代，城市的快速发展对北京建设提出了新的要求。为适应人口的快速增长、城市郊区化等新的发展形势，北京编制了新一轮城市总体规划，并提出对城市空间格局进行调整。规划要求改变人口和产业过于集中在市区的情况，将城市建设的重点逐步从市区向远郊转移，市区建设从外延扩展向调整改造转移，大力发展远郊城镇，实现人口和产业的合理布局，进一步加强与首都周围的城市和地区的协调发展。这次规划仍然延续了北京以旧城为中心的单中心空间结构，但同时强调要控制中心城区规模，缓解中心城区的发展压力，为此提出在郊区规划建设卫星城。城市建设重心向外转移，在一定程度上缓解了北京中心城区的发展压力，但随着城市规模的增长，北京面临的交通拥堵、住房紧张、人口过剩、环境污染等城市问题日益严重，尤其是郊区卫星城的建设未能发挥疏解中心城区人口和产业的作用，中心城区的扩张没有得到有效遏制，从而导致北京出现了“摊大饼”式的城市蔓延和无序扩张，城市空间发展不协调的问题愈加突出。

二、2000 年以后北京的多中心空间发展战略

为了解决北京城市单中心的过度集中和无序蔓延问题，及其造成的经济社会问题和资源环境压力，2004 年北京编制了新一轮的城市总体规划。在此次规划中，北京提出了全新的城市空间发展战略，首次明确提出要构建多中心的城市空间结构。具体而言，北京的多中心空间发展战略可以概括为“两轴-两带-多中心”。其中，“两轴”是指结合北京城市轴线的布局特点和自然地理特征，在传统中轴线和长安街沿线十字轴的基础上，强化政治与文化职能，构筑起北京传统文化和现代

文化两条轴线。“两带”是指北起怀柔、密云，串联顺义、通州、亦庄等重点新城的“东部发展带”，以及串联延庆、昌平、良乡、黄村等新城的“西部生态带”。“东部发展带”主要承接北京新的人口和产业，并向东南延伸，联动廊坊、天津，和北京的区域发展方向相一致。“西部生态带”则与北京西部山区相联系，构成北京重要的生态屏障。“多中心”是指在市区范围内建设不同的功能区（即功能中心），分别承担不同的城市功能，以提高城市的服务效率和分散交通压力，包括中央商务区、奥林匹克中心区、中关村等 8 个城市功能中心。同时，在市域范围内，结合“两带”发展建设若干郊区新城，以吸纳城市新的人口和产业，并分流中心城区的功能和发展压力。总体而言，完善“两轴”是保障首都政治和文化职能的发挥，强化“东部发展带”是疏导城市人口和产业形成新的发展方向，整合“西部生态带”是创建宜居城市的生态屏障，最终构筑起以城市中心和副中心相结合、中心城区和多个郊区新城相联系的多中心城市空间格局。

2004 年提出的多中心空间发展战略对北京的城市空间发展起到了重要的引导作用，推动北京城市空间结构开始由单中心聚焦的布局模式向多中心空间结构转变。但北京在快速发展过程中积累的一些深层次的矛盾和问题，导致城市空间结构的调整很难一蹴而就，而人口的过快增长，加剧了与有限的城市资源环境承载力之间的矛盾，“大城市病”愈加凸显。北京单中心过度集中和城市空间结构失衡的一个重要原因是，北京“都”与“城”功能的叠加和过度混合（韩林飞和方静莹，2022）。北京作为国家首都，是我国的政治中心、文化中心和国际交往中心，集中了中央党政军领导机关等大量国家机构，需要做好政治中心的服务保障，为政务办公、国际交往、国事活动、文化展示等相关职能服务。同时北京也是一个超大城市，具有金融、教育、科技、医疗等服务功能，北京既要保障首都功能，又要在经济、产业发展以及教育、医疗等服务上全面发展，必然会导致集聚的资源和人口越来越多，进而人口与资源环境的矛盾越来越尖锐。因此，北京面临的首都功能与城市功能的过度叠加与集中，导致了城市空间结构的失衡，这些深层次的矛盾不解决，则无法形成合理有序的城市空间格局。所以，尽管 2004 年以后北京实施了多中心的城市空间发展战略，但单中心过度集中的状况在相当长的一段时间内仍在持续，而新城疏解中心城区人口和产业的效果也不够明显，单中心聚集的城市空间发展模式没有得到根本性的扭转。

三、新时代北京的城市空间发展战略转型

北京快速发展过程中积累的深层次的矛盾和问题倒逼城市空间发展全面转型，我们需要从城市发展的战略性、全局性出发，寻求综合解决方案。2014 年 2 月和 2017 年 2 月，习近平总书记两次视察北京并发表重要讲话，为新时代首都发展指明了方向。围绕“建设一个什么样的首都，怎样建设首都”这一重大问题，北京系统谋划了首都未来可持续发展的新蓝图，编制了《北京城市总体规划（2016 年—2035 年）》，并在 2017 年经党中央、国务院批复正式实施。新版规划立足大历史观，明确了“四个中心”（即“全国政治中心、文化中心、国际交往中心、科技创新中心”）的首都城市战略定位，坚持“以人民为中心”的发展思想，站在新的历史起点上，努力使首都的发展与实现“两个一百年”奋斗目标相适应，与实现中华民族伟大复兴进程相匹配，担当起了应有的时代使命和历史责任。

在城市空间发展战略上，新版规划延续了多中心空间发展的思想，并围绕“四个中心”的首都城市战略定位，提出了新的城市空间布局方案和战略构想，体现了新时代北京城市空间发展战略的转型。首先，这次规划建立起了以首都发展为统领的新发展理念，将“都”的要求放在核心位置，紧紧围绕实现“都”的功能来谋划“城”的发展，实现城市空间布局与城市战略定位相一致（石晓冬等，2017）。为此，在空间布局上着重突出首都功能和疏解导向，提出在市域范围内形成“一核一主一副、两轴多点一区”的空间格局。其中，“一核”指由东城区和西城区组成的首都功能核心区；“一主”指中心城区，包括东城区，西城区、朝阳区、海淀区、丰台区、石景山区；“一副”指通州城市副中心；“两轴”指中轴线及其延长线、长安街及其延长线；“多点”指 5 个位于平原地区的新城，包括顺义、大兴、亦庄、昌平、房山新城；“一区”指生态涵养区，包括门头沟区、平谷区、怀柔区、密云区、延庆区，以及昌平区和房山区的山区。该布局方案是对 2004 年版总体规划提出的城市空间结构的继承和发展，重点突出围绕“四个中心”优化提升首都功能，有效疏解非首都功能，强调以疏解重组为城市内涵式发展与结构性提升提供空间支撑。因此，针对“一核”“一主”，重点是通过非首都功能的疏解促进核心区功能重组和中心城区疏解提升。同时，以通州城市副中心和河北雄安新区形成北京新的“两翼”，通过平原地区的重点新城承接疏解，形成“多点支

撑”，打造新的多中心空间结构，并加强山区生态涵养，从而做到功能明确、分工合理、主副结合，实现首都的可持续和高质量发展（王飞等，2017）。

其次，这次规划还打破了传统的行政区划限制，着眼在更大的区域尺度上优化首都功能布局。在2004年版总体规划中，北京就提出要加强与京津城镇发展走廊及北京周边城市的协调。2015年，党中央、国务院正式批复《京津冀协同发展规划纲要》，将京津冀协同发展上升为国家战略。新版总体规划对接京津冀协同发展战略，站在区域协同发展的高度为北京城市空间结构调整谋篇布局，提出在半径50千米的核心区、半径150千米的辐射区、半径300千米的城市群尺度上形成核心区功能优化、辐射区协同发展、城市群梯度层次合理的空间体系（施卫良等，2019）。首先，在半径50千米的北京及其周边地区，一方面，推进北京市域内部功能重组，优化城市空间布局；另一方面，加强北京与津冀交界地区的协作发展和共同管控，防止城市跨界地区城镇连片开发，引导城市组团式发展。其次，在半径150千米的京津冀协同发展核心区，打造“一核、两翼”的新发展格局。北京的中心城区作为“一核”是区域持续发展的原动力，需发挥“一核”辐射带动作用。“两翼”作为北京打造的非首都功能疏解的集中承载地，需要互联互通、同频共振，实现北京中心城区、通州城市副中心和河北雄安新区的功能分工和错位发展，推动京津冀中部核心功能区的整体联动。最后，在更大的京津冀区域范围内，以建设世界级城市群为目标，建立大中小城市协调发展、各类城市分工有序的多中心、网络化城镇体系，依托“三轴”（京津、京保石和京唐秦发展轴）、“四区”（中部核心功能区、东部滨海发展区、南部功能拓展区、西北部生态涵养区）、“多节点”，打造区域的多中心空间发展格局。

新时代北京城市空间发展战略的转型具有以下几个特点。一是深刻把握“都”与“城”、“舍”与“得”、疏解与提升的关系，从根本上解决“都”与“城”功能叠加和过度混合导致的北京城市空间结构失衡的问题。其核心思想是要从城市战略定位出发，将城市布局与城市战略定位相统一，通过功能分区的发展和管控，为城市功能定位的落实提供空间支撑。二是北京城市空间发展向内涵式发展转变，强调从资源集聚求增长转向减量疏解谋发展。减量发展是落实北京“四个中心”战略定位，响应优化提升首都功能的重要举措，也是北京城市发展思路的重大调整。从城市空间发展的角度，减量发展要求降低空间资源投入，提升空间使用效率，疏解中心城区过度集中的人口、资源和功能，通过分散化集聚实现城市空间的内涵集约发展，是治理“大城市病”的关键举措。三是在更大的空间尺度上深化多中心空间发展格局。北京通过市域内主副结合、多点支撑，并延伸联动周边区域，打造“一核、两翼”新的城市空间发展格局。从区域协同发展的战略高度，打破行政区划限制，在更大的空间尺度上优化城市空间布局和资源配置，改变单中心“摊大饼”的发展模式，探索人口经济密集地区优化开发的新模式。

2016年版总体规划进一步完善了北京的城市空间格局，对北京城市空间发展产生了重要影响。随着新版总体规划的实施和落实，北京市域空间结构持续优化，人口分布从中心型集聚向外扩式疏散转变，城市空间结构由单中心集聚向多中心分散转变，中心城区疏解与“一副”“多点”“一区”的梯次承接显现，各圈层按照不同的主体功能与任务，持续推进差异化发展，城市功能格局更加清晰合理。同时，城市优质公共服务从中心城区渐次向城市副中心和远郊区转移，实现了城市资源的均衡优化配置。此外，区域联动发展进一步加强，北京与周边地区融合发展，形成了围绕首都的梯度层次合理的城市群体系，京津冀协同发展成效显著，以首都为核心的世界级城市群逐步形成。

第二节　中国城市的多中心空间发展战略

21世纪以来，中国城市的快速增长和扩张，导致人口和功能高度集中的单中心城市形态的弊端日益凸显，多中心空间发展战略成为中国超大特大城市主要的空间发展策略。前文所述的北京城市空间发展向多中心的战略转变和多中心空间结构的不断深化很具有代表性。本节主要总结和探讨了中国超大特大城市和部分大城市的多中心空间发展战略与实践。

一、中国城市的多中心空间发展战略实践

改革开放后，中国的城市建设多集中在市区，形成了人口和功能高度集中于城市中心区的单中心城市形态和向心化集聚的空间发展模式。但随着城市集聚规模的不断扩大，单中心集聚的缺陷逐渐凸显。为了克服单中心过度集中带来的城

市问题，城市建设向郊区拓展，工业园区、开发区、高科技园区、新城新区等城市新的开发区域大多布局在郊区，以分担城市中心区的发展压力，为城市发展提供新的空间。早期，这种开发实践以郊区工业园区和卫星城的建设为主，比如，上海早期建立的6个郊区工业区，包括吴淞、五角场、杨浦、漕河泾、昌桥、高桥，以及7个远郊卫星城，包括嘉定、安亭、松江、闵行、吴京、金山卫、宝山（Cheng & Shaw，2018）。郊区工业园区和卫星城的建设，在促进城市人口和产业郊区化，以及形成分散集团式的城市布局方面发挥了重要作用。但由于这些开发区域大多是功能单一的工业区或住宅区，许多必要的城市基础设施和公共服务配套跟不上，使其对城市居民的吸引力不强。此外，这些开发区域的建设高度依赖于地方政府投资，地方经济增长放缓和严重的资源瓶颈加剧了这些新的开发区域面临的上述问题，形成了“卧城”“鬼城”等现象。因此，功能单一的郊区工业园区或住宅区的开发并未从根本上改变中国城市的单中心空间格局。

21世纪以来，中国超大特大城市逐渐由早期的单纯发展郊区工业园区和卫星城，转向实施城市整体的多中心空间发展战略。比如，《上海市城市总体规划（1999年—2020年）》提出了围绕中心城构建“多层、多核、多轴”的城市布局体系，由中心城、新城、中心镇和集镇组成，是多中心空间发展战略在中国城市总体规划中较早的应用。继上海之后，其他城市也提出了类似的旨在构建多中心城市空间结构的发展战略。比如，《北京城市总体规划（2004年—2020年）》提出了“两轴-两带-多中心”的城市空间结构，《天津市城市总体规划（2005—2020年）》提出了“一轴两带三区”的市域空间布局，规划建设了以中心城区和滨海新区核心区为主副中心的11座新城。表10-1总结了中国常住人口规模最大的前30个超大特大和大城市最新的城市总体规划中对城市空间布局的相关表述。从对这些城市总体规划中空间发展战略的梳理，可以发现主要有以下两个特点。

第一，城市空间发展战略一般涵盖中心城区和市域两个空间层面。比如，《天津市城市总体规划（2005—2020年）》提出“一轴两带三区”的市域空间布局和“双中心组团式”的中心城区布局。《重庆市国土空间总体规划（2021—2035年）》提出“一区两群”的市域空间布局和“两江四山三谷，一核一轴五城”的中心城区空间布局。《郑州市城市总体规划（2010—2020年）》提出“一主一城三区四组团”的市域空间布局和“一主一城、两轴多心”的中心城区空间布局。

第二，多中心发展是城市空间发展战略的核心特征。比如，《北京城市总体规划（2016年—2035年）》提出“改变单中心集聚的发展模式”，在其提出的城市空间结构中，“一副”和“多点”承接中心城区的功能和人口转移。《上海市城市总体规划（2017—2035年）》提出形成“一主、两轴、四翼；多廊、多核、多圈”的市域空间结构，“四翼”指虹桥、川沙、宝山、闵行4个主城片区，将作为对中心城区的支撑，承载上海全球城市的核心功能，“多核”指培育功能集聚的重点发展城镇，承载各具特色的城市功能。《成都市国土空间总体规划（2020—2035年）》明确提出构建“一心两翼三轴多中心”的城镇空间格局，规划建设承担不同城市功能的各级各类中心。

表10-1 中国主要城市的总体规划中对城市空间布局的表述

城市	规划年限	市域空间布局	中心城区空间布局
上海	《上海市城市总体规划（2017—2035年）》	一主、两轴、四翼；多廊、多核、多圈	
北京	《北京城市总体规划（2016年—2035年）》	一核一主一副、两轴多点一区	
重庆	《重庆市国土空间总体规划（2021—2035年）》	一区两群	两江四山三谷、一核一轴五城
广州	《广州市国土空间总体规划（2018—2035年）》	一脉三区、一核一极、多点支撑、网络布局	
深圳	《深圳市国土空间总体规划（2020—2035年）》	一核多心网络化	
天津	《天津市城市总体规划（2005—2020年）》	一轴两带三区	双中心组团式
东莞	《东莞市城市总体规划（2000—2015）》	一个中心连接东西两翼	
武汉	《武汉市国土空间总体规划（2021—2035年）》	一主四副六大绿契六条发展轴	
成都	《成都市国土空间总体规划（2020—2035年）》	一心两翼三轴多中心	
杭州	《杭州市国土空间总体规划（2021—2035年）》	一核九星、双网融合、三江绿楔	
南京	《南京市城市总体规划（2011—2020年）》	一带五轴	
郑州	《郑州市城市总体规划（2010—2020年）》	一主一城三区四组团	一主一城、两轴多心
西安	《西安市城市总体规划（2008年—2020年）》	一城、一轴、一环、多中心	九宫格局，棋盘路网，轴线突出，一城多心
济南	《济南市城市总体规划（2011—2020年）》	一心、三轴、十六群	

续表

城市	规划年限	市域空间布局	中心城区空间布局
沈阳	《沈阳市国土空间总体规划（2021—2035年）》	北美南秀、东山西水、一核九点、一带五轴	一主三副、一河两岸、一廊两轴
苏州	《苏州市城市总体规划（2011—2020）》	三心五楔，T轴多点	组团分布
青岛	《青岛市国土空间总体规划（2021—2035年）》	一主三副两城	
哈尔滨	《哈尔滨市国土空间总体规划（2020—2035年）》	一核三圈多点	一江、双城、十二组团
长春	《长春市城市总体规划（2011—2020年）》	一核、三轴、多点	双心、两翼、多组团
大连	《大连市城市总体规划（2009—2020）》	一轴两翼、一核多节点	一核、两城、三湾
合肥	《合肥市城市总体规划（2011—2020年）》	一核一区五轴	组团式
昆明	《昆明市城市总体规划（2011—2020年）》	一核五轴，三层多心	一城三区，多组团、生态穿插、有机联系
太原	《太原市城市总体规划（2007—2020）》	一区一廊双轴	双城一区
长沙	《长沙市城市总体规划（2003—2020年）》		一轴两带多中心、一主两次五组团
南宁	《南宁市城市总体规划（2006—2020年）》	单核多轴圈层式	一轴两带多中心
乌鲁木齐	《乌鲁木齐市城市总体规划（2011—2020年）》	双轴一城一区两群多点	一轴、双核多心、六组团
石家庄	《石家庄市城市总体规划（2011—2020年）》	一个都市区、两条城镇发展轴	优化中心城区空间结构
厦门	《厦门市城市总体规划（2010—2020年）》	一岛一带双核多中心	
宁波	《宁波市城市总体规划（2006－2020年）》	一核两翼、两带三湾	一主两副，双心三带
福州	《福州市国土空间总体规划（2021—2035年）》	一主一副、双轴两翼一区	一环两带、两核两心七组团

二、中国城市多中心空间发展战略的基本模式

（一）“中心城—外围新城”的多中心结构

通过对中国14个超大特大城市的多中心空间发展战略的梳理和总结，可以概括出中国城市多中心空间发展战略的基本模式。其中，最常见的是“中心城—

外围新城”的多中心结构。中心城为核心层，在城市空间结构中处于核心地位，承担综合性的城市职能，主要发展现代服务业和高新技术产业，人口规模远大于外围新城，同时兼具区域辐射功能。外围新城主要负责承接中心城的产业、人口转移，承担地区性的综合城市职能，并在旅游、加工、制造、生态、商贸等不同功能上有所侧重。

例如，《武汉市城市总体规划（2010—2020年）》提出，主城区是市域城镇体系的核心，强调武汉作为中部地区中心城市的区域辐射能力，着力发展现代服务业、高新技术产业和先进制造业，外围11个新城是城市空间拓展的重点区域，重点布局工业、居住、对外交通、仓储等功能，承担疏散主城区人口、吸纳区域农业人口的职能。《南京市城市总体规划（2008—2020）》提出，中心城是现代都市区功能的核心区，集中承载了南京区域中心城市功能，重点发展现代服务业和高新技术产业，外围8个新城是一定地区内产业、城市服务功能和城镇化人口的集聚区，在发展方向上各有侧重，规划引导发展物流、旅游、航空运输、制造等产业。《沈阳市城市总体规划（2011—2020年）》提出，中心城区承担国家中心城市核心职能，发展先进制造业和现代服务业，强调中心城区对东北地区乃至全国的辐射带动作用，外围8个新城则作为带动城乡统筹发展的综合性区域中心，并分别以文化旅游、物流、生态、医药食品、精细化工等不同产业为主导。

（二）“中心城—近域次中心—外围新城”的多中心结构

在“中心城—外围新城”的多中心结构模式之外，一些超大城市还存在“中心城—近域次中心—外围新城”的多中心结构模式，比较典型的是上海和北京。在《上海市城市总体规划（2017—2035年）》中，中心城负责强化上海全球城市功能能级，承担全球性的区域辐射功能；外围则重点建设嘉定、松江、青浦、奉贤、南汇5个新城，将其培育成为在长三角城市群中具有辐射带动能力的综合性节点城市，新城分别承担生态、旅游、教育等不同职能。在中心城和外围新城之间，还规划了虹桥、川沙、宝山、闵行4个主城片区，即近域次中心，这些次中心与中心城共同发挥了全球城市功能作用，并以强化生态安全、促进组团发展为空间优化的基本导向。

《北京城市总体规划（2016年—2035年）》提出，中心城区是全国政治中心、文化中心、国际交往中心、科技创新中心的集中承载地区，也是疏解非首都功能的主要地区；外围顺义、大兴、亦庄、昌平、房山 5 个位于平原地区的新城，则是承接中心城区适宜功能和人口疏解的重点地区。在中心城区和外围新城之间，还规划了西苑、清河、北苑、酒仙桥、东坝、定福庄、垡头、南苑、丰台、石景山 10 个边缘集团，以保障和服务首都功能优化提升。规划对近域 10 个边缘集团进行了分类，划分为西北部地区、东北部地区和南部地区。西北部地区主要指海淀区、石景山区，充分发挥智力密集优势，提升科技创新和文化创意产业发展水平；东北部地区主要指朝阳区东部、北部地区，强化国际交往功能，提升区域文化创新能力和公共文化服务能力，规范和完善多样化、国际化的城市服务功能；南部地区主要指丰台区、朝阳区南部地区，加强基础设施和环境建设投入，为首都生产生活提供高品质服务保障，促进南北均衡发展。这些边缘集团作为近域次中心，丰富了北京的多中心空间结构，是保障和优化提升首都功能的重要支撑。

（三）发展城市副中心

一些城市的多中心空间发展战略中提出了城市副中心的概念，“主副结合”也是中国城市多中心空间发展战略的重要特征。这些城市包括北京、天津、深圳、长沙和东莞。根据这 5 个城市的副中心发展特点，又可以将其分为四种不同的副中心类型，分别是服务型、发展型、行政型和名义型。

服务型城市副中心。《北京城市总体规划（2016 年—2035 年）》将通州作为北京城市副中心，其功能定位是：紧紧围绕对接中心城区功能和人口疏解，发挥对疏解非首都功能的示范带动作用，促进行政功能与其他城市功能有机结合，以行政办公、商务服务、文化旅游为主导功能，形成配套完善的城市综合功能。北京城市副中心的核心定位是示范带动非首都功能疏解，主要承担中心城区的行政功能，服务于中心城区功能疏解提升这一目标，因此可以认为是城市功能转移形成的服务型城市副中心。

发展型城市副中心。《天津市城市总体规划（2005—2020 年）》提出滨海新区核心区是天津城市发展的副中心，应以科技研发转化为重点，大力发展高新技术产业和现代制造业，提升港口服务功能，积极发展商务、金融、物流、中介服务等现代服务业，完善城市综合功能。规划强调滨海新区是城市重点发展和建设地区，强调滨海新区对环渤海地区乃至中国北方经济发展的带动作用。从滨海新区的历史沿革来看，滨海新区于2005年被写入“十一五”规划并成为国家重点支持开发开放的国家级新区，于2014年12月12日成为北方第一个自贸区。综合来看，天津的空间发展战略是将滨海新区作为城市主中心之外的另一个增长极，因此可以认为是发展型的城市副中心。

行政型城市副中心。《长沙市城市总体规划（2003—2020年）》将浏阳城区和宁乡城区作为2个副中心城市，二者均为所在县级市的政治、经济、科技、文化中心。《东莞市城市总体规划（2000—2015）》设置虎门、常平2个副中心，二者分别是市域西部、东部的发展中心。长沙和东莞城市副中心的特点在于，副中心都具有相对独立的行政地位和较高的经济发展水平。浏阳和宁乡此前都经历过撤县设市，目前都是由长沙市代管的县级市，因此从行政地位来看，浏阳市和宁乡市相比于其他同等级行政单元独立性更强。从经济实力来看，浏阳和宁乡分列《2021年度全国综合实力百强县市》的第20位和第73位，经济发展水平较高。类似地，东莞的虎门镇、常平镇也具有相对独立的行政地位和较高的经济发展水平。东莞是目前中国4个不设区的地级及以上城市（东莞市、中山市、儋州市、嘉峪关市）之一，虎门、常平都是东莞所辖的镇，在《2021年全国综合实力千强镇》中，虎门、常平分列第14位和第17位。所以，这2个城市的副中心主要是地区的行政中心，属于行政型城市副中心。

名义型城市副中心。《深圳市城市总体规划（2010—2020）》提出构建2个城市主中心、5个城市副中心、8个组团中心的城市中心体系。2个城市主中心为福田—罗湖中心和前海中心，前者承担全市综合服务功能，后者着重发展高端服务业，二者构成城市的2个发展中心。5个城市副中心承担所在城市分区的综合服务职能，并发展部分市级和区域性的专项服务职能，包括文化体育、会展服务、交通枢纽、高新技术产业等。8个组团中心发挥了组团级的服务功能。在2个城市主中心作为城市发展核心的背景下，深圳的5个城市副中心实际上类似于“中心城—外围新城”模式下的外围新城，承担地区性的综合服务功能并发展不同的专项职能。由于这类副中心并不分担主中心的城市功能，不强调区域辐射能力，不具备较高的战略地位，因此归类为名义型城市副中心。

第三节　面向高质量发展的中国城市空间发展战略

党的二十大吹响了全面建设社会主义现代化国家的冲锋号，实现中国式现代化需要推动高质量发展。城市是我国经济社会活动的中心，在高质量发展中发挥了动力源和增长极的关键作用。推动超大特大城市加快转变发展方式，率先探索中国式城市现代化，是全面建设社会主义现代化国家的必然要求。当前我国城镇化进入转型发展、质效提升的关键时期，日益突出的城市病问题制约了城市综合承载能力的提升，亟须加快转变城市发展方式，探索面向高质量发展的中国城市空间发展战略。

一、中国城市空间发展面临的新形势和新要求

首先，党的十八大以来，中国新型城镇化取得了重大历史性成就，城镇化率快速提升。但城市高速增长的同时，也积累了很多城市空间发展的矛盾和问题。一方面，中心城市的辐射带动作用持续增强，但部分超大特大和大城市功能过度集中，普遍出现交通拥堵、环境恶化、资源短缺、房价高企等“大城市病”问题，从而制约了城市的高质量发展；另一方面，在城市快速蔓延和扩张之后，人口集中流入的城市的土地供应政策日渐收紧，城市发展从“增量扩张”向“存量挖潜”转变，以城市更新为主的存量土地的提质改造成为城市空间发展的重点，而城市更新中空间治理的不足带来新的社会矛盾，需要平衡个体、集体与公众利益，才能实现城市空间的高质量发展（田莉等，2020）。随着我国社会的主要矛盾转化为人民日益增长的美好生活需要和不平衡不充分的发展之间的矛盾，城市居民对优质公共服务、生态环境和健康安全等方面的需求更为迫切，满足居民日益多元化、个性化、品质化的需求，为中国城市空间发展提出了新的要求。

其次，当前中国经济发展面临复杂的内外形势，需要加快构建“以国内大循环为主体、国内国际双循环相互促进”的新发展格局。中心城市和有竞争力的城市群需要不断提高综合承载和资源配置能力，提升经济发展和科技创新水平，发

挥畅通国内大循环和推动国内国际双循环的重要节点链接作用。城市的经济和创新活力源于城市经济的空间集聚。因此，中心城市需要集聚高端要素和资源，形成集约高效的空间发展格局。在此背景下，中心城市、超大特大城市需要切实转变开发建设方式，通过减量发展，实现城市经济高效集聚、人口资源和功能布局优化，助力城市的创新发展和高质量发展。

再次，城市空间发展需要统筹兼顾经济、生活、生态、安全等多元目标，实现城市的可持续发展；一方面，城市空间发展应以资源环境承载力为硬约束，守住生态控制线和城市开发边界等红线，避免城市无序蔓延对生态空间的侵蚀，倒逼城市空间发展方式转变。另一方面，城市空间发展要注重在要素配置上统筹把握生产、生活、生态空间的内在联系，调整优化用地结构和空间布局，促进生产、生活、生态空间关系相互协调，加强经济系统、生活系统和生态系统的循环链接，打造宜居、舒适、便利、安全、高效的城市空间，提高城市的可持续发展能力。

最后，在城市-区域融合发展的背景下，城市空间发展逐步打破行政区划限制，城市群成为新型城镇化的主要空间载体。中心城市、超大特大城市需要在更大范围内更好地配置资源，与周边城市同城化发展，通过构建便捷高效的通勤圈、梯次配套的产业圈、便利共享的生活圈，发挥中心城市辐射带动区域其他城市的关键作用，构建以城市群为主体形态、大中小城市和小城镇协调发展的城镇化空间格局。城市区域的空间发展需要建立中心城市带动都市圈、都市圈引领城市群、城市群支撑区域协调发展的空间动力机制，同时发挥中心城市自身产业和创新资源优势，打造区域协同创新共同体，带动区域产业链和创新链协同发展，为区域产业转型升级赋能。

二、新时代中国城市空间发展的新理念

党的二十大报告强调，坚持“人民城市人民建、人民城市为人民”，提高城市规划、建设、治理水平，加快转变超大特大城市的发展方式。面对新的发展形势和要求，新时代中国城市的空间发展需要遵循创新、协调、绿色、开放、共享的新发展理念，不断提升城市综合承载能力、城市发展的可持续性，以及遵循“以人民为中心”的发展思想，着力改善民生，实现城市治理体系和治理能力现代化。

一是坚持创新发展，提高发展质量和效益。在城市空间发展上，需要坚持城

市经济高效集聚、空间集约适度，这样既能发挥集聚经济效益，通过产业集聚促进创新，又能压缩生产空间规模，实现效率提升和减量发展。

二是坚持协调发展，形成平衡发展结构。实现从单中心扩张向多中心网络化城市空间结构的转变。在空间布局上，围绕城市功能定位，构建功能清晰、分工合理、主次结合的多中心空间结构，同时对城市中心区进行功能疏解、重组与提升，“腾笼换鸟”，促进经济和空间的优化与转型。

三是坚持绿色发展，提升城市发展的可持续性。综合考虑城市的环境容量和综合承载能力，合理配置城市空间资源，打造集约高效的生产空间、宜居适度的生活空间、山清水秀的生态空间，实现经济发展、生态发展和人类发展的有机统一，提高城市发展的可持续性。

四是坚持开放发展，实现合作共赢。遵循区域协同发展的理念，重构城市地域功能，在更大空间尺度上为城市空间发展谋篇布局。发挥中心城市的辐射带动作用，建立大中小城市协调发展、各类城市分工有序的城市网络体系。通过要素在区域间的合理流动和高效配置，加强城际功能联系和分工协作，实现协同和互补效应。

五是坚持共享发展，增进人民福祉。突出“以人民为中心”的发展思想，着力提高城市治理水平，让城市更加舒适便利、安全宜居。围绕缓解城市交通拥堵、实现人民群众住有所居、全面改善环境质量、提升市政基础设施运行保障能力、提升城市安全保障能力等方面，切实解决“大城市病”问题，以保障和改善民生。

三、面向高质量发展的城市空间发展战略

城市高质量发展应遵循创新、协调、绿色、开放、共享的新发展理念，以满足人民日益增长的美好生活需要为目标，是高效、均衡、包容、可持续的发展，并形成与之相适应的治理能力和治理体系。城市空间是城市发展的承载地，城市发展理念和范式的变革，必然催生城市空间发展的战略转型，我们需要探索面向高质量发展的城市空间发展战略及其要点。

（一）强化多中心、网络化空间发展格局

针对中心城市人口和功能过度集中、单中心聚焦发展的弊端等，需要强化多

中心、网络化的城市空间发展格局。总体而言，多中心、网络化的城市空间结构有助于遏制城市无序蔓延，提升经济效率，形成发展平衡、资源节约和环境友好的城市形态。在空间组织上，强调在城市内部形成多个相对独立、功能完备的职能中心，促使城市功能分散化、专业化发展，在疏解中心城区发展压力的同时，提升城市整体的核心功能和竞争力。但需要注意的是，这些职能中心并非必然成为整合的功能实体，而是需要相应发展战略建立中心之间密切的内在联系，这种联系不仅是实体空间上的，也是职能、制度、社会上的，其本质在于形成区域一体化的社会和经济网络，从而将实体形态上的多中心城市变为基于城市网络的功能一体的多中心城市。

因此，一方面，要促进城市中心之间的专业化分工，城市的职能、设施以及生活或商业环境不再由单一中心提供，而是分散在城市内的多个中心。这样，城市中心在职能上相互利用，形成网络的外部性。建立城市中心之间的专业化分工需要充分的市场竞争，也需要相关政策的引导，比如通过产业政策、投资政策、基础设施建设等引导相关产业活动的集聚，避免城市内不合理的竞争和分散化发展。另一方面，要促进城市中心之间的合作，提供城市中心之间交流的物质性与非物质性网络，包括跨地区的交通、通信基础设施，交流与合作的制度与政策平台，开放的市场环境等。同时，通过城市交通、土地利用及产业发展等规划，探索跨行政区的合作机制，建立多中心合作的制度基础。

（二）促进城市-区域空间融合和协同发展

中心城市空间发展日渐突破行政区划的限制，形成了更广泛的功能地域范围，即都市圈。都市圈是以超大特大城市或经济发达、有较强辐射能力的大城市为核心，与周边一系列与其联系紧密的中小城镇为主体组成的空间邻近、功能相依的地域空间组织。城市空间发展的都市圈化，会破除制约各类资源要素在城市-区域内外自由流动的体制机制障碍，以同城化为主体形态，促进生产要素在空间上的高效配置，并通过跨行政区的治理创新，实现基础设施一体化、产业分工与协作，建设统一开放市场，以及统筹优质公共服务共建共享、区域生态环境共保共治等。因此，以都市圈为载体推动城市在更大范围内优化功能布局，可以最大限度地实现不同区位的优势互补，提升城市-区域的整体竞争优势，也有利于城乡融合发展、乡村振兴和新型城镇化。

此外，都市圈的发展会进一步带动和支撑城市群的建设。城市群是国家新型城镇化的主体形态，是促进区域协调发展，支撑高质量发展，参与国际竞争合作，构建以国内大循环为主体、国内国际双循环相互促进的新发展格局的重要平台。都市圈和城市群之间是鼎托关系，需要建立中心城市带动都市圈、都市圈引领城市群、城市群支撑区域协调发展的空间动力机制，巩固提升城市群高质量发展的联动引领效应。

（三）提升中心城市核心功能，推动城市地域功能重组

核心功能决定城市的核心竞争力，中心城市需要持续强化核心功能，增强综合承载和资源配置能力，尤其是对高端人才、技术和资本要素的集聚能力，以及科技创新能力，形成高端产业引领，占据产业链核心环节和价值链高端环节，与高质量发展相匹配的经济形态。城市空间发展需要为提升中心城市核心功能提供有效支撑，主要通过推动城市地域功能重组，使城市空间布局与城市战略定位相一致。一方面，需要合理疏解超大特大城市中心城区过度集中的非核心功能，科学地确定中心城区规模、开发强度，合理控制人口密度，压缩一般性制造业、区域性仓储物流、专业市场等用地，“腾笼换鸟”，利用置换空间吸引和配置高精尖产业、高端服务业，优先发展文化和科技创新功能，并补充公共服务设施，增加绿地和公共空间，改善居民生活条件。另一方面，要把握好疏解与承接、疏解与协同的关系，在优化中心城区核心功能的同时，在外围地区建设产城融合、职住平衡、生态宜居、交通便利的郊区新城，通过加强郊区快速交通连接、引入优质公共服务、增强产业承接与支撑，打造外围城市次中心，实现城市多中心、网络化发展，形成人口经济密集地区集约发展和优化开发模式。

（四）坚持精明增长与减量发展

城市空间的高质量发展需要处理好增量、存量和减量三者的关系。一般来讲，在经济增长过程中资源使用随经济增长呈现倒U形变化规律，即资源使用量在经济发展之初随经济增长而共同增长，但到达特定阶段后随经济增长而下降，城市空间发展也遵循这样的规律。随着我国城镇化进入提质增效的关键时期，城市空间发展也从以“增量扩张”为主转向以“精明增长”和“减量发展”为主。精明

增长强调减少城市盲目扩张，促进城市建设相对集中、空间紧凑，倡导混合用地功能，其目标是控制城市蔓延和土地粗放利用，通过加强对城市存量用地的更新和再利用，改变城市浪费资源的不可持续发展模式，促进城市的健康发展。因此，城市空间高质量发展应遵循精明增长理念，切实转变城市开发建设方式，并在中心城区推动城市有机更新，以空间改造、产业更新、文化传承等方式，重新赋能老旧街区，再造城市空间肌理。同时，对于发展成熟的超大特大城市，应进一步实施减量发展，即以资源环境承载能力为硬约束，切实降低城市发展对资源消耗的依赖，实施人口规模、建设规模双控，倒逼发展方式转变、产业结构升级和城市功能优化。

（五）注重公交优先与职住平衡

城市空间高质量发展需要协调好城市居住和就业的空间关系，推进职住平衡。当前，我国城市规模不断扩张导致出行距离和时耗持续增长，严重影响了居民生活品质和城市发展质量。职住平衡是指就业者居住在离工作地较近的地方，其通勤距离和时间较短，或限定在一个合理范围内，从而降低出行对机动车的依赖，减少交通拥堵和空气污染。实现职住平衡既要发挥市场配置空间资源的关键作用，也要通过规划和政策进行干预，这是一个十分复杂的过程。从规划和政策的角度应注重：一是坚持公交优先，以轨道交通为基础，完善骨干公交网络，提高公交线网和站点的覆盖率，形成多方式协调发展、便捷换乘，与城市功能布局相适宜的设施布局；二是优化城市空间结构，促进产城融合，推动交通与土地利用整合规划和一体化发展；三是建立多层次住房保障体系，增加保障性租赁住房和共有产权住房供给，提高住房可支付性；四是强化以公共交通为导向的开发模式，引导站城一体化开发，促进产业和城市功能间的互联互通。

（六）加强“三生”空间协调与城市可持续发展

生产、生活、生态（简称“三生”）三种功能空间是城市社会经济活动发展的基础和制约因素，“三生”空间相互关联，具有复杂的内在联系。生产空间的集约高效发展，为实现生活空间宜居适度、生态空间山清水秀提供了经济上的保障和支持。宜居适度的生活空间既需要高效率的生产空间提供就业机会与经济活力，也需要高品质的生态空间满足人们对高品质生活环境的需求。生态空间提供的生态服务自我调节能力约束了生产、生活空间的发展规模，也保障了整体空间发展的安全宜居。粗放的生产空间利用、生态空间不足，导致人与自然关系失衡、生产和生活空间比例失调，最终导致生活质量下降、生产效率降低。因此，优化“三生”空间，需要统筹把握三者之间的内在联系，促进“三生”空间规模和结构的协调发展。

具体而言，在确定城市生态保护和开发建设的整体边界的基础上，以“三生”空间作为科学配置城市空间资源的重要抓手，通过调整“三生”空间用地比例，优化城市空间布局。针对超大特大城市生产空间粗放发展、居住空间不足的问题，需要解决城市内产业低质同效竞争导致的产业布局分散、用地效益偏低问题，压缩生产空间规模，同时适度提高居住及其配套用地比例，提高住房供给总量，促进生产-生活空间相协调。同时，考虑城市环境容量和综合承载能力，大幅度提高生态规模和质量，健全城市绿色空间体系，重塑人和自然的关系，构建更安全健康的城市生态屏障。

（七）构建现代化城市空间治理体系

城市高质量发展需要形成与之相适应的现代化城市空间治理体系。一是建立多规合一的规划实施及管控体系。城市规划以各类国土空间要素为抓手，通过实现土地、劳动、资本、技术等要素的科学配置，促进城市空间布局优化，有效治理“大城市病”，提高城市综合治理水平。多规合一实现一张蓝图绘到底，确保各项规划在总体要求上方向一致，在空间配置上相互协调，在时序安排上科学有序。同时，建立城市体检评估机制，对城市规划实施情况进行实时监测、定期评估和动态维护，确保规划目标有序落实（石晓冬等，2017，2021）。二是培育多元平衡的治理结构。需要建立城市规划的多元参与机制，使各方利益主体全过程、全方位参与到城市空间实践的规划、生产和分配过程中，而并非仅事后干预。多元平衡治理结构打破单一行政主体主导的治理决策模式，实现治理的系统化和科学化（尹才祥和闫铭，2022）。三是构建空间利益主体行为的制度激励。空间治理是各主体基于不同利益诉求相互作用的过程，不同主体对治理的利益相关性是有差异的。比如，在城市更新中需要借助空间治理创新，激发集体和个体自主决策和自主更新的热情，降低城市更新的成本，达到多方主体之间的利益平衡以及与公众利益之间的平衡，避免城市更新面临的利益困境（田莉等，2020）。四是践行“以人民为中心”的城市空间治理理念。城市空间治理需要聚焦人民群众的需求，治理理念要从“促增长”转向“重公平”（葛天任和李强，2022），通过不同利益群体参与决策过程，真正实现空间资源分配和使用的公正，使不同利益得到充分尊重和自由表达，以人民的感受和评价作为检验城市空间治理成效的最终标准（尹才祥和闫铭，2022）。

本章参考文献

葛天任, 李强. 2022. 从“增长联盟”到“公平治理”——城市空间治理转型的国家视角. 城市规划学刊, (1): 81-88.

韩林飞, 方静莹. 2022. 首都功能与城市空间结构. 北京规划建设, (2): 137-141.

施卫良, 石晓冬, 杨明, 等. 2019. 新版北京城市总体规划的转型与探索. 城乡规划, (1): 86-93, 105.

石晓冬, 杨明, 和朝东, 等. 2017. 新版北京城市总体规划编制的主要特点和思考. 城市规划学刊, (6): 56-61.

石晓冬, 杨明, 王吉力. 2021. 城市体检: 空间治理机制、方法、技术的新响应. 地理科学, 41(10): 1697-1705.

田莉, 陶然, 梁印龙. 2020. 城市更新困局下的实施模式转型: 基于空间治理的视角. 城市规划学刊, (3): 41-47.

王飞, 石晓冬, 郑皓, 等. 2017. 回答一个核心问题, 把握十个关系——《北京城市总体规划(2016年—2035年)》的转型探索. 城市规划, 41(11): 9-16, 32.

尹才祥, 闫铭. 2022. 以人民为中心: 城市空间治理的价值取向和实践创新. 南京社会科学, (11): 61-68.

Cheng H, Shaw D. 2018. Polycentric development practice in master planning: the case of China. International Planning Studies, 23(2): 163-179.